軍港都市史研究

Ⅶ

国内・海外軍港編

大豆生田 稔 編

清文堂

刊行の辞

軍港都市史研究シリーズでは、軍港都市をめぐる様々な問題を、軍港を支えた地域社会の視点から、学際的に研究することを目的としている。その意味では、本シリーズは、いわゆる軍事史研究を目的とするものではなく、軍事的視点を踏まえつつも、より幅広い視点から、軍港都市を総合的に研究することを目的としている。軍港都市史研究は、従来の軍事史研究や近代都市史研究では、本格的に取り上げられなかった分野である。近年、「軍隊と地域」をめぐっては、陸軍の軍都に関する研究が先行しているが、本シリーズではかかる研究状況に対して、海軍の軍都（鎮守府・要港部が置かれた港湾地域）の本格的研究をすすめていくことをめざしている。加えて、本シリーズにおける様々な研究の積み重ねにより、軍港都市という近代都市・現代都市の一つの類型が浮き彫りになることを念じている。

本シリーズの研究対象地域は、鎮守府が置かれた横須賀、呉、佐世保、舞鶴の四軍港を中心に、要港部が置かれた大湊、竹敷などの諸地域である。これらの地域は、明治以来、鎮守府・要港部の設置により、短期間に急激な変化をこうむった地域であり、戦後は海上自衛隊地方隊やその関連施設が置かれている地域である。これらの地域は、共通の問題をもっていると同時に、各地域独特の問題も抱え込んでいる。本シリーズでは、それぞれの軍港都市の分析とともに、軍港都市間の比較分析も課題としている。それらの課題を達成するため、軍港別の巻と課題別の巻という構成をとった。

本シリーズは、軍港都市史研究会の研究成果として刊行される。本シリーズの完結に向け、皆様のご支援・ご鞭撻を賜れば幸甚である。

軍港都市史研究会

軍港都市史研究Ⅶ
国内・海外軍港編

目次

第五章
フランスの軍港……ジェラール・ル・ブエデク
（一七世紀〜二〇世紀後半まで）君塚弘恭訳　205

装幀／森本良成

序章

内外軍港都市の諸相

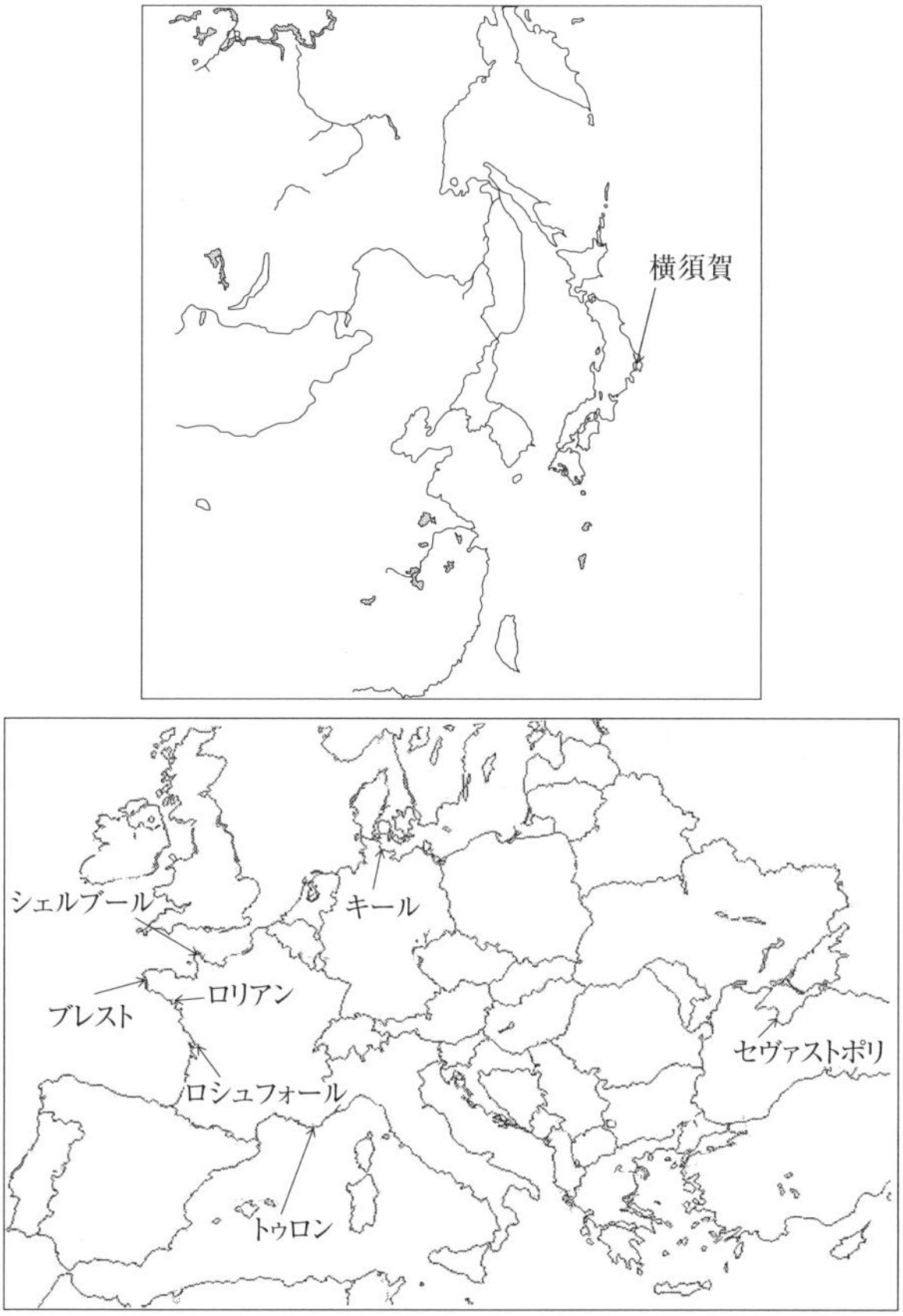

本書に登場する軍港都市

（作成）大豆生田稔

大豆生田稔

上より、横須賀市の白浜海岸と「三笠」を望む市全景（引頭文博『軍港と名勝史蹟』1933 年）、米国護送船団のブレスト入港（豊泉益三編『欧州大戦写真帖』1918 年）、1918 年のキール港（Die Geschichte des Kieler Handelshafens. 50 Jahre Hafen- und Verkehrsbetriebe, hg. v. Hafen- und Verkehrsbetriebe der Landeshauptstadt Kiel, Neumünster, 1991, S. 47.）、セヴァストポリの陥落（瀬川光行著『世界写真帖　歴史芸術』1908 年）

「軍港都市史研究」のシリーズ最終巻となるⅦ「国内・海外軍港編」は、国内、および海外の軍港都市を対象としており、日本国内の軍港・軍港都市をテーマとする四編の論文、海外の軍港を検討した三編の論文、および七編のコラムを収めている。

ところで、本シリーズⅠ「舞鶴編」、Ⅲ「呉編」、Ⅳ「横須賀編」、Ⅴ「佐世保編」(続巻)、Ⅵ「要港部編」は、それぞれ副題に掲げた日本本国と帝国内の軍港や軍港都市を対象として、多様な側面からその特質について解明してきた。また、Ⅱ「景観編」も、横須賀・呉・佐世保・舞鶴・大湊の各軍港について、景観の変遷をたどりながら、軍港都市空間の諸相やその特質を解明している。本書に収めた「国内軍港」に関する第一章・第二章・第四章の三編の論文も、具体的な軍港・軍港都市の特徴をさぐるものであり、本シリーズ全体の補遺のような位置づけにある。しかもこの三つの章は、ともに横須賀をケースとする論考であり、Ⅳ「横須賀編」に収めた各章に連なる論考といえる。また、第三章は特定の軍港を扱ったものではないが、軍港都市の基本的な構成員である海軍志願兵の採用制度を考察したものであり、国内軍港に集まる兵員の特質をさぐる基礎的な研究といえる。

また、後半の「海外軍港」の部は、既刊の各編には収めることができなかった、海外の軍港・軍港都市を検討した三編の論文からなっている。一七世紀以降のフランスの軍港、中世ハンザ都市を源流とするキール軍港、そして一八世紀後半に建設されるロシアのセヴァストポリ軍港である。それぞれ、軍港の空間的配置と技術・戦争などによる軍港・海軍工廠・軍港都市の変容、軍港から商港への転換とそれを阻む軍港としての刻印、黒海艦隊の拠点として軍事的要衝となる軍港都市の形成と戦災・復興、など軍港を特徴づける論点を提示している。

本書の構成は、まず、国内編の三つの章は横須賀を対象としている。第一章「横須賀海軍工廠における工場長の地位」（伊藤久志）は、横須賀海軍工廠の職制のうち「工場長」（「主任」や「工場掛長」などとも呼ばれた）に着目し、その権限や機能の変化を、軍備拡張など外的な要因との関係のうちに検討したものである。一八八〇年代に整備される「工場長」を中心としたライン系統は九〇年前後から弱まり、その権限も限られたものとなった。しかし、一九一〇年代からは再び「工場長」の権限が強められてライン系統の中軸に位置し、請負制度も一元的に把握するようになり、また貯金組合や談話会などの福利厚生においても「分会長」として職工の共同体意識に適応することになった。工廠において、「工場長の専断」とまでいわれた「工場長」の位置を、職員や職工に関する諸規程の変遷から考察したものである。

続く第二章「軍港都市における海軍の災害対応—横須賀の事例を中心に—」（吉田律人）は、同じく横須賀を対象に、海軍の存在が軍港都市の火災対策にいかなる特性を与えたのか、明治中後期から戦時に至る時期について考察している。海軍側の消防に関する諸法令、および実際の火災や消火活動を報じた新聞記事などを合わせ読むことにより、火災と消防をめぐる海軍と軍港都市の関係が、制度と実態の両側面からえがかれている。海軍は当初から軍港都市の消防に深く関わり、また消防を担う組織も軍港都市の発達、大火の発生を機に拡大したが、それらの消防機能の連携が課題となった。震災と戦争を契機に、一方で海軍を主軸にした機能の統合・一元化がすすむとともに、他方で担当機関の細分化もはかられるという構図が示される。

第四章「戦時の軍港都市財政—横須賀市財政の展開—」（大豆生田稔）は、一九三七年度から四五年度に至る軍港都市横須賀の、戦時の市財政を検討している。本章は、日露戦後から日中戦争前までの横須賀市財政を考察した、Ⅳ「横須賀編」の第一章「軍港都市横須賀の財政—一九〇七〜一九三六年—」に続く時期を取り扱っている。軍港都市に内在する諸問題のうち、人口の急増など都市の拡大にともなう社会資本の整備とその財源確保の課題は、軍港都市固有の財政問題として表面化することになった。一九二〇年代に、軍港都市に共通して深刻化するこの問題が、軍港が急膨張を遂げる戦時にどのように展開し変貌するのか、決算書などにより市財政の全体像をつかみながら、その展開と特質が概観される。

ところで第三章「郡役所廃止と海軍志願兵制度の転換」（中村崇高）は、海軍兵員の六〜七割を占めた志願兵が（残りの三〜四割を徴兵が占める）、一九三〇年から三割に半減するという海軍志願兵制度の「転換」を検討している。二〇年代には、不況が続くなかで志願者は増加傾向にあったが、海軍はその質の低下を憂慮していた。さらに二五年の郡役所廃止にともない、海軍当局も、募集を担当する郡役所・市町村役場も、志願者の質や志願者数の確保が一層困難になると予想した。このため海軍は、郡役所廃止、およびほぼ同時にすすむ兵役法の制定を契機に、徴兵を短期的な兵員として、志願兵を中核となる下士官として位置づけ直し、志願兵制度の再編を構想していく。軍港都市を構成する海軍軍人のうち、その多くを占めた兵員の採用制度に着目し、質の確保に力点を置いた志願兵募集制度の転換が解明される。

第五章からの三つの章はフランス、ドイツ、ロシアの軍港を対象とした論考である。第五章「フランスの軍港（一七世紀〜二〇世紀まで）」（ジェラール・ル・ブエデク／君塚弘恭訳）によれば、フランスでは、軍港とは「海軍工廠の港」のことであった。一七世紀以降のフランスの軍港について、一七世紀のコルベール時代に端を発する軍港の地理的配置の変遷、海軍工廠で展開する軍艦建造と軍港間の序列・ネットワーク、戦列方式の採用と艦船の技術的変化にともなう海軍工廠・軍港の変貌、イギリスやドイツとの戦争とフランス各軍港の活動、戦争による軍港都市の発展および海軍工廠・港湾施設の展開と都市・港湾の分離、などについて、二〇世紀に至る歴史的な特質が検討され、軍港・海軍工廠・軍港都市をめぐる多様な論点が提示されている。著者は、ロリアンにある南ブルターニュ大学名誉教授で、現在Groupement d'intérêt scientifique d'histoire maritime（GIS, フランスの海事史研究グループ）の代表として研究を続けている。

続く第六章「ドイツの軍港都市キールの近現代―ハンザ都市・軍港都市・港湾都市―」（谷澤毅）は、ハンブルクの北、ユトランド半島のバルト海側の付け根に位置するドイツの軍港キールを取りあげる。キール港の歴史は中世ハンザ都市にさかのぼるが、近代にはプロイセン、ドイツの軍港となり、商港・軍港の両面をそなえるようになった。軍事的要素を強めながら第一次世界大戦がはじまるが、最初の敗戦の結果商港への道が開かれた。しかし、ナチス政権はそれを閉ざし、やがて二度目の敗戦をむかえることになる。第二次世界大戦後、徹底的な破壊、人口減少のもとで平和産業への転換が再度試みられ、商港機能の整備がすすんだが、NATO加盟と再軍備により再び軍港として復活を遂げるという、商港・軍港の相剋の過程がえがかれる。

第七章「軍港セヴァストポリ」（松村岳志）では、一八世紀後半の開港から二〇世紀半ばに至る、ロシアの軍港セヴァストポリの盛衰が論じられている。二〇世紀半ばまで、ウクライナの小麦はロシアの重要輸出品であり、黒海経由でヨーロッパに積み出された。黒海艦隊はトルコ支配下のダーダネルス、ボスポラス両海峡の安全確保を任務とし、クリミア半島には軍港セヴァストポリが築かれた。セヴァストポリは計画的な整備によって黒海艦隊の拠点となり、軍港として、また商港としても発展を遂げる。その後は、一九世紀半ばのクリミア戦争、二〇世紀はじめの反政府運動と戦艦ポチョムキンの反乱、ロシア革命、内戦と革命干渉戦争、第二次世界大戦と、戦争と復興がくり返されるが、二〇世紀後半になるとシベリアの石油・天然ガス輸出の台頭により、セヴァストポリの意義もゆらぐことになった。

このほか、各章のテーマに関連して、それぞれコラムが配置されている。なお、第五章には、別に、日本の「南洋」における海軍の拠点整備についてのコラムを掲載した。

海外の軍港を考察した後半の三つの章は、軍港都市の歴史的展開とその特質を長期にわたって俯瞰したものであり、日本国内の鎮守府や要港部がおかれた軍港都市との比較は興味深い。例えば、まず第一に、軍港と戦争との関係について、海軍の軍事拠点として軍港は、特に戦時には攻防のポイントとなる。戦争は軍港を拡大させて軍港都市を繁栄にみちびくが、攻撃目標ともなり、戦闘による破壊、敗戦と占領は軍港都市に甚大な打撃を与えることになった。第二は、軍港の商港的側面についてである。軍港の発展にともない商港としての機能も拡充し、また軍需だけでなく、人口増加による民需の拡大、諸産業の発達は商港として発展する契機になった。しかし、軍事が最優先されて商港としての発展が抑制・阻害される場合もあった。さらに、敗戦は打撃とともに軍港が商港として復興する出発点にもなった。軍港・商港の並存と相剋は多くの軍港都市で確認できる現象であろう。また、第五章が指摘しているように、海軍工廠への物資供給も、軍港を支える重要な条件であり、解明すべき課題といえる。第三に、軍港の空間的な配置について、フランスでは、南側には地中海、北側には大西洋・英仏海峡・北海が広がり、それぞれ軍港の連携が形成され変容していくことになる。このような連携は国内各地や近海に配置された日本の軍港においても同様に確認できる。また、このほかにも、本シリーズが解明した各軍港都市の特質に関わる諸問題を見出すことができよう。

これらの諸論点は、国内軍港の分析にあらためて考慮されるべきものであるが、本シリーズでは、海外軍港の研究成果を、比較の観点から国内軍港の考察に生かすことは十分果たせていない。また、本書が取りあげることができた海外軍港はヨーロッパに限られることになったが、そのほか、特に東アジアの軍港都市について検討することも、今後の課題となろう。既存の各巻を補いながら、あらたな研究の方向を示唆することで、最終巻の責めをふさぎたい。

第一章

横須賀海軍工廠における工場長の地位

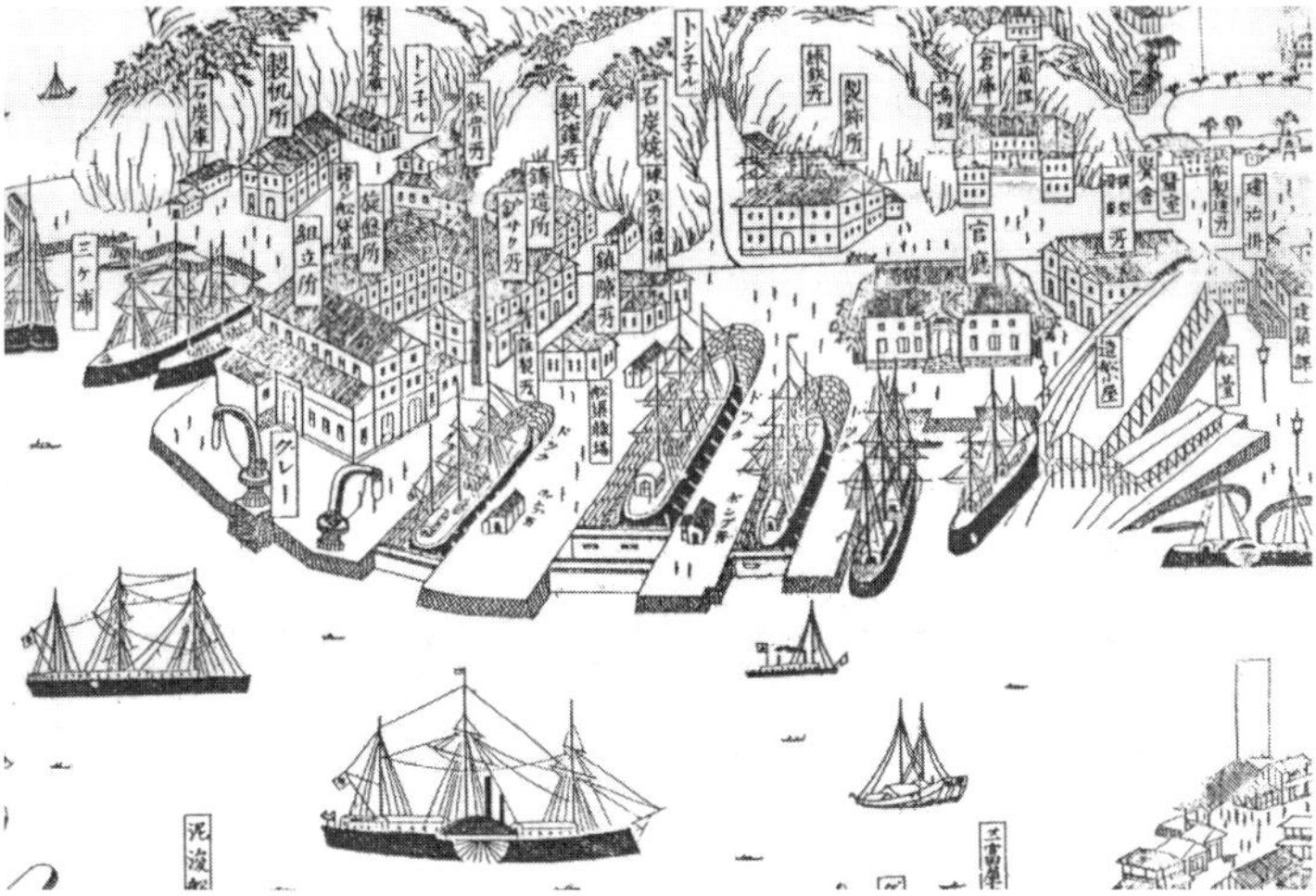

横須賀造船所の諸工場（部分、1889 年）
出典：山本良助編「横須賀明細弌覧図」（1889 年版、横須賀市所蔵）

伊藤久志

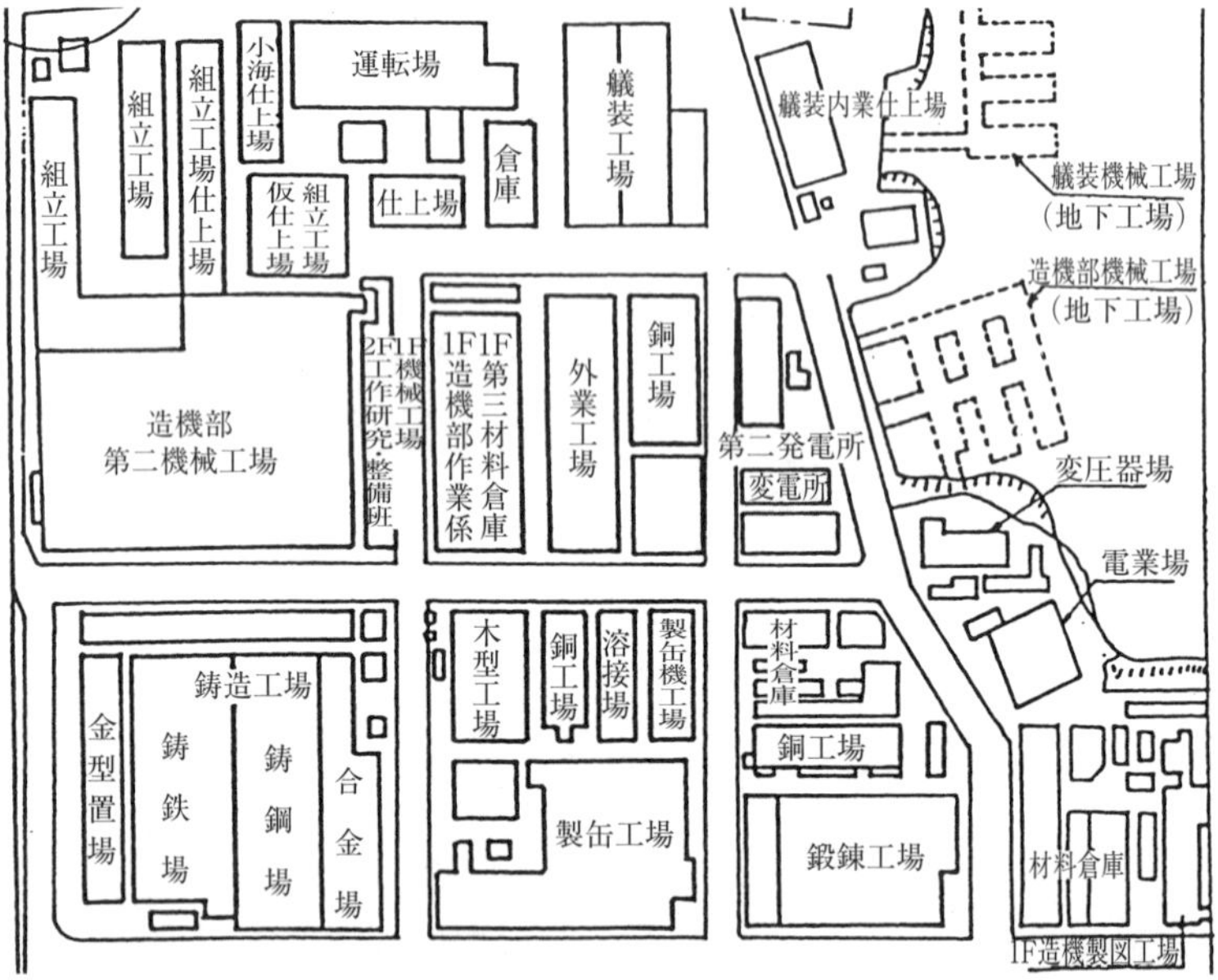

横須賀海軍工廠造機部の諸工場（部分、1945 年）

出典：横須賀海軍工廠会編『横須賀海軍工廠外史』（1990 年）373 頁。

はじめに

本章の課題は、横須賀海軍工廠の内部に分布していた各工場の工場長[1]が、どのような役割をもつ地位であったのかを、時期的な変化に注意しつつ明らかにすることである。

横須賀海軍工廠に関する研究は、すでにかなりの量が蓄積されている。だが、右の問いに回答を与えるような先行研究は見当たらない。では、なぜこうした課題を設定するのか。それは第一に、次のような史料が存在するためである（以下、史料中のカタカナ表記はひらがなに改め、また読点を適宜補った）。

従来工廠に於て請負を課するは、単に工場長に〔「の」ヵ〕信念を以て其の工事に対する時間工数個数等を案排し請負はしむるを例とすれとも、右は妥当なりや否や、多少の疑問なき能はす、宜しく適当なる技術官（工場長を含む）〔（　）内は原注〕其他必要なる職員を以て組織せる原価計算調査委員の審議に附し、且つ製品の精粗、時間の確否等を厳格に検査せしめ、工場長の専断に委せざる如くせんとす

これは、小池重喜氏が論文で引用した、一九一七年（大正六）の工廠長会議資料の一部である[2]。問題となっているのは、当時海軍工作庁の艦船建造業務で部分的に採用されていた、能率刺激的な賃金制度と言われる「請負制度[3]」であり、右の主張は横須賀海軍工廠長の田口盛秀によるものである。小池氏は行論上とくに注目していないが、この史料からは、当時横須賀海軍工廠の請負工事において、工場長が「専断」と言われるほど大きな権限を持っていたことがうかがえる。こうした体制がいつ頃から、いかなる経緯によって形成されたの

かを明らかにすることは、工廠の展開を考えるうえで重要であると言えよう。

もっとも、筆者は請負制度の問題にのみ関心を寄せているわけではない。軍港「都市」を掘り下げるという本シリーズにおいて、工廠の中という限られた空間をここであえて取り上げるのは、佐賀朝氏が先駆的に提唱した「工場社会史」(4)という視角に触発されたところが大きい。すなわち、海軍工廠という巨大組織は、軍港都市を構成する一部分であると同時に「工場それ自体が多数の労働者を抱え込む生産と労働の場」であった。そしてそこには、より小さな部分社会が集積されていたとみるのである。明治初年すでに一〇〇〇人ほどの職工を抱えていた横須賀製鉄所は、その後も拡大を続け、日露戦後には新たに合流した造兵部を含め、万単位の職工が、さまざまな職種をもって勤務する空間となっていた。かかる性格をもつ工廠において、その内部に分布していた各工場とは、部分社会としての意味を持つ空間だったのではないか。そうだとすれば、工場長はなおさら重要な立場となりえたのではないだろうか。これが、本章の課題を設定した第二の理由である。

右のような関心のもとに、以下では横須賀海軍工廠の展開を、内部の工場長ないし工場の役割に重心を置きながら、改めて跡づける。対象とする期間は、軍拡基調のなかで造船所内での組織が急速に整備されていった一八八三年(明治一六)頃から、一九三二年(昭和七)頃までとする。本章の考察は、主として横須賀海軍工廠の正史というべき『横須賀海軍船廠史』(5)と、その続編の『横須賀海軍工廠史』(6)に依拠する。そして『工廠史』は一九三二年の記事までで編纂が終わっているため、(7)本章の終期もそこを目途としたい。ただし周知の通り、工廠はこの頃を境に、満洲・上海事変や高橋財政を背景として、異次元の軍拡に突入する。よってこの時期で考察に区切りをつけることは、歴史上の文脈からも妥当であろう。

第一節　第一次軍拡期（一八八三〜一八九〇年）における体制整備

一八八二年（明治一五）七月、朝鮮で壬午事変が勃発したことを直接の契機として、翌八三年度から一八九〇年度（明治二三）にかけては、横須賀造船所で軍艦建造があいついで実施されることとなった(8)。本章ではこの時期を「第一次軍拡期」と呼ぶ。そして本節では、同時期の造船所における体制の整備過程について、工場、職工、技術官・工手の各側面からみてゆく。

工場

軍拡が開始された一八八三年（明治一六）当時の横須賀造船所には、表1-1のように、造船・機械両課にそれぞれ「九（船具を含む）＋七」の掛が存在しており、ほかに両課兼属の製図・修復船掛が置かれていた。この体制は、八六年二月二三日の横須賀海軍造船所条例でもほとんど変わらない（以下、『船廠史』『工廠史』の記事を典拠とする記述については、原則として日付までを本文中に記して、巻数・頁数の注記は必要最低限にとどめた）。ところが同年五月二四日の官制改正では、造船・機械両科の工場長がそれぞれ五人・六人に減らされ、別に設けられた艤装科に（船具）工場長を置くこととされた。なお造船・機械「課」は、二月の条例以降「科」へと表記が変更された。また一八八八年には二回にわたり職員定員が改正され、そのうち八月一六日の改正では、造船科の工場長が四人に減った。さらに八九年五月二八日に制定された鎮守府条例では造船・機械・艤装の三科が製造科に統合されたうえ（一方で計画科を置く）、続く六月四日には、造船所全体で工場が七つにまで集約された(9)。このように、職制のうえでは一八八六年以降、工場の数は一挙に減少したのである。

表1－1　横須賀造船所の掛と建物・職工職種（1883～1889年）

1883年			1886年			1889年
掛	職種	建物	掛①（2月）	掛②（5月）	職種（7月）	掛
製図掛+	製図職+	製図工場+	(船)製図掛	(船)製図工場	製図職+	製図工場+
船台掛	船台職	船台工場	(船)船台掛	(船)船台工場	船台職	造船工場
船渠掛	船渠職	船渠工場	(船)船渠掛	(船)船渠工場	船渠職	
端船掛	端船職	端船工場	(船)端船掛		端船職	
填隙掛	填隙職**	填隙工場	(船)填隙掛		填隙職**	
製帆掛	製帆職*	製帆工場	(船)製帆掛	(船)製綱工場	製帆職*	
製綱掛	製綱職**	製綱工場	(船)製綱掛	(船)製綱工場	製綱職**	
滑車掛++	滑車職*	滑車工場	(船)雑製掛		滑車職*	
鋸鉋掛	錐職**	鋸鉋工場	(船)鋸鉋掛	(船)鋸鉋工場	鋸鉋職**	
製図職+	製図職+	製図工場+	(機)製図掛	(機)製図工場	製図職+	製図工場+
旋盤掛	旋盤鑢鑿職	旋盤・鑢鑿工場	(機)旋盤鑢鑿掛	(機)旋盤鑢鑿工場	旋盤鑢鑿職	
模型掛++	模型職	模型工場	(機)模型掛		模型職	
錬鉄掛	錬鉄職	錬鉄工場	(機)錬鉄掛	(機)錬鉄工場	錬鉄職	錬鉄工場
整飾掛	整飾職	整飾工場	(機)整飾掛		整飾職	
組立掛	組立職	組立工場	(機)組立掛	(機)組立工場	組立職	機械工場
鋳造掛	鋳造職	鋳造工場	(機)鋳造掛	(機)鋳造工場	鋳造職	鋳造工場
製缶掛	製缶職	製缶工場	(機)製缶掛	(機)製缶工場	製缶職	製缶工場
船具掛	船具職**	船具工場		(艤)船具工場	船具職**	船具工場
営繕掛	塗粧職、円材職、営繕職*、築造職*、火焚*	製檣・撓鉄・製管工場			塗粧職、営繕職*、築造職*、火焚*	

出典：1883年は注⑤『船廠史』第2巻240～242、257頁、1886年は同巻320～322頁、1889年は第3巻44頁。
ただし1886年の掛②は大蔵省印刷局編『職員録』1886年（乙）65～66頁。

備考：工場・職に「+」のある製図は一つの掛・職であるが、1886年の掛では造船・機械両課に分かれたことを示す。

1883年の時点では「++」のある滑車模型掛で一つの掛であった。

職種のうち、*は満15～25年、**は満17～30年、無印は満15～20年が、入業許可年齢であることを示す。

1886年の掛の（船）（機）は、それぞれ造船科・機械科所属であることを示す。

『船廠史』第2巻によれば、滑車掛は1885年3月23日に雑製掛へ変更された。


右の一連の集約過程は、建物としての工場の数とは無関係であった。一八八三年一〇月五日現在の造船所報告書中には「工場の名称」が掲げられている。その工場名は、一八七六年当時の掛の名称にほぼ対応し、また八三年五月末日現在の「職場」名ともほぼ対応しているが（表1－1）、掛名にはない製檣・撓鉄・製管工場が載っているため、これは建物を示すと考えられる。いずれにせよ、この時点では掛、つまり職制上の工場と建物としての工場とはおおむね一致していたことがわかる。そして職制の集約が進んでいた八八年時点の工場の分布状況をみても、建物自体は減っていない（本章扉絵表面を参照）。八六年以降に起きたのは掛＝職制の集約であり、ここに生じていたのは各掛と建物との分離という事態であった。[10]

職工

横須賀造船所には、さまざまな職種の職工が存在していた。[11] 表1-1では、一八八三年（明治一六）六月二〇日に出された職工の入業年齢制限別の職種一覧を、同年の掛・建物の区別と対照させた。ここからは、当時の職工の職種が、掛や建物によく対応していたことがわかる。しかし一八八六年以降、掛は職種とも分離してゆく。そしてこのように各掛が建物としての工場や職工の職種の概念から離れていったことは、各掛の責任者である技術官が、それぞれの職種に即した技術的リーダーという立場にはもはやとどまらず、職種をまたいで職工たちをまとめる、人的組織の管理者としての性格を強めることを意味していたと考えられる。

技術官・工手

初期の横須賀造船所の各掛には、士族である中少師・出仕、平民の熟練工である工長・工手（工手については後述）、そして一八七〇年代までは雇フランス人と、さまざまな出自をもつ技術官が配置されていた。彼らの間には官位の格差が存在したが、たとえば一八七六年一〇月一四日に定められた「財産調査掛の執務手続」に「各場掛員は、毎月器具増減表を製して財産調査掛に提出すへし」とあるように、職位としては各掛（工場）ごとの「掛員」として、まとめて扱われていた。しかし一八八四年一月二六日には「職場主任及掛員心得」が定められ、またその前日付で、各掛に一名ずつ（滑車・模型、旋盤・鑢鑿はそれぞれ兼務）の主任が置かれた。この時新たに定められた主任の職務について、「心得」では「掛中の諸員を誘励して場内一切の業務を担任する」とする一方、掛員については「常に主任を補助し、課長及主任の指揮に従ひ掛中分掌の業務を整理する」とした。一つの掛の中で、主任が他の掛員に対して指揮命令権を持つという形で職位の上下関係が明示されたのは、横須賀造船所ではこれが初めてである。同年一二月一五日に造船所条例が制定されると、「主任―掛員」の語は「工場長―属僚（のち工場掛）」へと変更されている。前述のように、一八八六年以降は掛、つまり職制上の工場が集約されていったが、工場長という名称は維持された。工場という概念のほうが、個々の職種や建物を離れて、「複数の職からなる人的組織」を意味するものに変わったと言えよう。なお同年五月二四日の官制では、工場長・工場掛いずれも、判任官たる技手の補職として規定された[12]。

ただし、主任という語は、一八八二年に定められた職工組合内則の中にすでに登場する。すなわちその第二条では、職工組合の編成方法について「毎工場、職工の日給多寡を斟酌し、大率七人以上十五人以下を以て一組と為し、主任をして編成せしむるものとす……組々の入替を為すは、適宜主任処分するを得るものとす」とある。ここからは、主任に組合の編成権が与えられていたことがわかるが、各工場主任の辞令や「心得」の制定より一年以上も早い内則に主任の語がみられるため、ここは後年の潤色ではないかという疑問も生じる。しかし「公文原書」で内則の本文を確認すると、右の条文の「主任」の箇所は、当初の文案では「掛員」となっていたことがわかる[13]。そして海軍省サイドによるとみられる「（掛員）とは技術判任官以上のことを指したるものや」との照会に対して、造船所は「主任に相改候」と回答している。このやりとりからは、掛員相互間の上下関係がそれぞれの官位によって自ずと示されるという従来の職階観念が通用しなくなり、固有の職位を明確化することが中央官庁から要求されるという、この時期の過渡的な状況がうかがえると言えよう。

一方、職工組合内則の第四条は、職工組合のリーダーたる伍長を工手（および業生）から選抜すると規定していた。工手は、一八七三年六月二九日の「海軍省官等改定」（太政官第二三三号布告）によって海軍全体で設けられた等外吏であるが、横須賀造船所内で設けられたのは、同年六月二〇日に改正された主船寮官等表によっている[14]。その後一八八六年五月一二日には工手が工夫長に編入されたが、造船所では彼らに「伍長の職分を適用する」と達している。またこれに先立つ一八八四年九月には、伍長の下に下締も置かれた[15]。同年の下締内則の本文は確認できないが、八六年三月一日の規定では「伍長之を選抜し、工場長の許可を得」るものとされており、この時には下締の選任権が伍長に与えられていたことがわかる。

だが翌一八八七年四月二九日に、職工組合内則は全面改正された。そしてこの時の規定では「工場長をして組合を編制せしむ」（第二条）と、従来の内則に引き続き工場長に組合の編成権を与えるとともに、「下締は工場長之れを選定し」（第一三条）とも規定されており、下締の選任権も、工場長に委ねられた。一方で、工夫長の地位は一八八九年六月三〇日に廃止され、工手の制度は解体されてしまう。

以上、第一次軍拡期までの横須賀造船所の体制について検討してきた。造船所の各掛に置かれた技術官たちは、従来は官位にかかわらず掛員という立場であったが、この時期になると工場長（当初は主任）・工場掛という職位が新たに設けられて、造船所内における指揮系統が明確にされた。また職工組合内則がいく度か改正されて、工場長には伍長や下締の選任権が与えられた。こうして、第一次軍拡期を通じて、横須賀造船所では

〈工場長・工場掛〉—伍長—下締—工夫・職工

という形のライン系統が、ひとまず急速に整備されることとなった。各掛の掛員は、元来は各職種に対応しており、技術面でのリーダーという性格が強かったとみられる。しかしこの時期には各掛、つまり職制上の工場

に、複数の職種が集約されていった。すなわち、現場責任者が掛員から工場長へと移行する過程は、職種ごとの技術的リーダーが、職種をまたいで職工たちをまとめる、人的組織の管理者という性格を強める過程でもあったと考えられる。

第二節　一八九〇年体制の発足と変容

(一)　体制の概要

第一次軍拡期が終わったことは、横須賀造船所の体制にどのような影響を与えたのだろうか。ここでは一九一一年(明治四四)までを一つの時期として扱い、この期間の特徴を考える。まずは体制の概要について、これまでと同じ切り口からみてゆこう。

工場

造船所の掛、つまり職制上の工場は、前述のように一八八九年五月二八日の鎮守府条例により、全部で七つとなった。しかしながら、これを組織の縮小とのみ評価することも適当ではないと考える。この時には造船・機械・艤装の三科を統合して製造科とする一方で、これと対等な計画科が新たに設けられているためである。この時期には計画科の役割を重視した、革新的な体制が模索されていたように思われる。もっとも、一八九三年五月一九日の鎮守府条例改正では、製造・計画両科が早くも造船・造機両科の形に戻されており、工場は「三(船)+四(機)」のほかに、両科に属する製図工場という体制になった(この間、一八九二年七月二三日の

表1－2　横須賀海軍工廠の各工場および類別（1904年）

附属部名	工場	個数	類別
造兵部	造兵図工場	1	造兵製図場
	水雷工場	4	水雷工場、電気工場、仕上工場、運転工場
	砲銃工場	2	砲銃工場、銅工場、縫工場、塗具場
	火工場	3	火工場、分析場
	木工場	1	木工場、模型場
	機械工場	1	機械場
	鋳造工場	1	鋳造場
	鍛冶工場	2	鍛冶場、製缶場
	無線電信工場	1	無線電信工場
	検査工場	1	検査場
造船部	造船工場	12	機械場、現図場、撓鉄場、亜鉛鍍金場、鍛冶場、建具場、船台
	船渠工場	10	鋸鉋場、木工場、鉄工場、端舟工場
	船具工場	1	網具場、製帆場
造機部	機械工場	3	機械場、組立場、鍛冶場、材料試験場
	煉鉄工場	2	大煉鉄場、小煉鉄場
	鋳造工場	6	鋳鉄場、鋳鋼場、鋳鐪場、模型場、分析場
	製缶工場	2	製缶場、銅工場
造船部	造船造機製図工場	2	造船製図場、造機製図場、写真場
造機部	発電工場	1	発電場

出典：注⑥『工廠史』第4巻、325～326頁。
備考：この時点の「個数」が何を示すのかは未詳である。ただし、後年の同種の表にも「個数」の記載がみられ、それらは「小別」（この表の「類別」に相当）の数と一致するようになる。

造船工務規程によって、製造科には船渠工場が再度設けられた）。その後一九〇三年一一月五日には、造船廠と造兵廠が合流して海軍工廠が発足する。横須賀海軍工廠では翌一九〇四年一二月二三日に「横須賀海軍工廠各部工場名称類別の件」が認許されたが、そこでは工場が「一〇（兵）＋四（船）＋五（機）」の体制となっている。このうち造船・造機両部の動向に注目すると、製図工場が造船部の所管となったほか（造兵図工場は造兵部所属である）、造機部に発電工場が置かれている。そしてこの規程では、各工場に属する建物が「類別」と称して表1-2のように明示された。ここからは、当時の職制上の工場が、おおむね複数の建物から成る体制となっていたことが一目瞭然である。

職工

一八九〇年（明治二三）一二月一二日、横須賀造船所では職工組合内規を新たに制定した。

表１－３　横須賀造船廠の職工職別（1901年）

科名	職別
造船科	図工、木工（旧名：船匠、端船職、鋸鉋職）、鉄工、旋盤職、仕上職、撓鉄職、鍛冶職、亜鉛鍍職、電気職、填隙職、塗具職、指物職、潜水職、製帆職、綱具職、雑役
造機科	図工、旋盤職、仕上職、組立職、鍛冶職、電気職、鋳物職（旧名：鋳物職、鋳鋼職、純鉄製造職）、模型職、製缶職、銅工、煉瓦職、火夫、雑役

出典：注⑥『工廠史』第４巻、137〜138頁。

第一次軍拡期の職工組合では、伍長・下締を、工手やそれを引き継ぐ工夫長が務めていた。これに対して新しい職工組合では、職長の名称が組長・伍長へ改められるとともに、それらの職長はいずれも職工から選任されることになった。またこの内規では、組合の編成について「組合は職工の技能を酌量し、一組二十人乃至三十人を以て程度となし、之を編成す」と規定しており（第二条）、前時期にみられた、工場長による編成権を示す文言は失われた。しかしその後、一九〇五年四月一七日に改正された横須賀海軍工廠職工規則施行細則には「工場主任部員は、随時必要に応し、組合の全部若は一部を交代せしむへし」（第一七条）という規定が盛り込まれている。必要に応じて組合を編成し直せるというもので、これはかつての編成権が「交代権」という形で復活したものとみなせよう。もっとも、その主体は「工場掛長」とは記されておらず、「工場主任部員」という語が使われている。この語の意味については後ほど検討したい。

ここで当時の職工と、工場や職種との関係について確認しておこう。一九〇一年一月一日には「職工職別左の通り改正し、各職工に番号を付す」ことが定められ、後段についてはさらに「各工場別に職工総員に番号を付す」と規定された。ここでいう「工場」とは、前述した「類別」ではなく、職制上の工場（掛）を指すと考えられる。一方、規定の前段にあった「職別」とは表１-３のようなものである。これらの分類は、一八八六年当時（表１-１）から比べると統合されているが、依然として職制上の工場（掛）よりは「類別」に対応する細かさである。(16) 職制上の工場と、個々の職工が担う「職別」や建物としての「類別」とは、もはや完全に異なるレベルとなっていたことがわかる。

技術官

造船・造機両科（一八九〇～九二年は製造・計画科）ともに、科長・主幹に就いていたのは奏任官である。その後一九〇三年に海軍工廠が発足すると、旧造船廠の造船・造機科の科長・主幹の職位（および旧造兵廠の廠長・廠員）は、それぞれ造兵・造船・造機各部の部長・部員へと改められた。そして同時に海軍定員令が改正されて、工廠の各部長に就く者の官位としては、奏任官たる大監（大佐相当官）のほかに、勅任官たる総監（造兵部長は将校たる少将を含む）が加えられた[17]。『工廠史』から実態をみると、一九一〇年代に入って、各部長には総監（少将相当官、のち中将相当も）が就くようになったことが確認できる。

一方、各工場レベルでは、一八九〇年一〇月六日付で大幅な人事異動が行われた（この時、工場長は工場掛長に改称されたとみられる）。従来、工場長や工場掛に就いていたのは判任官たる技手であったが、この時工場掛長・掛員に就いたのは奏任官たる大技士であった。前後の時期の『職員録』を対照するとよくわかるが、この時から各工場の掛長は、科主幹が分担して務める形へと大きく変わったのである（表1-4）。なお掛員も同様だが、主幹は定員（この時点では同年勅令第二三七号に基づく）いっぱいでも八人であるため、多くの工場掛長が別の工場の掛員にもまわるという、かなりタイトな配置となっている。そして従来工場長の職にあった技手たちは、いずれも官位を引き上げられる一方で、職位としては工場掛に降ろされた。なぜこのような転換が行われたのだろうか。

この時点で各工場の掛長に就いた人物をみると、六人のうち少技監丸田秀実は、海軍兵学寮の出身者であり（一八七五～八三年にはイギリスへ留学していた）、その経歴は前時期の科主幹たちに近いものであった。だが、その他の大技士である福田馬之助・杉谷安一・臼井藤一郎の三人は、いずれも一八八一年から八四年にかけて、工部大学校ないし帝国大学工科大学を卒業した人物であり[18]、彼らは新世代の技術エリートであった。すな

表1－4　横須賀鎮守府造船部の主要人事（1889～1890年）

1889年			1890年		
職位	官位	姓名	職位	官位	姓名
造船部 長	大技監	佐双左仲	造船部 長	大技監	佐双左仲
計画科 長心得	少技監	宮原二郎	計画科 長心得	少技監	宮原二郎
主幹	少技監	丸田秀実	主幹	少技監	丸田秀実
	大技士	青木恭		大技士	青木恭
	大技士	近藤鏻三郎		大技士	近藤基樹
	少技士	伊藤辰吉		少技士	伊藤辰吉
	少技士	原泰太郎		少技士	原泰太郎
				少技士	飯田熊吉
			【製図工場】長	大技士	青木恭
			掛	大技士	近藤基樹
			掛	少技士	伊藤辰吉
			掛	少技士	原泰太郎
			掛	少技士	飯田熊吉
			掛	技工(3)	鈴木楪吉ほか
製造科 長心得	少技監	高山保綱	製造科 長心得	少技監	高山保綱
主幹(兼務)	少技監	丸田秀実	主幹(兼務)	少技監	丸田秀実
主幹	少技監	馬場新八	主幹	少技監	馬場新八
主幹	大技士	臼井藤一郎	主幹	大技士	臼井藤一郎
主幹	大技士	福田馬之助	主幹	大技士	福田馬之助
主幹(兼務)	大技士	近藤鏻三郎	主幹	大技士	杉谷安一
主幹	大技士	小幡文三郎	主幹	大技士	近藤鏻三郎
主幹	大技士	山崎甲子次郎	主幹	少技士	山田銈太郎
属員	技手(1)	内藤実造ほか	主幹	少技士	高木太刀三郎
			属員	上等主帳	新妻融
【製図工場】長	技手(8)	石黒周太郎			
掛	技工(3)	鈴木楪吉ほか			
【造船工場】長	技手(5)	村野報介	【造船工場】長	大技士	福田馬之助
掛	技工(3)	土屋銈次郎ほか	掛(兼務)	大技士	杉谷安一
			掛(兼務)	大技士	近藤鏻三郎
			掛	技手(3)	村野報介ほか
			【船渠工場】長	大技士	杉谷安一
			掛(兼務)	大技士	近藤鏻三郎
			掛	技手(3)	伊勢幹ほか
【機械工場】長	技手(2)	田中釉	【機械工場】長	少技監	丸田秀実
掛	技手(3)	谷口弥八郎(兼務)ほか	掛(兼務)	大技士	臼井藤一郎
			掛(兼務)	少技士	山田銈太郎
			掛	技手(1)	田中釉ほか
【煉鉄工場】長	技手(3)	谷口弥八郎	【煉鉄工場】長(兼務)	少技監	丸田秀実
掛	技手(9)	松本吉郎兵衛	掛	技手(5)	松本吉郎兵衛ほか
【鋳造工場】長	技手(2)	勝目純之	【鋳造工場】長	少技士	山田銈太郎
掛	技手(6)	松村六郎ほか	掛	技手(3)	松村六郎ほか
【製缶工場】長	技手(5)	佐藤雄太郎	【製缶工場】長	大技士	臼井藤一郎
掛	技手(7)	浅羽勇吉ほか	掛	少技士	高木太刀三郎
			掛	技手(3)	佐藤雄太郎ほか
【船具工場】長	技手(1)	古川庄八	【船具工場】長	大技士	近藤鏻三郎
掛	技手(6)	守田金次郎ほか	掛	技手(1)	古川庄八ほか

出典：大蔵省印刷局編『職員録』1889年（甲）167～168頁、同1890年（甲）173～175頁。両年とも12月10日現在。
備考：各部門の属たる職員、倉庫など工場以外の部門職員については省略した。
　　技手・技工のカッコ内数字は官位の等級を表す。技手（1）は一等技手である。

わちこの時期には、旧幕時代以来の技術に熟練していた叩き上げの技手層が現場のリーダーから退けられて、より新しい知識を習得したエリートたちが、工場掛長（および工場掛）クラスにまで配置される画期であったと言えよう。また前節で述べたように、各工場掛長は職種ごとの技術的リーダーから、人的組織の管理者としての性格を強めていた。その意味でも工場掛長には、より広い学識を備えた人物が求められるようになっていたと考えられる。

技手班長と工手

一八九〇年（明治二三）一二月一二日の内則に基づく職工組合が、組長・伍長を含めて職工によって編成されるものとなったことは、前述の通りである。ただしこの内則では、組長の上に新たに班長が置かれていた。班長を務めたのは、各工場に配置された、判任官たる技手である（すべての技手が班長となったのかどうかは不明である）。『船廠史』所収の同内則は抄録となっているため、この時の職工組合制度については、班長の性格を含めて全容がとらえにくい。しかし一九〇五年四月六日付で発行された『職工心得』[19]所収の「組合通則」（第八章）は、条文の表現から、右の内規を引き継ぐものであった可能性が高い。そこで同通則をみると、班長の権限は、工手時代の伍長のそれをほぼ踏襲するものであったことがわかる。すなわち班長は「工場掛長及主幹の指揮に従ひ」つつも「其組合に関する一切の事項を統理監督」する、「工場掛長より分任せられたる組合員監督の任に当るもの」とあり（第四、六条）、組合に対して大きな権限を持つ存在であった。この時期の職工組合は、形式としては

〈工場掛長―班長〉―組長以下職工

という系統のラインに再編されたが、実際には班長に大きな権限が委ねられていた。

しかし班長制度は、やがて廃止されてしまう。『工廠史』には、班長制度の廃止を明確に示す規程は見当たらない。ただ、班長の語が最後に現れるのは、職工（組長）から選任される工手の制度を新たに設けた一九〇四年四月三〇日の規程である。このため『日本海軍史』が述べているように[20]、班長の職務は全体として工手に継承されたとみてよいであろう。だが、この時定められた工手の規程には、班長のように職工組合を「統理監督」するという表現は盛り込まれなかった。また、翌一九〇五年制定の職工規則施行細則では、組長に対して「掛官の命を受け組合工の取締を担当し」（第一八条）とある。ここにある「掛官」とは、次節で述べるように、工場掛長のほか奏任官の工場掛員を指す語とみられる。すなわち、この時設けられた工手には、職工組合に対して、かつての班長ほど大きな権限は認められなかったのである。

以上の検討から、横須賀造船所では、一八九〇年を画期として新たな体制が模索されていたことがうかがえよう。その中で、工場掛長の地位は、従来と比べてどう変わったのだろうか。工場掛長の職位が、奏任官たる各科主幹に与えられたことは、その格が上がったようにみえる。だが当時の主幹は人数が少なく他の工場掛も兼務する状態であり、また各工場内で実務を行う職工組合に対しては、判任官たる技手を班長として「統理監督」させていた。こうした体制は、工場掛長に大きな権限を期待するものであったとは言い難いであろう。

(二) スタッフ制と複線制

一八九〇年（明治二三）以降、横須賀造船所では業務遂行に関するさまざまな規程が設けられていった。ここではそれらについて、工場掛長の権限に重点を置き、改めて検討したい。

（ア）請負制度と複線制

『船廠史』によれば、一八九〇年以降、横須賀造船所では業務遂行の手順や担当部署を定める細かい規程があいついで制定されている。兵藤釗氏は、それらの規程の分析を通じて、従来造船所内に存在した間接的管理体制、すなわち職長に大きな権限を委ねる体制が、この時期以降変容したと主張した。その指標の一つは、スタッフ制の充実である。すなわち一八九三年（明治二六）七月三日には、各科のレベルに所属するスタッフとして「本部は新たに計理掛を置き、造船造機両科に属せしめ」た。その後九八年三月一日には「両科に庶務係・工務係・報告係・検査係・定備品係・器具格納所を設置」する、とさまざまな係が定められた。また同年六月一日には、「各工場備付機械の修理改造整理の為め、造船科造機科に工場機械主任を置き、左の事務を取扱はしむ」と定められている。兵藤氏は、こうしたスタッフ制の充実が、配下職工の賃金額決定などの権限を、職長から「職場管理者」へ移すものであったと説明した[21]。しかし西成田豊氏が、横須賀造船所ではもともと「採用の最終決定権限や勤怠を含む昇給資格の総合的判定は、工廠側の職場管理者の手に握られていた」と述べているように[22]、職長からの権限移譲という評価は妥当なものとは言えない。

兵藤氏の挙げたいま一つの指標は、工廠の請負制度が、当初は職工組合の組長による入札制であったものの、後に日給比例方式、さらに時間割・工費請負加給法へと合理化されていったという点である。すなわち、請負制度の合理化によって「分配金の支払は経営の手で行なわれ」るようになったから、職長が従来行っていた中間搾取の余地は失われていったと述べた[23]。だがこの点についても西成田豊氏が、工廠の請負方法は民間造船所のそれと異なり、職長による中間搾取はもともと制度的に否定されていたと指摘した。そして同氏は、この時期を通じて「親方請負制から直轄制へといった、何らかの質的転換をみることは困難である。軍工廠に関する限り、親方的な職長を媒介としつつも直轄制を基調とし、これが工廠の拡大過程で系統的に整備・強化されていったとみるのが妥当であろう」と述べている。[24] 海軍工廠の請負制度に対する兵藤氏の理解については、他の研究者からも批判がなされている。[25]

しかしながら、西成田氏のように「直轄制」が単純に拡大していったとみるだけでは、第一次軍拡終了後の横須賀造船所で起きていた体制変化の画期性を、見失うことになるのではないか。スタッフ制の充実は、確かに職長の権限を奪うものではなかった。だがそれらの専門部署は、従来工場長以下のライン系統が処理していた権限の一部を移譲させる形で設けられたものと考えられる。[26] そして請負制度の採用についても、賃金制度としての側面は別として、業務遂行の形態という面からみれば、工事の命令者は一定の時間ないし工費で工事を完成させるという包括的な条件を提示するにとどまって、その中でどう作業するかは職工らの判断に委ねられることになるため、その意味では、上官からの命令を従来よりも間接化するものであったと評価することができよう。さらに問題は、兵藤氏にせよ西成田氏にせよ、工事命令者の立場について「職場管理者」あるいは「経営」という、漠然とした表現を用いていることである。命令者が、職工組長の直属の上官たる工場掛長ないし班長に限られるならば、請負という方式がとられたとしても、ライン系統そのものの重要性はさほど損なわれなかったことになる。一方、直属ではない上官も請負を命ずることができるとすれば、それはライン系統の権限を、従来よりも弱めるものであったと言えよう。この時期の請負制度は、

〈工場掛長―班長〉―組長以下職工

というこの時期のライン系統と、どのような関係にあったのだろうか。従来の研究ではこの点が問題とされていないので、以下関係する条文を改めて検討してみよう。

一九〇一年三月二二日の工費請負規程（海総第一〇九七号）は、海軍工作庁全体で請負制度を初めて導入したものである[27]。そして横須賀造船廠では、翌一九〇二年一月一八日の「工事請負細則・施行手続」によって、具体的な規定を定めている。このうち「請負細則」第四条には、次のようにある。

規程第一条に依り工事を工費請負に附せんとするときは、工事担当主幹は工事担当掛員をして其の適否を調査せしめ、工事仕様予定工数工費及工事日子を算定し、其の算出の基く所を明記したる表を製し、主務科長に提出すへし……。

そして、その後間もない一九〇五年四月一一日に、海軍省は新たな工費請負規程（官房一三五九号）を制定し、横須賀造船廠では同年六月二四日に「工費請負施行手続」（横廠第一〇九九号）を設けた。この時の規程は、「予定工数工費及工事日子を算定」したうえで組長らの入札にかけていた旧規程とは異なり、工事の命令者側が工事の種類や難易に応じて時間や単価を見積もることとした。これは「従来の等級賃金制度に加えて、初めて海軍は本格的な能率刺激的・奨励賃金制度の導入に踏み切った」と評されるように[28]、賃金制度としての性格を強めるものであったと言えよう。一方でこの「手続」は、工事の命令者について次のように定めていた。

第二条　担当部員、工事を工費請負に附せんとするときは、工事の種類及其の難易に応し人員、時間又は単価を予定し、之を所定の用紙に記載し、調印の上、主務部長に提出すへし、主務部長之を適当と認むるときは、会計部長の同意を得て、直ちに之を施行せしむ

第三条　工費請負に附したる工事は、担当部員及担当係員等に於て其進行及成績を監督し、工事に粗漏なきを期すへし、但し進行中担当部員に於て其の停止を必要と認むるときは、直ちに之を命し、其の旨主務部長に報告すへし、主務部長は之を会計部長に移牒す

第七条　工費請負工事竣工したるときは、直ちに之を主務部長に報告し、検査を受くるものとす

第八条　工費請負工事の検査結了したるときは、本規程の算定に基き算当して之を所定用紙の各欄に記載し、担当部員調印して札場に送附すへし……

これらの規程では、命令者が「担当主幹（のち部員）」「担当係員」となっている。この語はどう解釈すべきだろうか。前述したとおり、この時期には科主幹が各工場掛長に就く体制となっていた。そのため、これが直ちに工場掛長と読み換えられるものであった可能性も否定はできない。しかし後述するように、人事に関する規程などではこの時期にも「工場掛長」の語が用いられている。よって担当主幹という語は、工場掛長とは使い分けられていたものと考える。工事担当主幹とは、工場ごとではなく、工事の内容に応じて定められる責任者であったとみるべきであろう。そして工事担当係員とは、工事担当主幹のもとで、やはり工事の内容に応じて定められる奏任官を指すのであろう。要するにこの規程では、各奏任官が工事ごとに責任者となりうる体制であった。右のような体制を「複線制」と呼ぶとすれば、これは命令系統の多様化を認めているという点で、各工場掛長をトップとした従来の単線的なライン系統の権限を、相対的に弱めるものであったと言えよう。

なお、一八九〇年八月六日に制定された「艦船計画並製造心得」の第一四条には「計画・製造両科長は、新造艦船の主任主幹並に工場主任係員を定め、其人名を部長へ提出すること」とある。また一八九八年三月一日の「造船科造機科工務取扱手続」第一条では「艦船修理、改造、新設等に関する書類の回付ありたるときは、

庶務係之を受け其の主務科長に提出すへし、科長は担任主幹を定め、之を工務係に下付すへし」と規定されている。このように複線制は、一八九〇年時点から採用されはじめたものであった。すなわち、当時の請負制度の規定も、一八九〇年体制のもとですでに採用されはじめていた複線制を前提として組み立てられたシステムであったと考えられる。

（イ）職工の人事管理・評価と工場掛長

他方、人事管理・評価分野においては、この時期にも「工場掛長」の立場を明示した規定が目立つ。たとえば一八九六年（明治二九）一二月五日に制定された職工増減給内規の第二条には「工場掛長は、部掛下職工の能否勤怠を考査し、増給若くは減給至当と認むる者あるときは……増減給申出書を……科長に差出すへし」とある。また一八九八年七月一日には「職工犯則及犯罪者処分手続」が制定されたが、その第八条には「審問委員長及委員は左の吏員より成る、一、審問委員長は犯則者所属の工場掛長或は材料庫主管とす……」とある。

だがこうした分野でも、この時期には、やはりスタッフ制や複線制に委ねる規定が設けられていた。一例として、職工募集の場面が挙げられる。一九〇〇年一二月（日付欠）には「職工募集掛事務取扱方」が制定された。そこでは「会計科〔課〕警査掛員をして兼務せしむ」るものとして「職工募集掛を設置す」と、警査掛員の兼務ながら担当のスタッフが定められる一方で、工場掛長への言及はまったくない。そしてこのパターンは、一九〇九年六月四日の横須賀海軍工廠職工募集内規（横廠第一号ノ四）でも変わっていない。

以上のように、一八九〇年を境として、横須賀造船所ではさまざまな面で新しい体制が打ち出された。兵藤氏のように、これを「間接的管理体制の変容」とみることは、すでに批判されているように妥当ではない。だがこの時期に設けられた諸規程は、スタッフ制の充実や複線制の採用によって、いったん整備された従来からのライン系統の権限を弱めるというひとつの方向性を持っており、その意味では、やはり造船所にとっての画期であったと考えられる。

当時なぜこのような方向性がとられたのだろうか。この点を史料から直接示すことは難しい。しかし、この時期が海軍にとってひとつの転換期であったことは間違いないであろう。すなわち第一次軍拡が終了したこの時期、海軍は新たな事業計画を目論んでおり、一八八九年（明治二二）には呉・佐世保鎮守府の開設など、横須賀以外での新たな施設整備が行われていたが[29]、一方で財源の不足や帝国議会の開設によって、計画全体の予算が制約を受ける可能性が増したことも確かであろう[30]。こうしたなかで横須賀造船所でも、第一次軍拡期にいったん整備されたライン系統の見直しを含めて、より経済合理的な体制が模索されていたと思われる。しかしながら、一九〇五年頃には、職工組合を「統理監督」する班長の地位が廃止された。また請負制度も、当初は組長による入札制であったものが、請負命令者による裁量のより強い加給法へと改められた。このように、ライン系統の権限を再強化しようという動きが、しだいに現れてくるのである。このような軌道修正が図られた理由を直接示す史料を見出すことも困難である。だが、日清・日露戦争を経て大規模な軍拡が実施された結果、工廠においても業務遂行の体制を再び見直す必要が生じたことは、十分に考えられるだろう。

他方で、日露戦後には各工廠で労働運動が活発化していた状況にも注意したい。こうした状況は、職工に対する福利厚生制度の充実が新たな課題であることを、工廠当局に痛感させていた[31]。

第三節　一九一二年体制の確立

(一)　体制の概要

一九一一年(明治四四)一〇月三〇日には、海軍工作庁の通則として海軍工務規則が制定された。これを受けて横須賀海軍工廠では横須賀海軍工廠工務規則施行細則を制定し、翌一二年六月一三日付で海軍大臣から認許を受けた。この施行細則(以下、これを「一二年細則」と呼ぶ)が施行された時期の工廠の体制について、前時期と対比しつつみてゆこう。

工場

工廠内の掛、つまり職制上の工場については、一二年細則の第四～九条で規定されている。一九〇四年当時の規程からの変化としては、造船部に艤装工場が、造機部に造機製図工場が設けられたことが挙げられ、全体で「八(兵)+五(船)+六(機)」体制となった。その後、造船・造機部では工場の数にあまり変化はなかった。もっとも、「小別」(前時期の「類別」に相当する)[32]の変更はかなり行われている。

ちなみに一九四五年(昭和二〇)の造機部工場配置図をみると、道路で直線的に区切られたそれぞれの区画内には職制上の工場を構成する諸職場が集約されており、この時期までに工廠はそれ自体があたかも街区のような空間を形成していたことがうかがえる(本章扉絵裏面を参照)。

職工

職工組合の制度は、一二年細則でも基本的に変わっていない。ただしその交代権については「各工場長又は主管は、職工組合中に情弊を生し、必要を認むるときは、組合の全部または一部を交代せしむへし」（第四〇条）と規定された。すなわち、職工組合の交代権をもつのは工場長であることが、この細則では再び明示されることとなった。

技術官・工手

工場長・工場掛員に就く者とその職務について、一二年細則は「造兵、造船、造機部の各工場に工場長を置き、部員又は副部員を以て之に充て、部長の命を受け、工場の業務を担当せしむ」「各工場に掛員を置き、部員又は副部員を以て之に充て、部長又は工場長の命を受け服務せしむ」と規定している（第一五〇、一五一条）。掛員が工場長を介さずに部長の命を直接受け得るという規定は、工場長の権限の限界を示すようにみえる。しかし注意すべきは、工場長という職位が、あくまでも横須賀海軍工廠のレベルで独自に定められたものであったということだろう。海軍定員令では、各海軍工廠を通じた職位として、廠長・検査官に次ぐものとしては部長・（副）部員などとしか定めていない。このため、（副）部員たる掛員が部長の命を受けることは当然であり、むしろ同じ（副）部員の中でも、工場長が掛員に対して「命を受け服務せしむ」権限を持つとする点に、右の規定の眼目があると言えよう。[33]なお各工場レベルの職員配置について詳細がわかる名簿は、現在のところ一九三五年（昭和一〇）まで下るものしか確認できていない。[34]表1-5は、その名簿から造船部の各工場部分を抜粋したものである。ここから、まず各工場では工場長以外の部員を「掛官」と称していること、そして遅くともこの時点では、部員定員の増加によって各工場長はほぼ専任となっており、ほかの工場の掛官にまわるケースは、機具工場主任のほか艤装工場掛官となっている小副川要作を除けばみられないことがわかる。

一方、前時期に設けられた工手について、一二年細則は第四六条で「工手は掛官の命を受け、技手の職務を補助するものとす」と規定している（これは一九〇九年の職工規則施行細則中改正を引き継ぐ規定である）。また

表1－5　横須賀海軍工廠造船部の主要人事（1935年）

工場名	職位	官位	姓名	備考
造船部	部長	造船少将	池田耐一	
	検査官	中佐	横山弥太郎	
		造船少佐	岩崎正英	
	部員	機関中佐	辻周正	
		軍医中佐	小形治郎一	
		主計少佐	岩田清治	
		造船中佐	福田烈	
		造船中佐	矢ヶ崎正経	
		造船少佐	福井又助	
		造船少佐	西島亮二	
		造船大尉	広幡増弥	
		造船大尉	矢田健二	
		造船大尉	村上外雄	
		技師	立川義治	
		技師	溝口三雄	
	附	技師	小谷尚浩	
		技師	小副川要作	
		技師	安田千代次	
		技師	関甚作	
	勤務	造船中尉	船越卓	
		造船中尉	馬場清一郎	
【製図工場】	工場長	造船中佐	矢ヶ崎正経	
	掛官	造船大尉	村上外雄	
		技師	立川義治	（兼＝船殻工場）
		技師	安田千代次	
		嘱託（奏任待遇）	飯牟礼俊徳	
	掛員	技手	今井芳之助ほか	
	係	計画助手	宮下義治ほか	
【船殻工場】	工場長	造船少佐	西島亮二	
	掛官	造船大尉	矢田健二	
		造船中尉	馬場清一郎	
		技師	立川義治	（兼＝製図工場）
	掛員	技手	山下種造ほか	
	係	工手	府川由三ほか	
【艤装工場】	工場長	造船少佐	福井又助	
	掛官	技師	小副川要作	（兼＝機具工場）
		造船中尉	船越卓	
		技師	関甚作	
		技師	溝口三雄	
		嘱託（奏任待遇）	作本友一	
	掛員	技手	鈴木道三ほか	
	係	工手	府川兵蔵ほか	
【船渠工場】	工場長	造船大尉	広幡増弥	（兼＝船具工場）
	掛員	嘱託（判任待遇）	蛭田鉄五郎	（兼＝船具工場）
		特務工手	寺泉佐吉	
	係	工手	宮本福次郎ほか	
【船具工場】	工場長	造船大尉	広幡増弥	（兼＝船渠工場）
	掛員	嘱託（判任待遇）	蛭田鉄五郎	（兼＝船渠工場）
	係	工手	一柳安次ほか	
【機具工場】	主任（ママ）	技師	小副川要作	（兼＝艤装工場）
	掛員	技手	石渡玉吉	
	係	工手	須賀竹三郎ほか	

出典：横須賀海軍工廠編『横須賀海軍工廠職員名簿』［1935年1月10日現在］（1935年、神奈川県立図書館所蔵）18～24頁。
ただし検査官・部員名は内閣印刷局編『職員録』［1935年1月1日現在］（1935年、国立国会図書館所蔵）125頁。

第四一条では、職工組合の組長について「組長は、掛官又は工手の命を受け、組合を直接指揮監督し、工事を担任すると同時に組合各工の改善教導に当るものとす」と規定している。これらの規定を総合すると、技手の立場が不分明であるが、職工組合のライン系統は、

工場長—〈掛官—（技手・）工手〉—組長以下職工

という形になる。組織の巨大化によって命令系統は当然複雑化しているが、その中で職工組合の交代権を保持していたのは、前述のように工場長であった。複雑化したライン系統の中で交代権が与えられていることは、工場長の権限が重視されていることを示すと考えられる。

以上の検討からわかるように、一二年細則は工場長をライン系統の中軸に再び位置づけるものであり、これは、一八九〇年体制にみられた方向性からの大きな転換と言えよう。それでは、前時期に複線制が採用されていた横須賀海軍工廠の請負制度について、一二年細則は工場長をどのように位置づけていたのだろうか。またこの細則制定以降の時期になると、工廠では職工の福利厚生制度が重視されてくるが、この分野についても、工場長は何らかの役割を担うことになるのだろうか。次項ではこの点を検討する。

(二) 工場長への権限集約

(ア) 請負制度と工場長

請負制度の手続について、一二年細則は次のように規定していた。

第一一〇条　工場長は、工事の進捗又は工事の経済上に於て請負工事に附するを得策なると認むる場合には、工事の種類に応し、時間請負若は工費請負として、直に施行を命することを得但し、新造及修理艦船に於て請負に附すへき工事は、予め部長の承認を受くへし

第一一二条　工事を請負に附したるときは、工場長は当該工事の進行及成績の監督を励行し、工事に粗漏なきを期すへし、但し進行中請負の停止又は取消の必要を認めたる場合は、直に之か処分を了し、而して其の旨部長に報告すへし

第一一四条　請負に附したる工事竣工したるときは、工場長は直に其の成績の良否を検査し、三日以内に請負加給報告票（第九号書式）を調製し、工務掛に送付すへし、工務掛は検査の上、部長の認印を受け、札場に送付するものとす……

一九〇五年（明治三八）に定められた「工費請負施行手続」と異なり、この細則では請負工事の命令者が各工場長に一元化されたことが明らかである。本章冒頭で提示した、一九一七年（大正六）時点での請負をめぐる「工場長の専断」も、直接的にはこの権限集約がエスカレートした結果であったと考えられる。[35]なぜ、命令者がこの時点で工場長に一元化されたのだろうか。

一九〇五年の改正規定からもわかるように、請負制度は能率刺激的賃金制度、つまり職工への賃金支給制という性格を強めていた。工場長は、人事評価の権限を従来から一貫して保持しており、そうした観点からこの時点で責任者に位置づけられた可能性はある。ただし、純粋に業務遂行という観点から、複線制を採ることについて効率の悪さなどの弊害が問題となっていた可能性も否定できない。[36]これらの点が総合的に判断されたというのが事実に近いのかもしれない。兵藤氏は、請負制度が廃止されたことを重要な指標として、この時期に

「直接的管理体制への転換」が起きたと論じた。実際には、横須賀海軍工廠では請負制度は維持されているのだが、一二年細則では、請負制度を含めてライン系統の再整備が図られていた。兵藤氏の所説も、少なくともこの時期に局面が変わったことを感じとったものだったのではないだろうか。

当時の請負の様子を具体的に知りうる史料は、現在のところ得られていない。ただし、一九一七年から三年ほど横須賀海軍工廠造兵部に勤務していた山本延寿は、当時の同部の状況を示す回想を残している[37]。その記述には工場長こそ登場しないが、当時の請負工事が工場ごとに管理されていた様子がうかがえる。

(イ) 職工の福利厚生制度と工場長

職工の昇給判断のような人事管理・評価という分野では、ライン系統が弱められた前時期にも、工場掛長は権限を保持していた。この分野に関する権限の大きさは、一二年細則で工場長と名称が改められてからも基本的に変わりはなく、むしろ強化されている。たとえば職工の募集について、従来は前節でみたように職工募集掛というスタッフが設けられて担当していたが、この時期には新たに工場長も介在するようになっている。すなわち一九一二年(明治四五)六月一九日の職工募集内規改正では、会計部に職工募集掛を存置する一方で(第一条)、「工場長(工場掛長)又は主管、職工を要するときは、各部に備付ある職工募集簿に所要事項を記入し所属部長に申出て、所属部長の承認を経て之を会計部長に通知すへし」「会計部長、前条の通知を受けたるときは、募集掛をして之を公告せしむ、但し場合により、掲示を為さすして採用することを得、此の場合に在りては工場長又は主管は、其の旨記事中に附記するものとす」(第二、三条)と規定した。その後の改正でも、職工募集について工場長を介在させるという方向性は変わっていない。

ところでこの時期には、職工の福利厚生に関する規定が一般に充実してくる。そしてこの分野でも、談話会や貯金組合といった組織において、工場長を責任者とした「分会」がつくられるようになる。以下、それぞれ具体的にみてみよう。

談話会

一九一九年八月二六日に、横須賀海軍工廠では「談話会規定《ママ》」が定められた。その第一項では、会の目的を「当廠職員以下相互の意志疎通を図る為」としている。また山本延寿は、この会を「労働争議の安全弁」であったと評している。[38]「規定」の第四項は、会の組織について「談話会は、工場別若くは之に準する区分に依り、分会を設くる事を得、此の場合当該工場長若は之に相当する高等官をして分会長たらしむるものとす」としていた。つまり当時、各工場長が責任者となる分会の設置は任意規定であった。「規定」は翌一九二〇年一月二一日に改訂されており、その時の第三項もほぼ右の文言を踏襲している。だが、一九二三年一一月一三日に新たに制定された「横須賀海軍工廠職工談話会規定《ママ》」の第三条では「談話会は各部毎に之を設け、其の部名を冠し何談話会と呼称し、当該部長を会長とす……各部長は其の所属工場別若は之に準する区分に依り分会を設け、当該工場長若は之に相当する部下高等官をして分会長たらしむるものとす」と定められている。ここにおいて、工場長を責任者とする分会の規定は任意規定から義務規定へと変更されたわけである。

貯金組合

一九〇一年四月三〇日に、横須賀海軍造船廠では「職工郵便貯金取扱手続」が制定された。当時の規定では「組長は、前条により組合工中預け入を為す者の金員姓名を毎月十八日迄に班長に申出つへし」「班長前条の申出を受けたる時は、別紙甲号書式に依り、毎月二十日中に〔工場〕掛長を経て会計課へ通報するものとす」とされていた（第三、四条）。つまり、この組合は職工組合や班長制度を活用したものであり、工場掛長も一応介在するものの、それは会計課（造船廠内で、造船・造機科から独立して設けられたスタッフ部門）へ取り次ぐためのルートにすぎなかった。だが、一九二五年（大正一四）三月三〇日には、横須賀海軍工廠で「貯金組合規約」（横廠達第一六号）が制定された。同規約は工廠全体を「工廠現業員（雇傭人を含む）の有志を以て組織する一つの組合とみなすとともに、「本組合は工場別（若は之に準する区分、以下倣之）に分会を設く」とされ、「組合分会長には「工場長（若は之に準する高等官）」が充てられることになった（第一、四、五条）。そして「組合員は左の場合に、分会長の承認を受け、貯金の払戻を請求する事を得」として「自己又は家族の疾病其の他避くへからさる災害に罹りたるとき」以下の三項目が挙げられている（第一二条）。このように各工場長は貯金組合各分会の責任者となり、職工が貯金を払い戻す際にはこれを承認する権限が与えられるようになった。

もっとも、談話会にせよ貯金組合にせよ、いずれも第一義的には工廠全体をひとつの組織としたものであり、工場レベルの組織はあくまでもそれらの「分会」という位置づけにすぎない。そのため工廠を職工たちの目線からみた場合、これらの分会の構成単位とされた各工場に、共同体としての意識が果たしてどれほどあったのか、という疑問は当然生じるであろう。その点を十分明らかにするような、各分会の実態を示す史料などは残念ながら得られていない。しかし当時の工場とは、職工目線でみても、彼らが共同体意識を持ちうる部分社会となっていた可能性が高いと筆者は考えている。なぜそう考えるのかを示すために、工場長と直接関わりはないが、横須賀職工共済会と横廠工友会という、横須賀海軍工廠で設けられた二つの共済団体(39)のあり方について最後に検討しておきたい。

横須賀職工共済会

横須賀職工共済会は、横須賀海軍工廠内で設立された、初めての本格的な共済団体である。同会の設立は一九〇四年（明治三七）六月とされ[40]、一九〇七年（明治四〇）六月には財団法人として認可された。会の目的は「工廠職工、傭人、雇員及其家族の親睦を保ち傷痍、疾病其他の不幸を弔慰救済し、全般の福利を増進する」ことであった[41]。ただし組織面では、歴代の工廠長が会長を務めているように[42]、官製的な性格が強かった。一九一〇年に刊行された『職工宝鑑』所載の同会内規によると、会には理事や評議員が置かれていたが、この理事や評議員に意見を述べ、あるいは諮問に答える職工の「代表者」の選任方法については、こう定められている。「代表者は、各部の雇員中二名、傭人中一名、職工二百人毎に一名、組長中より互選す、但二百人に満たざる工場に在ては一名とす」（第一二条）[43]。代表者は、職工組合の組長から選ばれるが、その母体は職工二〇〇人という数的な単位となっている。この文言に従えば、工場ごとのまとまりは考慮されておらず、かなり機械的な基準である。しかし、一九二一年に刊行された『労働三年』所載の内規では、「評議員は代表〔者脱ヵ〕の互選とす」としつつ、代表者については「代表者は雇員、傭人に在ては各部毎に一名宛とし、職工に在ては各工場毎に二百名以内に二名、二百名以上は百名を増す毎に一名を増すものとし、会員の互選により之を定む」（第一五、一三条）と規定されており[44]、この時には「工場毎」という文言が加わっていた。

横廠工友会

一方の横廠工友会は、横須賀海軍工廠の職工主導で、一九〇八年（明治四一）に設立された共済団体である。すでに横須賀職工共済会が存在していたところに「同じ従業員を組織分子とする自主的組合工友会が創立されたので、勢ひ両者は対立の形となつた[45]」というのも当然であろう。この工友会設立当時の状況について

『横廠工友会沿革史』はこう述べている。「思ふに廠内各工場にはそれぞれ一乃至は二三の親睦団体が組織され、職工共済会とは別箇に相互の共済と親睦を図りつゝあつたが、是等を横断的に統合する指導機関が無かつた為、候補者を全従業員協力のもとに市政壇上に送る丈の集団的訓練を欠き」、「海軍工作庁たる工廠各職場には伝統的な統制と旧殻的な支配観念が瀰漫し、組合統一に対する経験と理解に欠ける所があり、且つ、従業員が大同団結して組合を組織する事に少なからぬ杞憂を抱く当局の諒解を得る事は至難とも見られてゐたが……誠意を披瀝して漸く諒解を得たのである」[46]。これらの記述からは、当時の工廠を職工の目線でみた場合、彼らにとっては「工場」「職場」というまとまりが共同体意識の範囲となっており、むしろこうしたセクショナリズムの克服が目指されていた状況がうかがえよう。

そして同会創立当時の定款によれば、会には理事と評議員が置かれていたが、このうち評議員については「本会評議員の選挙は、各工場会員の投票を集め、組長立会、開票す」、理事については「本会理事の選挙は、各工場〔評〕議員に於て互選し、任期は壱ヶ年とす」とある（第九、一〇条）[47]。評議員は工場単位で選任され、理事は工場評議員の互選であった。すなわち、当時の横廠工友会役員は工場ごとの利害を反映するものであり、横廠工友会の性格を考えると、これらは当時の工廠の実情をふまえたものであった可能性が高い。同会の定款は一九一七年に改正されているが、内容はほぼ変わらない。しかし、横廠工友会が社団法人となった一九二四年時点の定款では「評議員会《ママ》は、会員総会に於て之を選挙す」「理事は評議員中より、監事は会員中より、評議員会に於て之を選挙す」という規定になった（第一七、一一条）[48]。新しい評議員の選任方法は、工場ごとという従来の枠組みを文言からはずしたところに眼目があったとみてよいだろう。工友会は、従来せいぜい工場を共同体意識の範囲としていた職工らのセクショナリズムの克服を目指していたのであり、この時期になってその理念をようやく明文化するに至ったのである。横須賀職工共済会とはベクトルを逆にするこのような横廠工友会の動きは、職工目線でみた場合、工廠内では工場を単位とする共同体意識が強固に存在していたことを、逆にうかがわせると言えよう。このため、一九二〇年代に工廠が談話会や貯金組合に工場単位の分会を設けたことは、そうした職工たちの意識に合致する措置であったと考えられる。

おわりに

本章では、横須賀海軍工廠における工場長の地位とその変化について、推論を交じえつつ追跡してきた。考察で判明した点をまとめよう。

一八八〇年代半ばまでの横須賀造船所において、所内の各掛は基本的に個々の職種や建物に対応していた。そして各掛には職種ごとのリーダーとしての性格が強い中少師・出仕、工長・工手といった技術官が複数配置されていたが、彼らの職位はいずれも掛員として一括されていた。だが第一次軍拡が開始されると、各掛の責任者には工場長(当初は主任)という職位が与えられるようになり、工場長は職工組合に対しても、編成権や選任権を与えられた。こうして、第一次軍拡期を通じて横須賀造船所では、工場長を中軸とするライン系統がひとまず急速に整備された。一方でこの時期には、工場という概念自体が複数の職種や建物を集約したものへと変容しており、工場長の性格は技術的なリーダーから人的組織の管理者へと変わっていった。

しかし工場長の権限は、その後単純に拡大していったわけではない。一八八九年(明治二二)から翌年にかけての横須賀造船所では、造船・機械・艤装各科が製造科に統合されたように、組織の拡大路線からの転換が行われた。そして業務の遂行方法を定めるためにあいついで制定された諸規程では、スタッフ制の充実や複線制の採用が図られたが、これらは総じてライン系統の権限を弱めるものであった。この時期の工場掛長には、奏任官たる各科の主幹が就くようになったものの、工場掛長という地位に対して与えられた権限は、もっぱら職工の人事評価・管理面に限られていた。職工組合への命令についても、大きな権限が与えられたのは班長である。しかしながら、その班長の廃止にみられるように、体制は再び軌道修正されてゆく。日清・日露戦争を経て大規模な軍拡が実施されるなかで、工廠の体制を見直す必要が生じていたと考えられる。

一九一二年、横須賀海軍工廠では工務規則施行細則を改正したが、同細則は工場長の権限を各所で再び強め、ライン系統の中軸に位置づけるものであった。当初複線制が採用されていた請負制度においても、工場長はこの時点で一元的な責任者と定められた。一九一七年には、これがエスカレートして「工場長の専断」と表現されるに至っている。一方、職工に対する福利厚生制度においても、工場長は談話会や貯金組合の分会長として位置づけられてゆく。当時の工廠は、職工目線でみても、各工場こそが彼らの共同体意識を持ちうる部分社会となっていた。そのため、工場長を責任者とする分会を設けることは、そうした職工たちの意識にも合致する措置だったのである。

（1） 一九一二年（明治四五）以降の時期、各工場の責任者を「工場長」と称したのは、四工廠のうち横須賀だけであったとみられる。呉と舞鶴では「工場主任」、佐世保では「工場掛長」と称していたことが、以下の各規程からわかる。JACARアジア歴史資料センター Ref.C04015005200、「公文備考」昭和元年巻一所収の呉海軍工廠工務規則施行細則第四九条ほか、C04015473400、同昭和二年巻一所収の佐世保海軍工廠工務規則施行細則第七条、C08021518200、同大正九年巻一所収の舞鶴海軍工廠工務規則施行細則第六条。

（2） 小池重喜「第一次大戦前後の日本造船業（二）」（『高崎経済大学論集』第四四巻第三号、二〇〇一年）四一頁。原史料はJACARアジア歴史資料センター Ref.C08020893900 画像コマ番号四五〜四六、「公文備考」大正六年巻二。

（3） 海軍工廠における請負とは、「一工事」について、予定時間または請負日数・予定単価を定めたうえで、特定の職工に請負の形で（雇用契約関係にある職工に対し、請負契約を必要な範囲で準用して）完成させるものである（一九〇五年「工費請負規程」〈官房一三五九号〉、注（6）『横須賀海軍工廠史』第四巻、三三九〜三四一頁所収）。つまりこの制度は、職工にとっての賃金制度の一形態であると同時に、工廠にとっての業務遂行の一方式でもあった。海軍歴史保存会編『日本海軍史』第六巻（一九九五年）四八八頁にあるとおり、海軍工作庁ではこの方式を一九三七年（昭和一二）まで採用していた。

（4）佐賀朝「工場と都市社会」（佐藤信・吉田伸之編『新体系日本史』六［都市社会史］、山川出版社、二〇〇一年）三九八頁。なお同氏著『近代大阪の都市社会構造』（日本経済評論社、二〇〇七年）第五章も参照。

（5）横須賀海軍工廠編『横須賀海軍船廠史』第一〜三巻（一九一四年）。復刻版は一巻本として出され、原書房、一九七三年刊行。

（6）横須賀海軍工廠編『横須賀海軍工廠史』第四〜七巻（一九三五年）。復刻版は同名書だが、第一〜四巻として出され、原書房、一九八三年刊行。

（7）一九三三年（昭和八）以降については、海軍工廠出身者と関係有志からなる横須賀海軍工廠会が、一九九八年に『横須賀海軍工廠史』第八巻を刊行した。ただし、本章の考察で同書を『工廠史』と接続して扱うことは、断念せざるを得なかった。

（8）室山義正『近代日本の軍事と財政』（東京大学出版会、一九八四年）第一編第三章、第二編第一章。

（9）この時の条例で、横須賀海軍造船所は横須賀鎮守府造船部に改組された。しかし、後の海軍工廠時代に置かれた「造船部」との混同を避けるため、所名が造船廠に改められる一八九七年（明治三〇）まで、本章では「造船所」と記す。

（10）横須賀市編『新横須賀市史』別編軍事（二〇一二年）七八頁所収の図には、一八八九年（明治二二）頃の各工場の具体的な配置が示されている。

（11）一八七六年（明治九）以来、横須賀造船所では熟練工に定雇職工の地位を与えていた。一八八三年（明治一六）にはこれが海軍全体の制度改正に伴って海軍工夫に変更され、一八九〇年（明治二三）まで維持されていた。海軍工夫の制度については、若林幸男「明治前期海軍工廠における労働者統合原理の変遷」（『大原社会問題研究所雑誌』第三六〇号、一九八八年）、前掲『新横須賀市史』別編軍事、一〇一〜一〇三頁（鈴木淳氏執筆）を参照。なお海軍では、一九三七年（昭和一二）の海軍工員規則によって「職工」の呼称を「工員」にあらためた。

（12）技手は、この時新たに設けられた官名である。当時技手に任じられた者が、それ以前どの階層に属していたかについては、技手制度自体への注目度の高さにもかかわらず、これまで具体的に示されてこなかった。そこで一八八五年（明治一八）五、一一月の『職員録』［海軍省改］と、一八八六年（明治一九）一二月の『海軍文官名簿』（ともに国立公文書館所蔵）を対照すると、基本的にはそれまでの工長と師とが統合された形になっていることがわかる。ただしより細かくみると、一～五等工長がおおむね三～七等技手に移行したのに対し、一～五等師は一・二等技手に集約されており、上位階層であった師の側にしわ寄せが起きている。なお個々の工長は、一等工長が三等技手、二等工長が四等技手、というように単純にスライドしたわけではない。

(13) JACARアジア歴史資料センター Ref. C09103506000、「公文原書」巻一一［本省公文明治一五年四月二一日～明治一五年四月三〇日］。

(14) 前掲『新横須賀市史』別編軍事、一〇一頁（鈴木淳執筆）。前掲『横須賀海軍船廠史』第一巻、二三六頁。

(15) 前掲『横須賀海軍船廠史』第二巻、三六九頁。

(16) 一九一一年（明治四四）には海軍工務規則第二二条で、海軍工作庁を通じての職別が示された。

(17) 海軍省編『海軍制度沿革』第一〇巻（海軍大臣官房、一九四〇年）四三九頁。

(18) 丸田については池田憲隆「神戸鉄工所の破綻と海軍小野浜造船所の成立」（弘前大学『人文社会論叢』人文科学篇、第三四号、二〇一五年）、福田・杉谷・臼井については旧工部大学校史料編纂会編『旧工部大学校史料』（虎之門会、一九三一年）三五〇・三五二頁を参照。

(19) 大沼松之助編『職工心得』（一九〇五年）三六頁以下。

(20) 前掲『日本海軍史』第六巻、四七一頁。

(21) 兵藤釗『日本における労資関係の展開』（東京大学出版会、一九七一年）一一〇頁。

(22) 西成田豊『近代日本労資関係史の研究』（東京大学出版会、一九八八年）二四～二五頁。

(23) 兵藤釗前掲書、一一九頁。

(24) 同前、二五頁。

(25) 兵藤説に出された批判については、池田憲隆「戦前日本の重工業大経営における労務管理の形成」（『立教経済学研究』第四二巻第二号、一九八八年）がまとめている。

(26) 池田憲隆「海軍工廠の成立と経営管理組織の展開」（『立教経済学研究』第四四巻第二号、一九九〇年）では、この時期におけるスタッフ制の整備状況が詳しく検討されており、次のように指摘されている。「〔庶務係の分掌事項である〕増給減給に関する事務とは、前述の工場掛長が部下職工の増減給に関する申出書を科長に提出する際におこなわれるものである。庶務係がこの事務作業を担当することによって、職工の昇給規定の運用がより客観化されるようになったことはまちがいないであろう」（二二四～二二五頁）。

(27) 兵藤釗前掲書、二五頁。

(28) 池田憲隆前掲「戦前日本の重工業大経営における労務管理の形成」一五二頁。

(29) 鈴木淳「横須賀海軍の人的構成」（上山和雄編『軍港都市史研究Ⅳ　横須賀編』清文堂出版、二〇一七年）一九八～二〇〇頁。

(30) 室山義正前掲書、第二編第一章。

(31) 兵藤釗前掲書、第二章第二節などを参照。

(32) 『工廠史』において、それまでの「類別」に代えて「小別」の語が用いられたのは一二年細則（第四条以下）が初出であり、以後は規程上、小別の語で統一されている。この語は一九一一年（明治四四）の海軍工務規則第五条で用いられているため、これを根拠にしたと考えられる。なお横須賀海軍工廠会編『横須賀海軍工廠外史』（一九九〇年）三七四頁以下の記述からは、小別にあたる建物空間を職工らが「職場」と呼んでいたことがうかがえる。ちなみに、同じく官営工場であった鉄道省の大宮工場では、内部に分布する各部門の建物を「鋳物職場」「工具職場」と呼んでいた（「大宮工場参観行記」『東京工場懇話会会報』第六七号、一九三三年）。同所では、全体を工場と称し、各部門を職場と称する形で、二つの語を使い分けていたことがわかる。

(33) 段階を越した上官の指揮を受け得るという内容の規定には、他にも第一節で取り上げた一八八四年（明治一七）当時の「心得」で、各職場の掛員は「課長及主任の指揮に従ひ」とされていた事例に、すでにみることができる。

(34) 各工場長の人事については、一八九七年（明治三〇）までの『横須賀海軍船廠史』には掲載されているが、翌年以降の『横須賀海軍工廠史』には記載されていない（大蔵省印刷局編『職員録』では、一八九三年〈明治二六〉以降記載されていない）。ただし横須賀海軍工廠造機部については、歴代の各工場長名が、前掲『横須賀海軍工廠外史』に判明する範囲（多くは昭和期のみ）で掲げられている。

(35) 一九一九年（大正八）には、呉海軍工廠で砲熕部長を務めていた伍堂卓雄によって、科学的管理法の一種とされるリミット・ゲージ・システムが導入された（高橋衛『「科学的管理法」と日本企業』御茶の水書房、一九九四年、第三章）。

(36) 一九一三年（大正二）に横須賀海軍工廠で制定された個別の手続や内規には、他にも工場長を主語とした規定が新たに設けられた。七月一日の「当廠購買物品検査手続」第五条には「各工場長若は各掛主任、前条の物品に対し下検査を了したるときは、其の成績を検査表に記入捺印し、先任検査官に送付す、先任検査官は検査すへき班部を指定し、即決すへき物品に対する検査票と共に上納書を添へ、当該班部の先任委員に回附すると同時に、本検査の期日を関係各部に通知す」とある。また九月二三日の「横須賀海軍工廠起重機取扱内規」の第四項には「工場長は、定期検査の時期及期間は部長の許可を得て之を行ひ、其の成績を報告すべし」とある。

(37) 山本延寿『労働三年』（内外出版、一九二一年）六一～六二頁。

(38) 同前、八四頁。

(39) 横須賀職工共済会と横廠工友会の概要は前掲『新横須賀市史』別編軍事、三七〇～三七一頁（鈴木淳氏執筆）。

(40) JACAR アジア歴史資料センター Ref. C04015556100 画像コマ番号七、「公文備考」昭和二年巻二三所収、海軍主計少佐桑原憲編「労働問題ニ関スル研究報告（労働組合論）」。

(41) 「横須賀職工共済会寄附行為」第四条、桐谷常吉編『職工宝鑑』（金居書店、一九一〇年）八九頁。国立国会図書館のデジタルコレクションではこの頁が欠落しているため、ここでは神奈川県立川崎図書館所蔵本を参照した。なお、池田憲隆氏は「近代日本の重工業における福利政策の展開」（『立教経済学研究』第五四巻第二号、二〇〇〇年）において、この規程を東京高等商業学校編『職工取扱ニ関スル調査』（一九一一年）から引用している。ただし同書の場合、注(43)の「内規」の方は抄録であり、第一二条は収録されていない。

(42) これは前注「寄附行為」第八条で「本会は横須賀海軍工廠長を推戴して会長とす」と規定されていたことによる。

(43) 「横須賀職工共済会内規」、桐谷常吉前掲書、九三頁以下。

(44) 山本延寿前掲書、一〇七頁。

(45) 横廠工友会編『横廠工友会沿革史』（一九三八年）一四頁。

(46) 同前、五、七頁。

(47) 同前、九頁。

(48) 同前、三〇頁。

コラム

職工税と工廠職工

伊藤久志

このコラムで考えるのは、四軍港都市における海軍工廠の職工が、府県税営業税の一種である「職工税」を課されていなかったのはなぜか、という問題である。

一九二一年（大正一〇）前後の時期、海軍助成金獲得のために呉・佐世保・横須賀の各市で作成された資料には、海軍工廠が民間工場であったと仮定した場合に市が受け取れる税収として地租、所得税、国税営業税といった国税の附加税とともに、府県税営業税の一種である職工税の附加税が挙げられている。[1] 仮定するということは、逆にいえば、実際にはそれらの税目が課されていなかったということなのだろう。

この種の史料で最もよく知られるのは呉市のものである。[2] そこには、所得税などの国税とともに、職人税（正しくは職工税）を課すことができない理由について、一括して「官営工場なるか故に」と記されている。このため、府県税営業税（本コラムでいう営業税は、すべて府県税営業税を指すため、以下単に営業税と記す）である職工税が、海軍工廠で働く職工に課せられていない理由については、明確に説明した先行研究などは見当たらないものの、海軍工廠が官設工場であったから、という形でこれまで暗に理解されてきたと思われる。

しかしながら、当時の税制をふりかえると、個人の勤労所得に対してかかる第三種所得税（国税）は、本人の勤務先が民間企業か官公庁かを問わずに課税されていた。また家屋税（府県税）にしても、世帯主の勤務先が府県庁などの官公庁であれば免除される、などということはなかった。こうしたなかで、営業税の一種である職工税のみ、本人の勤務先が官設工場だから免除されるというのは、課税のあり方として一貫性を欠くのではないだろうか。筆者は以前からこの点が気になっていたが、先頃、神戸大学附属図書館がウェブサイト上に提供しているデータベース「新聞記事文庫」で、次の二つの記事をみつけた。これらの記事は、一九一八年（大正七）の長崎県で佐世保海軍工廠の職工に対する職工税の課税が問題となっていたことを示すものである。

【記事①】

［海軍職工課税問題　県当局は積極論、市当局の苦衷、海軍側の反対　官設工場除外問題］長崎県にては夙に一般職工に対して工業税を賦課し居れるに拘らず、何故か従来海軍工廠及三菱造船所等大工場の職工に限りて賦課し居らざりしが、此の事端なくも昨年の通常県会に於て問題となり、今後総ての職工に課税することゝなり……当市〔佐世保市〕にても早晩実施せざるべからざる状態にあるも、徴税事務の円滑を期する為め一応海軍当局に対して交渉を試むべきが、海軍側は今尚職工引留策に汲々たる折柄なれば、彼等に対する愛撫策としても容易く此の交渉に応ぜざるべく、或は海軍省に事情を上申し海軍省より内務省を経て県当局への交渉となるやも知れず、其の結果、自然官設工場の職工に限りて除外例を設くるに至るやも測り難しと

の説もあれど、果して同一職工にして官設工場の職工なるが故に特に課税せずといふが如き偏頗なる規定を設け得るや否やは頗る疑問なるが……[3]

【記事②】

［問題の職工税　原口佐世保市助役談］……原口市助役は語る、「同じ軍港でも横須賀及舞鶴の如き、孰れも海軍職工は勿論一般定傭職工に対して課税して居ない、唯呉のみは私立工場及製造場の定傭職工にも課税して居るが、夫でも海軍職工に対しては矢張り課税して居ない、私は横須賀及舞鶴の制度に鑑みて、我長崎県当局に於ても本税に対する態度を改めて欲しいと思ふ……[4]」

右の記事によれば、当時四軍港都市の課税状況は表1のとおりであった（以下で問題となる職工とは、伝統的な職人に多くみられるような独立した営業主ではなく、製造所や工場で雇傭されて働く者である。以下、本コラムでこれを強調する際には「被傭職工」という語を用いる）。確かに当時、四都市すべてで工廠職工には、営業税や市・町税たる営業税附加税は課されていなかったが、その理由は一様ではない。被傭職工全体に課税するかどうか、被傭職工のうち海軍工廠の職工に課税するかどうか、という二段階の判断基準があったのである。そしてもう一点、両記事からは、工廠の職工に課税することについても、理論的には可能であると県や市の当局者によって判断されていたことがわかる。もっとも、これらの記事だけから結論づけるのは実証方法として頼りないし、また工廠職工への課税が理論上可能ならば、なぜ実際には賦課されていなかったのかもわからない。そのため、右の記事を手がかりとしつつ、政府や四都市の所在する府県が、職工全体あるいは海軍工廠職工への営業税課税についてどう取り扱っていたのかを、他の史料から改めて確認してみよう。

表１　軍港都市の被傭職工に対する営業税の賦課状況（1918年）

対象者＼市町名	佐世保市（長崎県）	呉市（広島県）	新舞鶴町・中舞鶴町（京都府）	横須賀市（神奈川県）
職工全体	課税		非課税	
うち海軍工廠職工	非課税			

出典：注③・④の『大阪朝日新聞』所載記事より作成。

営業税制の基本法である地方税規則は、周知のように、一八七八年（明治一一）七月の地方三新法の一つとして制定されたものである（同年太政官第一九号布告）。ただし同規則はほどなくして改正されており、一九二六年（大正一五）に地方税規則の全面改正という形で「地方税に関する法律」（同年法律第二四号）が制定されるまでの間、長く効力を有していたのは一八八二年一月の改正布告（同年太政官第三号布告）であった。もっとも、布告自体に規定されている営業税の課目は「商業」「工業」の二つという、きわめておおまかなカテゴリーにすぎなかった。これより具体的なレベルの賦課課目やその税率については、すべて各府県の決定に委ねられていたのである。

ともあれ、政府は工業部門の営業者への課税を認めていたわけであるが、被傭職工を課税の対象とすることについては、どう考えていたのだろうか。一八八二年の布告が出された翌二月には、この点について早くも大分県から伺が出されており、これに対し内務・大蔵両省は「工業税は、職工を使役して物品を製作せしむるものと職工とを包含す、但、商工の区別及課税の方法は県会の決議に任すへし」という見解を示している[5]。また一九一三年（大正二）には雑誌『自治機関』の紙上で、やはり被傭職工への課税の可否についての質疑が寄せられており、これに対しては「一定の賃銭を得て他人の工業に従事する者と雖、職工たる以上は之に課税し差支無之も、此の如き者に対しては可成丈課税せざるの方針を取らる丶様致し度く存ず」との回答が行われている[6]。このように内務・大蔵両省は、被傭職工に対して職工税を賦課することを基本的に認め、府県会の決議に従って判断すべきであるとしていた。地方税規則は、前述のように一九二六年（大正一五）になって全面改正される。そしてこの改正により、営業税を賦課しうるのは、国税たる営業収益税と同一の課目のほか、勅令（同年第三三九号）に規定された一部の課目に限られることとなった。つまり制度上、被傭職工全体が営業税の課税対象となりえたのは一九二六年までの話であったことを、ここで付け加えておく。

それでは、官設工場の被傭職工を課税対象とすることについて、政府はどのように考えていたのだろうか。この点についても、一八八二年（明治一五）三月の時点で兵庫県から伺が出されており、これに対して内務・大蔵両省は「官立製造所に傭役する職工に地方税を課すると否とは県会の決議に任すへし」との見解を示していた[7]。また一九〇六年（明治三九）七月二三日の『東京朝日新聞』には「熊本県には職工税なるものあり、官営煙草製造所の職工にも民業同様之を賦課してよきやと同県知事より内務省に問合せ、同省は差支なしと回答したり」との記事がある。さらに、一九一三年の『自治機関』紙上にも、鉄道院所管工場の被傭職工に対する課税の可否についての質疑が寄せられており、これに対して「官設工場なると私設工場なるとを問はす、職工に対し職工税を賦課するは法律上差支無之義と存す、但し府県の事状に依り府県会の議決を経て取捨するは固より差支無之義と承知あれ」との回答が行われている[8]。このように、被傭職工のうち官設工場で雇傭されている職工に対して課税できるかどうかは、同時代的にもしばしば疑義の対象となっていた。だが、内務・大蔵両省はこの点についても賦課し得ることを一貫して認めており、やはり府県会の決議によって判断すべきであるとしていた。

次に、以上のような政府の立場をふまえたうえで、四都市の所在する府県レベルの規定や実態をみてゆこう。

【神奈川県】

三部経済制をしく同県では、郡部（横須賀市を含む）の営業税雑種税課目課額を、県会（郡部会）の議決を経て、毎年度県令の形で公布していた。[9] その内容に時期的な変化はさほどなく、一九一八年度（大正七）の規定をみると、営業税のうち工業部門は製造業・印刷業・出版業・写真業・職工に大別され、このうち職工はさらに職種によって一等（大工ほか）と二等（木挽職ほか）に分けられていた。[10] しかし、同県の県税賦課方法の大綱を定める「神奈川県郡部県税賦課規則」（一九〇九年県令第七号）には、課税免除者について規定する第一九条の第三項に「職工にして一定の製造場に雇はるゝ者」とある。[11] つまり先の課目で挙げられていた職工とは、独立した営業主のみを指すものであり、同県郡部では、横須賀海軍工廠のような官設工場はもとより、私設工場を含めて被傭職工がすべて課税を免除されていたことがわかる。これは、冒頭の記事②とも合致した内容である。

【京都府】

やはり三部経済制をしく同府では、郡部（加佐郡新舞鶴町・中舞鶴町を含む）の課目について、「郡部営業税雑種税課目課額」（一九〇三年告示第二八号）を府会（郡部会）の議決に基づいて順次改めるという形をとっていた。一九一八年度（大正七）の課目課額には、前年度に改正された規定が適用されている。すなわち、営業税のうち工業部門では業種による細かい区別は行わず、一年の「上り金高」に応じて、営業者を一等から九等までに分けていた。[12] しかし同府の府税賦課方法の大綱を定める「京都府郡部府税賦課規則」（一九〇七年府令第二〇号）には、課税免除者について規定する第二八条の第三項に「一定の工場又は製造所に定傭の職工」とある。[13] つまり京都府郡部においても、舞鶴海軍工廠のような官設工場はもとより、私設工場を含めて被傭職工がすべて課税を免除されていたことがわかる。これも、冒頭の記事②と合致した内容である。

【長崎県】

同県については、明治期の各年度の営業税雑種税課目課額の内容が『長崎県会事績』[14]からわかり、『長崎県議会史』第三巻[15]によれば、その後も内容は大きく変わっていない。すなわち同県では、営業税のうち工業部門である「工業、職工とも」について、業種や収入ではなく、従業する地域によって一等から六等に分けていた。佐世保市は、長崎市とともに一等である。そして同県の県税賦課方法の大綱を定める「長崎県県税賦課方法」（一九一四年告示第九六八号）には、課税免除者についいて規定する第二一条においても、神奈川県や京都府のような被傭職工に関する文言はない[16]。つまり同県では、被傭職工にも営業税が賦課されていた。

ところで冒頭の記事①によれば、一九一七年（大正六）の通常県会（一一月一日より開会）で職工税が問題になったという。前掲『長崎県議会史』第三巻によると、同年にかぎっては議事録などが残されていないとのことで、同書は『東洋日の出新聞』の記事から概要をまとめている。筆者は同紙を直接読んだが、該当するようなエピソードは確認できなかった。ただし、同年一〇月一九日の同紙には次のような記事がある。「本県は……三菱造船所を始め、各種の工場に従事する職工に対し其々課税する処ありしも、事実は既に従業しつゝあるに拘はらず、町村長に廃業届を出して之が課税を免るゝ者多く……明年度よりは各工場主又は会社の証明なき廃業届は一切之を受理せざることとして、厳重に賦課徴集すべき方針なりと[17]」。つまり、記事①で長崎の三菱造船所の職工が課税を免除されていたという情報は誤りであり、彼らは課税対象となっていたものの、脱税が横行していたのだという。当時の造船業関連の職工は一般に移動が激しかったため、廃業届を出しながら就業するというのが、果たしてすべて脱税を意図した行為であったかどうかには疑問の余地があるだろう。ともあれこの時期には、会社の協力を取り付けることで、県は納税義務のある職工たちへの徴収強化に乗り出していたのである。

では、佐世保海軍工廠の職工についてはどうだったのだろうか。一九一八年（大正七）一一月四日に開かれた通常県会では、渡辺七郎議員から「佐世保海軍工廠の職工は海軍の雇員と認めて職工税を課せず、長崎の三菱造船所の職工にはこれを賦課しており、方針が一定しないように思う。職工税の定義及び実行上の方針をききたい」との質問が出されており、これに対して広瀬直幹県内務部長は「職工税の定義は従来と変らない。昨年の県会で十分取る方がいいという多数の御意見もあり、県もその強化を考えているが、あまり急激な変化を来さないようにしながら県会の意思に副いたいと思う。海軍の職工に対しては、従来課税しない慣例のようなものがあるので、鎮守府と十分意見の交換が必要で今懸案中である」と答弁している[18]。この問題は、翌年一一月二五日の県会でも再び取り上げられた。すなわち、本田英作議員から「佐世保海軍工廠の職工は『職工ではない』と称して職工税を納めないときくが、甚だ不公平ではないか」という質問が出され、これに対して、赤松小寅県理事官は「佐世保海軍工廠の職工の問題は、海軍方面と接衡《ママ》しているが十分な諒解点に達していない」と答えている[19]。

これらの問答によれば、工廠の職工は確かに課税自体を免除されていた。ただし、それは内務・大蔵両省が指示していたような、県会の決議に基づく明文の規定によっていたのではなく、「慣例のようなもの」であった。海軍は工廠職工について「職工ではない」「海軍の雇員」であると主張しており、県が課税対象とすべくその了解を得ようとしても、これを認めなかった。その後も同県で工廠職工への課税を始めた形跡はなく、逆に職工税自体が一九二四年度に廃止されている[20]。

【広島県】

三部経済制をしく同県では、郡部（呉市を含む）について「広島県県税賦課規則」（一九〇八年県令第一号）が、県税賦課方法の大綱と営業税雑種税課目課額をともに規定していた[21]。そして『広島県議会史』第三巻によれば、内容はその後も大きく変わっていない[22]。同規則第八条によれば、営業税のうち工業部門は製造業、印刷業・写真業、請負業、職工に大別されており、このうち職工は、さらに細かい業種によって一等種目から四等種目までに分けられていた。また第一八条には「職工は他人に傭役せられて物品を製造し、若は装飾修理を為す者を謂ふ」とあり、同県でも被傭職工を課税対象としていたことが明らかである。課税免除者について規定する第三一条においても、官設工場を除外する文言はない。しかし、実際には一九二一年（大正一〇）の時点で呉海軍工廠の職工が課税を免除されていたことは、記事②のほか、冒頭で触れた呉市の文書からも間違いないのだろう。同県については、免除の理由を示すような史料は確認できていない。しかし「官営工場なるが故に」という理由付けが成り立たないことはこれまでの考察から明らかであり、おそらくは長崎県の例と同じように海軍側の、明文化されざる意向によっていたものと考えられる。

以上、四軍港都市とその所在府県における営業税の取扱状況を、各県会史などから確認してきた。冒頭の新聞記事の情報には一部誤りも含まれていたが、各市の状況が表1で示した形にまとめられるという結論を変更する必要はないようである。

長いコラムとなってしまったが、この問題で浮き彫りになった論点を、若干抽象化しつつ最後にまとめておきたい。内務・大蔵両省は、被傭職工への課税について、官設工場を含めて可能としていた。にもかかわらず、海軍は工廠職工への課税を認めなかった。その理由は、長崎県の事例によれば、工廠職工が「職工ではない」「海軍の雇員」なのだという主張である。当時の工廠職工の正式な位置づけは、軍属たる雇員ではなく「軍属にあらざる者」であったが[23]、営業税の課税については軍属同様の取り扱いを地方行政庁に行わせていた。内務・大蔵両省の見解を「職工の論理」と呼ぶとすれば、海軍はそれに「軍属の論理」を対置していたわけである。

このような、工廠職工における「軍属の論理」が顕著に表れた早期の事例としては、一八八三年（明治一六）、壬午事変後の軍拡に際して陸軍が兵役免除者の範囲を縮小したのに対し、熟練工の確保を譲れない海軍側で、横須賀造船所の定雇職工を海軍工夫へと改めた経緯が挙げられる[24]。そしてその後目立つことはなかったものの、営業税を免除されていたことは、工廠職工に「軍属の論理」が脈々と潜むことを示していた。一九一八年（大正七）と言えば、大戦景気による急激なインフレが進行していた時期である。そのため税源の確保に努めようとする長崎県当局は、内務・大蔵両省の見解を後ろ盾として「職工の論理」の貫徹を強く求めた。だが、同じく大戦の影響によって造船ブームが起きるなか、海軍側では建艦ラッシュをさばくため、職工の確保に躍起となっていた。かくして、海軍は「軍属の論理」を殊更ふりかざすことによって、工廠職工への課税を拒んだのである。

（1） 佐世保市のものは佐世保市史編さん委員会編『佐世保市史』軍港編下巻（佐世保市、二〇〇三年）二八〇～二八三頁、横須賀市のものは横須賀百年史編さん委員会編『横須賀百年史』（横須賀市、一九六五年）

一二六〜一二七頁に所収である。

（2）この史料は、呉市史編纂委員会編『呉市史』第四巻（呉市役所、一九七六年）一八九頁で引用されたほか、横須賀市編『新横須賀市史』資料編近現代Ⅱ（二〇〇九年）七四五頁でも翻刻され、また坂本忠次『日本における地方行財政の展開』（御茶の水書房、一九八九年）二一四〜二一五頁でも紹介されている（原史料は、呉市所蔵の「大正一〇年〜昭和三年　海軍助成金ニ関スル書類」に含まれる）。

（3）『大阪朝日新聞』九州版、一九一八年七月五日。神戸大学経済経営研究所「新聞記事文庫」地方税（02-002）。

（4）同前紙、九州版、一九一八年七月九日。同前「新聞記事文庫」地方税（02-004）。

（5）一八八二年二月大分県伺内蔵両省指令、三宅金三郎編『現行法規伺指令』（明輝社、一八九四年）五〇三頁。

（6）自治館編『自治機関』第一六〇号（一九一三年）二三頁。自治館は民間の機関であるが、同誌は内務省出身者による見解を載せ、地方行政の実務誌として知られていた。

（7）一八八二年三月兵庫県伺内蔵両省指令、三宅金三郎前掲書、五〇三頁。

（8）自治館編『自治機関』第一六三号（一九一三年）二三頁。

（9）三部経済制とは、府県財政を市部（三新法期に区部であった地域）、郡部および連帯経済にわけて運営するという制度であり、その場合、市部・郡部では異なる課税規則が制定された。この制度が適用されていたのは東京・大阪・京都の三府および神奈川・兵庫・愛知・広島の四県であるが、各府県では一九四〇年（昭和一五）までに順次廃止されていった。

（10）神奈川県議会事務局編『神奈川県会史』第四巻（神奈川県議会、一九五六年）六四四頁。

（11）神奈川県編『神奈川県財務之栞』（一九一八年）七頁。

（12）『京都府会計法規類纂』（中西勝太郎、一九一三年）二三二頁以下および京都府会事務局編『京都府会史』第二［大正時代資料］（一九五二年）一六四〜一六五頁。

（13）前掲『京都府会計法規類纂』二一四頁。

（14）『長崎県会事績』下巻（長崎県、一九一二年）。

（15）長崎県議会史編纂委員会編『長崎県議会史』第三巻（長崎県議会、一九六四年）。

(16) 長崎県内務部地方課編『長崎県税務法規類聚』(一九二三年)六一~六二頁。
(17) 同年の一〇月一一日からは、県会に先だって県参事会が議案を予め審査しており、この記事はそこでの議論が背景にあって掲載された可能性がある。
(18) 前掲『長崎県議会史』第三巻、四八八頁。
(19) 同前書、七〇四頁。
(20) 同前書、一三四八頁以下。
(21) 増田直吉編『会計法規類纂』(一九一五年)六九頁以下。
(22) 広島県議会事務局編『広島県議会史』第三巻(一九六二年)。
(23) 氏家康裕「旧日本軍における文官等の任用について」(『防衛研究所紀要』第八巻第二号、二〇〇六年)。
(24) 若林幸男「明治前期海軍工廠における労働者統合原理の変遷」(『大原社会問題研究所雑誌』第三六〇号、一九八八年)。

第二章

軍港都市における海軍の災害対応

—横須賀の事例を中心に—

火災操練

（出典）絵葉書「海軍生活」
（所蔵）横浜開港資料館

吉田律人

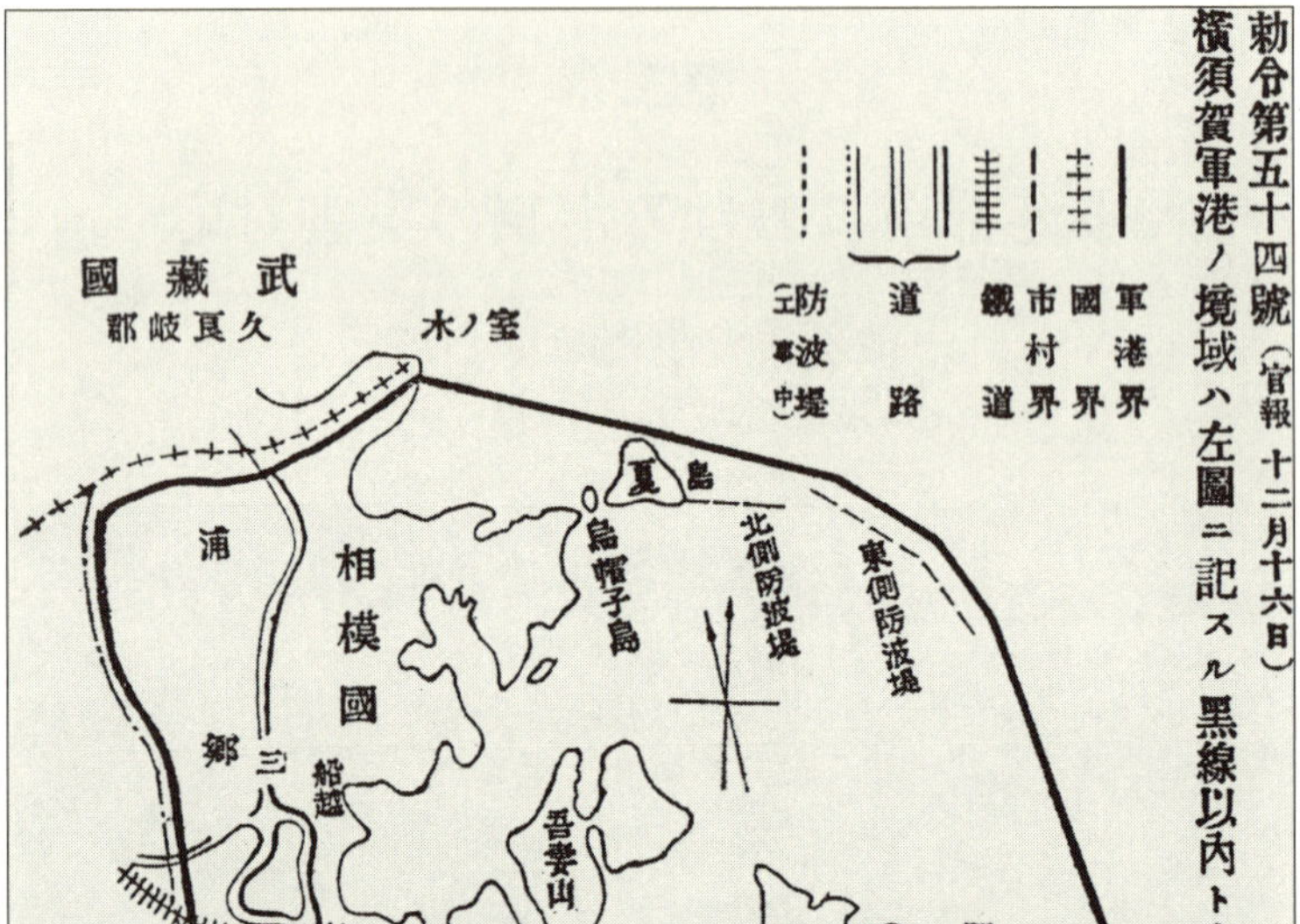

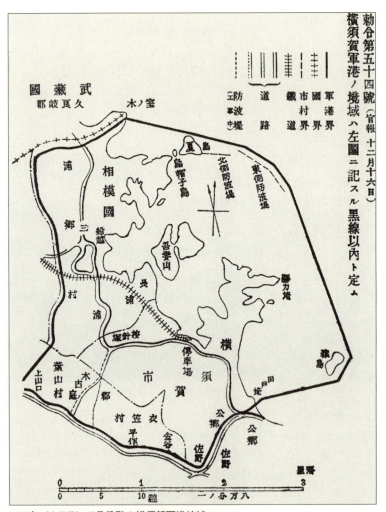

1912年（大正元）12月段階の横須賀軍港境域

出典：内閣府編『大正年間　法令全書』原書房復刻版　1984年

はじめに

軍隊にとってその活動を支える軍事拠点、すなわち陸軍の場合は衛戍地（衛戍区域）、海軍の場合は軍港（軍港境域）の保護は重要な課題である。兵員が日常を過ごす兵営や軍事訓練を行う練兵場、軍需物資の生産や兵器の修復を行う軍工廠、さらに部隊を動かす司令部など、軍隊は自らの活動を維持する上で、様々な脅威からそれらの施設を守らなければならなかった。具体的には、外的脅威として諸外国からの軍事的な攻撃、内的脅威として軍事施設を標的としたテロや暴動、人為的な過ちから生じる火災、水害や地震などの自然災害が想定される。当然ながら軍隊は、そうした脅威に対処するシステムを段階的に構築してきた。

本章の課題は、軍事拠点を襲う脅威、特に火災を中心とした災害に対する海軍の対応の解明である。かつて筆者は第十三師団の衛戍地となった新潟県の高田を対象に、陸軍の災害対応と地域社会への影響を災害出動制度の確立過程を踏まえながら検討、災害対処機関としての軍隊の役割を明らかにした[1]。また、日本最大の軍事拠点であった東京衛戍地についても、大規模災害を中心に陸軍の対応を分析し、関東大震災に連なる軍隊側の論理を浮き彫りにした[2]。そうした作業を通じて、陸軍所在地における災害対処システムの大枠は解明できたと考えている[3]。一方、海軍所在地については全く分析が及んでいない。海軍はどのようなシステムを構築してきたのか、また、陸軍と同様に地域の消防や警察にも影響を与えたのか、これらの点を分析することは、軍港都市の構造や地域に対する軍事の論理、さらに海軍の対内的機能の解明に繋がるだろう[4]。そこで本章では、鎮守府の置かれた横須賀を対象に、次の二つの分析視角から海軍の災害対応を検証する。

第一は軍港境域に適用される軍事の論理や、それを規定する法令についてである。衛戍地が衛戍条例によって規定されたように、軍港も鎮守府条例や軍港要港規則によって大枠が規定され、鎮守府単位の軍港細則で詳細を定めた。海軍と地域の関係を考察するには、こうした法令を体系的に整理する必要があるだろう。第二は海軍と他の行政機関との関係である。『新横須賀市史』が指摘するように、一九〇九年（明治四二）五月の大火や関東大震災では、陸海軍の積極的な関与が見られたほか、状況によっては軍隊と消防との対立も生じていた。[5] これは災害対処機関の連携や軍事の論理を考察する上で興味深く、災害対応の事例分析からそれぞれの役割を明確にできると考える。また、横須賀は東京湾要塞司令部や砲兵部隊を有する衛戍地でもあり、陸軍の論理も地域に適用されていた。[6] これらの点に留意しつつ、主に海軍側の視点から軍隊と他の行政機関との関係を検証することで、軍港都市の災害対処システムを明らかにしていきたい。

具体的な検証作業では、横須賀鎮守府副官が編纂した『横須賀鎮守府例規』（以下、『鎮守府例規』）所収の横須賀軍港防火部署（以下、軍港防火部署）の変遷を中心に、公文書や新聞史料を用いながら海軍の災害対応を分析する。ここで用いる『鎮守府例規』とは、鎮守府司令長官の命令で作成される例規集で、管見の限り、第七版（編纂年月日不明）[7]、第八版（一九一一年一一月二〇日）[8]、第一一版（一九二一年三月一日）[9]、第一四版（一九三七年七月一日）の現存が確認できる。[10] 構成は各版によって異なるが、第七版を例に挙げれば、「軍港」、「艦団望楼」、「官規」、「補任」、「位勲」、「兵事」、「文書」、「艦船造修」、「兵器修造」、「工場」、「医事」、「儀制」、「教育演習」、「刑罰」、「会計給与」、「恩給」、「物品」、「土地営造物」、「雑款」等の項目で関連する法令や訓令をまとめている。また、軍港防火部署は軍港境域内の火災対応を規定したもので、制定年は定かではないが、内容の全面改正は、少なくとも、一九〇八年三月二五日（横鎮第四二八号達）、一九一三年四月二三日（横鎮第六九〇号達）、一九三二年三月二日（横鎮法令第二〇号）、一九四三年二月一日（横鎮法令第一一号）と計四回あった。以上の点を踏まえつつ、法令の変化と実際の災害対応から横須賀における海軍の災害対応を検証する。

第一節　軍事的空間の形成と横須賀の災害

(一)　横須賀の軍事拠点化

鎮守府条例や軍港要港規則に基づく「軍港」概念に関しては、河西英通氏や坂根嘉弘氏の研究に詳しく(11)、また、横須賀の軍港化については『新横須賀市史』や高村聰史氏の研究が詳細にまとめている(12)。ここでは先行研究に学びつつ、軍事施設の配置と災害対応の観点から横須賀の軍港化を改めて俯瞰したい。

先行研究も指摘するように、横須賀と海軍との関係は一八六五年（慶応元）九月の横須賀製鉄所の建設から始まる。江戸幕府は艦船の避難や、富津台場・観音崎砲台などの内側にある点、さらにフランス公使レオン・ロッシュの助言等を考慮して横須賀に製鉄所を設置した。以後、艦船の建造を主目的とする同工場は、明治維新とともに新政府の管理下に置かれ、横須賀造船所（一八六九年）、横須賀海軍造船所（一八八六年）、横須賀鎮守府造船部（一八八九年）、横須賀海軍造船廠（一八九七年）、横須賀海軍工廠（一九〇三年）と名称や組織を変えながら発展していった。艦船の建造・修理を行うドックなどの諸施設は、楠ケ浦《くすがうら》の沿岸に順次整備され、隣接する稲岡町には、一八八七年（明治二〇）に横須賀鎮守府の庁舎が建設される。鎮守府は艦船や軍港施設の管理、海軍構成員の育成を担う地方軍政機関で、横浜に置かれた東海鎮守府が八四年一二月に横須賀に移転してきた。その後、稲岡町の東部に位置する白浜には、九一年九月に海軍機関学校が完成するなど、現在の米海軍横須賀基地の所在地に諸施設が集中することになった。また、一九一七年（大正六）には、逸見《へみ》村字森崎にあった横須賀海兵団も楠ケ浦に移転してくる。

他方、現在、海上自衛隊の自衛艦隊司令部や第二術科学校、造修補給所などが集中する長浦湾沿岸にも船越町に水雷艇部隊の拠点があり、軍港内の警備を担ったほか、港湾施設や市街地を見下ろす高台（上町《うわまち》）には、東京湾要塞司令部（豊島《としま》村中里／一八九六年四月設置）やその隷下の砲兵部隊（不入斗《いりやまず》／一八九一年一一月設置）が所在し、東京湾全体の防衛を担っていた。そうした状況について『新横須賀市史』は、「海軍の下町、陸軍の上町」と、横須賀の軍事的な構造を端的に表している。(13) 明治末から大正初期段階の横須賀には、鎮守府関連の機関・施設として人事部・港務部・経理部・測器庫・海軍病院・軍法会議・海軍監獄・海軍望楼、海軍工廠関係の機関・施設として造兵部・造船部・造機部・会計部・兵器庫・需品庫・需品支庫、教育機関として海軍機関学校・海軍砲術学校・海軍水雷学校・海軍工機学校・海兵団、実働部隊として防備隊・鎮守府艦隊、陸軍では東京湾要塞司令部・重砲兵第一旅団（重砲兵第一連隊／同第二連隊）・衛戍病院などが所在した。(14)

このような状況を整理すると、軍事施設は三浦半島全体に散在するものの、横須賀では、①横須賀湾を形成する楠ケ浦などの半島部、②長浦湾沿岸、③上町の三つの地域に集まっていた。また、横須賀湾と長浦湾の中間に位置する箱崎・田浦にも重油槽などの燃料関係の施設が配置された。陸軍の衛戍地と同様に、地域に対する軍事の論理は、軍港においても軍事施設を起点に広く適用されていった。

一八七七年八月一八日、海軍省は太政官に横須賀の軍港指定を要請、九月一日には、「神奈川県管下相州三浦郡横須賀港近湾ノ儀ハ海軍枢要ノ位地ニ付、西北夏嶋ヨリ東南猿島ノ間別図朱線以内海面一円、対馬国竹敷港同様当省所轄海軍港ニ御定相成度」と、横須賀港を海軍の管轄下に置いた。(15) 当時、朝鮮半島に面する長崎県対馬の竹敷は、同年三月に軍港に指定されており、横須賀の指定はそれに続くものであった。さらに一八八六年九月七日には、横須賀海軍港規則も制定され、第一条で「横須賀海軍港ニ入港シ或ハ入港セントスル艦船及ヒ該港沿岸居住ノ人民ハ此規則ヲ遵守スヘシ」と規定している。また、続く第二条では、重要度に応じて港内を第一区（横須賀湾内楠ケ浦周辺）、第二区（横須賀・長浦湾内）、第三区（横須賀・長浦湾外、夏島—猿島のライン）の三つに区分した(16)。こうした軍港内においては、災害・事故の予防措置もとられ、爆発物を積載した艦船の入港や火薬庫への接近、港内での火気の取扱、発砲制限などが設けられた。

当初、軍事的な規制は海面に限られたが、境域の拡大とともに、地域住民は陸上においても「軍港」の影響を受けることになった。一八九〇年一月一六日、「軍港要港ニ関スル件」（法律第二号）が制定され、「軍港要港境域内ニ所在ノ人民及出入スル船舶ハ海軍大臣定ムル所ノ軍港要港規則ニ従フヘシ」と、一般人に規則の遵守を求めたほか(17)、九月一二日制定の法律第八三号では、「十一日以上一年以下ノ重禁錮又ハ二円以上五十円以下ノ罰金ニ処ス」と罰則が定められた。その後、一八九六年三月二一日の勅令第三六号によって軍港の範囲は海面から陸地へ拡大、横須賀町を中心に、豊島村中里—深田—不入斗—衣笠《きぬかさ》村金谷—平作《ひらさく》—葉山村木古庭《きこば》—浦郷村田浦のラインに拡がった(18)。それに伴い、四月一一日には横須賀軍港規則も改正され、第八条に書き加えられた「軍港境域内ノ山林ニ於テハ濫リニ焚火スヘカラス」や、第九条の「軍港境域内ノ陸地ニ於テハ濫リニ発放スヘカラス」のように、地域住民の日常生活にも制限が加えられた(19)。

一九〇〇年五月一九日、艦隊条例や鎮守府条例が改正されたほか、新たに海軍港務部条例を制定するなど、海軍は制度の変革を推し進めた。その一環として、四月三〇日には、各鎮守府の軍港規則を廃止すると同時に、軍港要港規則を制定、関連法令の一本化を図った(20)。災害・事故の予防措置については、第一二条で火薬庫への接近を制限したほか、第一三条は「軍港要港境域内ニ於テハ、礼砲号砲及鎮守府司令長官ノ許可ヲ得タルモノノ外、火器若ハ爆発物ノ発射発火ヲ禁ス」としつつ、「但シ公私ノ家屋建造物ヲ距ルコト七十五間以内ニ於テハ、礼砲号砲ト雖特ニ鎮守府司令長官ノ許可ヲ得ルニアラサレハ、一切発射発火ヲ為スコトヲ許サス」と、発砲制限を加えた。また、第一七条では、改正前の第八条と同様に「山林原野」での焚火を禁止している。[21] 横須賀や呉、佐世保などの鎮守府だけでなく、その下の要港部でも海軍は地域住民に制約を求めた。

以上のように、海軍は自らの施設を守るため、軍港境域内での事故や災害の防止を図ったほか、地域に様々な制約を加えていった。つまり、海軍は軍事施設保護の予防措置を住民にも求めたのである。しかし、災害は法規制だけで防げるものでなく、自然現象や人為的ミスから発生した。それに対して海軍は、物理的に対処する方法を確立していくのである。

(二) 市街地の火災と海軍の対応

天保年間に編纂された『新編相模国風土記稿』に依れば、江戸時代後期における横須賀村の家屋数は約二〇〇戸だったが、既述の横須賀製鉄所の建設とともに人口が流入し、一八七六年(明治九)五月に横須賀村は横須賀町となった。[22] 続いて日露戦後の一九〇六年一二月に横須賀町は隣接する豊島町と合併、翌一九〇七年二月には市制を施行する。『神奈川県統計書』に依れば、同年末の横須賀市の現住戸数は一万一四三二戸、人口は六万二八七六人まで膨れ上がった。[23] 当然ながら生活者の増加は、火災発生の危険性を高めることに繋がった。そうした状況に対処するのが同地域を所管する横須賀警察署と、その管轄下にある消防組の役割であった。

江戸時代以来、村落の災害対応を担っていたのは若者や鳶職によって構成される消防組であったが、それぞれの地域によって運営形態は異なり、災害現場における警察と消防組との関係も曖昧であった。[24] そのため神奈川県は度々訓令を発して消防組織の画一化を図ったほか、一八九四年二月九日の消防組規則制定(勅令第一五号)を契機に県令で消防組規則施行細則を定め、警察と消防組の指揮命令系統や組織運営の方法を詳細に規定した。[25] それに基づき、県内各地の消防組は警察署長もしくは分署長の指揮・監督下に置かれ、消防組を統轄する組頭や、それを補佐する小頭が消防手たちを動かして消火活動に従事することになった。また、神奈川県は県内市町村の消防組の設置区域や名称、人員等を県令で規定する。後に軍港境域内に入る横須賀町や豊島村、浦郷村では、それぞれの自治体名を冠した消防組が設置されていった[26]。

消防組の組織について横須賀消防組を例に挙げれば、人員は組頭一人、小頭四人、消防手一五二人の計一五七人体制で、小頭一人と消防手三八人から構成される部を四つ編成していた。各部の担当区域は第一部が元町・諏訪・旭町・稲岡・楠ケ浦、第二部が山王・小川・大滝・若松、第三部が逸見、第四部が汐入・汐留・湊町・坂本・谷町で、腕用ポンプや龍吐水《りゅうどすい》、破壊消防の器具を装備し、火災発生時は半鐘の合図で出動した。以後、横須賀消防組は行政区域の拡張とともに拡大、豊島町と合併した際は、組頭一人と小頭一一人、消防手三九九人によって構成され、小頭の指揮する部（分隊）も四個から一〇個に増えていった[27]。

他方、海軍も自らの施設を守る必要から独自の消火技術を有しており、横須賀造船所は消防用のポンプを装備していた。ここで重要なのは、軍隊の消防ポンプが市街地の消火活動にも用いられた点である。例えば、一八七八年五月一八日午前二時頃に汐入町で発生した火災では、事前の神奈川県からの依頼もあって海軍は消防ポンプを派遣して消火活動にあたった[28]。ただし、この時は現場の混乱でポンプ付属のズック製水嚢を紛失してしまい、警察に捜索を依頼することになった[29]。また、八〇年七月六日には、海軍裁判所の横須賀出張所が龍吐水の配備を裁判所次長に求めている[30]。このように海軍は自らの消防力強化に努めつつ、それを所在地の消防にも転用していった。さらに八六年四月二二日に鎮守府官制が制定されると、軍港境域内の消防は軍港司令官管下の航海部の担当となった[31]。

それでは、海軍はどのような論理に基づき、市街地での消火活動を展開していったのか。管見の限り、地元の公文書等に明確な記録がないため、火災の発生状況について正確に知ることはできないが、『朝日新聞』や『読売新聞』のデータベースを基礎に『横浜貿易新報』や海軍側の史料を調査した結果、表2-1に示すように明治期に八三件、後述の表2-2に示すように大正期に二六件、昭和戦前・戦中期に七〇件の火災が確認できた。特徴的なのは、明治期に焼失家屋一〇〇戸以上の火災が一一件ある点である。特に一八八九年二月一日と一九〇年一一月三〇日、一九〇九年五月二三日の火災は焼失家屋五〇〇戸以上の大規模なものであった。横須賀に拠点を置いた新聞が少ないため、災害情報について限界はあるが、一八九〇年九月一八日と一一月三〇日の二つの火災に関しては鎮守府の報告が残っている。そこから海軍側の論理を垣間見ることができる。

まず前者については、午前二時四五分の出火とともに、「警鐘アルヤ知港事ハ消防隊ヲ指揮シ、衛兵ハ其守

鎮火時刻	陸海軍の出動
3:00	—
—	—
13:30	—
—	横須賀造船所
—	—
—	—
—	—
—	—
—	—
—	—
—	—
—	—
21:10	—
—	—
—	—
—	—
—	横須賀造船所／碇泊艦艇
2:00	—
—	—
1:00	—
—	—
—	—
4:30	—
23:00	海軍防火隊
11:30	水兵2個中隊
6:00	—
6:20	—
8:10	鎮守府
—	—
—	—
1:30	海軍防火隊
2:00	鎮守府／海兵団／停泊軍艦
3:30	停泊軍艦
0:20	—
—	—
4:30	—
—	—

表2-1　横須賀火災年表Ⅰ〔明治期〕

事例	年月日	出火時刻	地域	出火元	主な被害
1	1873.1.21	23:50	楠ケ浦町	横須賀造船所	宿舎1棟焼失
2	1873.2.1	19:50	楠ケ浦町	横須賀造船所	集会所1棟焼失
3	1878.3.28	12:00	楠ケ浦町	横須賀造船所	山林約300坪焼失
4	1878.5.17	2:00	汐入町	個人宅	全焼40軒
5	1878.5.29	9:00	三ケ保浦	波止場建築現場	事業小屋1棟焼失
6	1879.7.4	9:30	湊町	海軍大砲倉庫	全焼1棟
7	1879.7.13	23:20	山王町	隆長院物置	全焼1戸
8	1879.10.31	3:20	楠ケ浦町	横須賀造船所	全焼1棟
9	1880.5.3	3:00	汐留町	個人宅	全焼24軒
10	1880.6.15	夜	元町	個人宅	全焼157軒・土蔵2戸
11	1880.10.31	3:00	楠ケ浦町	横須賀造船所	―
12	1881.4.13	夜	深田村米浜	物置	全焼2棟
13	1881.5.1	21:00	三ケ保浦	鍛冶事業所	半焼1棟
14	1881.8.23	朝	逸見村	個人宅	全焼5軒
15	1881.11.13	夜	楠ヶ浦町	個人宅	全焼3軒
16	1882.2.16	夜	汐留町	個人宅	全焼？軒
17	1882.2.18	昼	泊町	陸軍省所轄地	山林
18	1885.12.8	0:00	大津村	海軍監囚課官舎工事現場	材木焼失
19	1886.3.30	2:00	小海	海軍武庫建築現場	小屋焼失
20	1886.1.10	22:40	汐入町	個人宅	全焼36戸・引崩2戸
21	1886.8.27	10:00	深田村	個人宅	全焼1棟
22	1887.3.27	―	泊町	陸軍省所轄地	山林
23	1888.1.14	2:20	若松町	若松座	焼失163戸
24	1888.9.19	20:00	楠ケ浦町	横須賀造船所	造船所設備焼失
25	1888.12.3	9:00	大瀧町	商店	全焼130戸
26	1889.2.1	3:30	湊町	個人宅	全焼500戸
27	1890.9.18	2:00	大瀧町	湯屋	全焼131戸・半焼8戸
28	1890.11.30	4:00	小川町	湯屋	死者7人・全焼839戸・半焼8戸
29	1896.11.9	12:00	汐入町	焼芋屋	全焼8戸・半焼2戸
30	1897.2.27	2:15	楠ケ浦町	横須賀造船所	機械工場焼失
31	1897.3.9	23:40	山王町	個人宅	全焼14戸・物置2か所
32	1897.3.13	22:30	汐入町	物置	全焼286戸
33	1897.4.11	0:30	豊島村深田	個人宅	全焼100戸
34	1898.9.12	0:10	逸見村	海兵団下士卒賄所	―
35	1898.10.24	19:10	―	鎮守府兵器部倉庫	全焼1棟
36	1898.11.7	2:30	大瀧町	材木商店	全焼68戸
37	1899.6.3	―	―	―	全焼60戸

衛ヲ厳ニシ、艦団隊等消防兵モ漸次各々加ハリ消防ニ尽力シ仝六時二十五分鎮火」と報告している。[32] 火勢が南風に煽られた結果、最終的な被害は全焼一三一戸、半焼五戸、半壊三戸となった。この報告には、海軍に対する鈴木忠兵衛町長の感謝状も含まれ、海軍が大きな力を発揮したことが窺える。一方、後者については、「明治二十三年十一月三十日未明横須賀町内火災ニ付、予定ノ軍港防火部署ニ基キ知港事所轄防火隊及海兵団、在港艦船、長浦水雷隊、軍艦迅鯨、機関学校其他兵員来集消防ニ従事シタルモ、風勢強ク市街ノ多分焼失セリ、然レトモ海軍官廨ハ皆無事ニシテ、官有財産ハ旧電信局前表門ニ在ル広告掲示板ヲ焼キ、旧鎮守府ノ板屏ヲ防

—	—
2:00	—
1:05	—
1:10	海兵団／碇泊軍艦
—	—
—	—
—	—
21:20	—
—	—
—	鎮守府／水雷艇／碇泊軍艦
—	—
2:30	—
—	—
—	—
—	鎮守府
—	—
13:00	—
—	—
—	—
3:40	—
—	—
—	—
22:30	海兵団／機関学校／碇泊艦艇
19:35	—
12:50	海軍機関学校
—	海軍消防隊
3:30	陸海軍防火隊
4:30	海兵団／重砲兵連隊
12:30	—
—	—
3:30	海兵団／各種学校／碇泊軍艦／重砲兵旅団
—	—
17:30	海兵団／停泊軍艦／重砲兵旅団／その他
9:40	海兵団／海軍病院／重砲兵旅団
6:30	海軍消防隊
21:50	海軍消防隊／水雷学校
15:00	—
15:30	—
—	—
4:00	港務部／各種学校／碇泊軍艦／陸軍防火隊

38	1899.8.15	23:00	汐入町	—	全焼50戸
39	1899.10.28	23:00	逸見町	個人宅	全焼11戸
40	1899.11.15	0:20	汐入町	個人宅	全焼4戸
41	1899.12.13	10:30	逸見町吉倉	物置	全焼4戸
42	1900.1.18	3:00	豊島村公卿	貸座敷	全焼5戸
43	1901.3.20	13:00	衣笠村字湯沢	山林	焼失2反歩
44	1900.4.5	14:40	大瀧町	料理店	全焼3戸
45	1901.11.13	20:30	大津村	横須賀監獄署	全焼10棟
46	1901.12.3	3:00	汐入町	物置	全焼11戸
47	1902.3.17	14:30	猿島沖	イギリス汽船	汽船1隻大破
48	1902.10.31	2:00	長井村	個人宅	全焼70戸
49	1903.4.2	1:30	汐入町	空家	全焼5戸
50	1903.5.10	19:00	湊町	横須賀停車場	—
51	1903.12.15	23:30	豊島町	菓子製造工場	全焼4戸・半焼2戸
52	1904.2.7	2:00	山王町	個人宅	死者6人・全焼203戸
53	1904.10.25	13:00	大瀧町	個人宅	—
54	1905.1.22	11:40	浦郷村	個人宅	全焼3戸・半焼1戸
55	1905.1.27	18:30	逸見町	海兵団	賄所屋根
56	1905.2.23	0:00	長井村	個人宅	行方不明4人・焼失12戸
57	1905.7.7	3:10	逸見町	個人宅	全焼4戸・半焼2戸
58	1905.8.11	6:00	楠ケ浦町	海軍工廠需品庫	全焼3棟
59	1905.11.24	12:00	楠ケ浦町	海軍工廠	設備品焼失
60	1906.5.11	22:05	楠ケ浦町	横須賀船渠	ポンプ小屋焼失
61	1906.6.8	19:30	小川町	—	—
62	1906.6.21	12:35	楠ケ浦町	海軍機関学校練習所	—
63	1906.12.28	朝	長浦	—	—
64	1907.2.10	1:30	深田	パン製造所	全焼77戸・半焼2戸
65	1907.7.24	3:20	若松町	個人宅	死亡1人・全焼59棟95戸
66	1907.8.13	11:55	大瀧町	料理店	全焼1戸
67	1908.1.22	—	大津村	海軍監獄	—
68	1908.12.8	1:40	小川町	湯屋	全焼55棟60戸
69	1909.2.26	—	—	海軍砲術学校	—
70	1909.5.23	13:40	若松町	精米所	全焼418棟521戸・半焼2戸
71	1909.12.10	8:20	深田	個人宅	全焼5戸・半焼2戸
72	1910.1.28	6:05	楠ケ浦町	造兵廠需品庫	焼失需品庫1棟
73	1910.2.1	20:30	鯛ケ崎	水雷製作所	水雷24個焼失
74	1910.2.11	14:50	深田	—	—
75	1910.2.11	15:20	汐入町	山林	焼失30坪
76	1910.2.11	20:00	深田	個人宅	—
77	1910.2.15	1:50	諏訪町	パン製造所	死者1人・全焼18戸・半焼1戸

5:00	—
—	—
—	—
—	—
—	—
22:30	海軍工廠／各種学校／重砲兵連隊

所の所蔵資料を調査した。
になくても火災や陸海軍の出動があった可能性もある。

火上必要ニ付除却セシ而已」と、消火活動や被害の状況をまとめている。[33] 海軍の被害は少なかったものの、全体では全焼八三九戸、半焼八戸となったほか、警察署や町役場、学校等も焼かれ、三人の犠牲者を出すことになった。そうしたなか、海軍は「火災中海軍所属地内空地ニ老幼男女並ニ家財ヲ避ケシメ、且火災後機関学校南側字汐入ノ官有地ニ数個ノ天幕ヲ張リ、以テ無宿ノ類焼者ヲ保護シ」と、消火以外の活動も展開した。

以上の二つの事例から明らかなのは、知港事の指揮する消防隊を筆頭に、港内の艦艇や海兵団、学校等が消火活動にあたった点である。ここで注目したいのが「知港事」の存在で、一八八九年五月二八日制定の鎮守府条例第三〇条は、「知港事ハ佐官ヲ以テ之ニ補シ、軍港司令官ニ隷シ所属ノ艦船ヲ統轄シ港則ヲ維持シ海運海標及救難防火等ノ事ヲ掌ラシム」と定めている。[34] これは航海部の役割を引き継ぐもので、知港事が消防の責任者となっていた。また、既述のように、内容の確認はできないが、すでに「軍港防火部署」が災害対応の根拠となっていた。おそらく同部署に知港事の権限や具体的な対応が示されていたのだろう。加えて、後者の火災に関しては、鎮守府参謀長の黒岡帯刀が管下の各部に対し、「海軍官廨ニ延焼セントセシモ、各防火隊ハ勿論参集ノ高等官ヨリ職工ニ至ルマデ鋭意防禦ニ従事セラレ、全ク鎮火ニ至リ不幸中ノ幸ヲ与ヘタリ」とし、「本日参集諸員ノ国家ノ為メ尽サレタル義務ハ其筋ニ報告セラレタリ」と伝えている。[35] こうした文言から窺えるように、海軍の出動目的は国家の防衛を担う諸施設の保護にあり、市街地における消火活動はそれを達成するための副次的な活動であった。

78	1910.3.10	4:00	深田	個人宅	全焼1戸
79	1910.3.10	16:15	汐留町	海軍下士集会所	—
80	1910.3.21	0:10	公郷	個人宅	全焼3棟1戸
81	1910.4.14	—	中里	—	全焼11戸
82	1911.9.27	1:00	山王町	個人宅	—
83	1912.3.9	21:00	佐野	個人宅	全焼7戸・半焼1戸

※1：『朝日新聞』及び『読売新聞』のデータベースを基礎情報として『横浜貿易新報』や防衛省防衛研究
※2：各種資料から確認できる状況を記したが、新聞報道が横須賀以外の新聞社に頼っているため、報道
※3：新聞報道によって出火・鎮火時刻が異なる場合は、最も早い出火時刻と最も遅い出火時刻を記した。

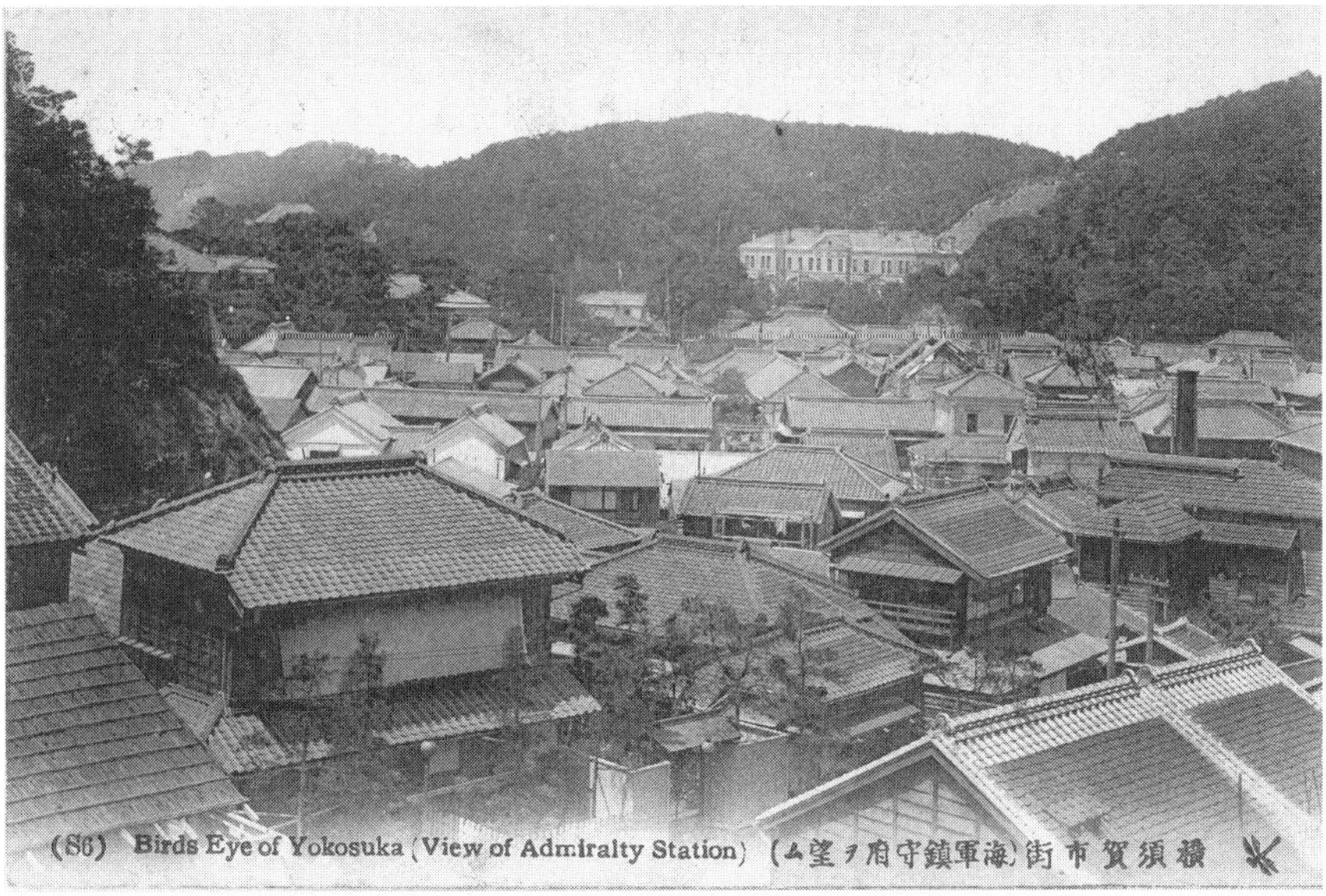

横須賀鎮守府庁舎と市街地
所蔵：横浜開港資料館
市街地で発生した火災は海軍関係の施設に飛火する可能性があった。

第二節　明治後期の災害対応

(一)　軍港防火部署と鎮守府港務部

海軍は災害の発生を未然に防ぐため、法令によって火気の取扱方法を規定するとともに、出火時の具体的な

鎮火時刻	陸海軍の出動
—	—
13:30	海兵団／各種学校／碇泊艦艇／重砲兵旅団
11:00	鎮守府防火隊／海兵団／各種学校／陸軍
1:40	海兵団／各種学校／碇泊艦艇／陸軍
15:30	港務部／海兵団／海軍工廠／碇泊艦艇
14:45	海軍工廠
15:25	海軍工廠／碇泊艦艇
20:30	—
—	—
4:18	防備隊／水雷学校
—	海軍防火隊／碇泊艦艇
—	—
0:15	鎮守府防火隊／重砲兵第1連隊／同第2連隊
—	—
20:30	—
1:00	海兵団／海軍工廠／碇泊艦艇／重砲兵連隊
—	—
21:30	—
—	海兵団／各種学校／碇泊艦艇／その他
20:30	海軍防火隊／海軍工廠
—	海軍防火隊
21:30	陸軍／海軍
—	—
4:10	陸軍／海軍
11:15	海軍防火隊／海軍工廠／碇泊艦艇
2:00	海軍防火隊
23:00	—
1:30	—
5:40	—
17:45	—
20:20	碇泊艦艇
—	海兵団／海軍工廠
5:30	—
22:00	海兵団／機関学校／海軍工廠／重砲兵連隊
—	—
23:40	海軍防火隊
4:00	海兵団／各種学校／海軍工廠／重砲兵連隊

表2－2　横須賀火災年表Ⅱ〔大正・昭和期〕

事例	年月日	出火時刻	地域	出火元	主な被害
1	1913.6.28	朝	楠ヶ浦町	海軍工廠船渠	負傷12人
2	1914.3.19	11:40	逸見町	横須賀海兵団	海兵団本部半焼
3	1914.11.29	9:20	汐留町	海軍水交支社	全焼2棟
4	1914.12.22	0:40	中里町	個人宅（海軍将官）	全焼1戸
5	1915.8.30	12:50	横須賀港沖	廃棄艦「壱岐」	艦体一部焼失
6	1916.1.12	14:20	楠ヶ浦町	海軍工廠印刷所	全焼1棟
7	1916.5.19	15:10	楠ヶ浦町	海軍工廠第4船渠	駆逐艦「海風」一部焼失
8	1917.11.19	17:30	横須賀港内	達磨船	達磨船・重油等焼失
9	1918.7.20	22:00	泊町	海軍砲術学校倉庫	全焼1棟
10	1918.8.25	2:45	田浦町	海軍工廠長浦造兵部	倉庫全焼
11	1918.10.20	12:10	楠ヶ浦町	海軍工廠造船部	—
12	1918.11.30	1:20	—	下士卒集会所付近	—
13	1918.12.7	23:20	不入斗	個人宅	全焼27戸・半焼3戸
14	1920.1.6	2:00	深田町	個人宅	—
15	1920.1.6	18:30	大津町	船小屋	全焼13戸・船小屋10戸焼失
16	1920.5.11	23:40	楠ヶ浦町	海軍工廠	工場半焼
17	1920.8.25	6:08	長浦湾内	海軍工廠長浦造兵部	死者1人・油槽船1隻焼失
18	1922.6.19	20:50	停車場前	運送会社倉庫	全焼2戸
19	1923.9.1	11:58	—	市内8か所	全焼2094戸・全壊1761戸
20	1924.12.26	18:00	汐入町	洋品店	全焼8戸
21	1925.1.14	8:00	逸見町	山林	死者1人
22	1925.3.9	20:50	若松町	個人宅	全焼7戸・武相新報社焼失
23	1925.7.7	2:20	汐入町	物置	—
24	1925.7.27	1:40	公郷町	個人宅	全焼28棟42戸
25	1925.12.6	10:55	楠ヶ浦町	海軍工廠内人夫小屋	死者2人・工場半焼
26	1926.3.18	0:45	安浦町	個人宅	全焼17戸・半焼4戸
27	1927.1.9	21:10	佐野町	個人宅（空家）	全半焼36戸
28	1927.1.16	23:00	深田町	個人宅（空家）	全半焼40戸
29	1927.2.9	5:00	不入斗	菓子屋	全半焼3棟5戸
30	1927.6.1	17:30	長浦町	海軍工廠	—
31	1927.10.1	19:40	田浦町	海軍軍需部	全焼バラック1棟
32	1927.11.14	2:45	公郷町	長屋	全焼23棟37戸・半焼1個
33	1927.12.20	4:30	佐野町	蕎麦屋	全焼20戸・半焼6戸
34	1927.12.28	20:50	佐野町	個人宅	全焼41戸・半焼10戸
35	1928.2.24	2:00	公郷町	個人宅	全焼3戸・半焼1戸
36	1928.3.25	23:10	楠ヶ浦町	海軍工廠造兵部	焼失1棟
37	1928.12.10	3:05	汐留町	個人宅	死者4人・全焼16棟20戸

対応を準備してきた。例えば、一八九九年（明治三二）一月一四日に制定された横須賀鎮守府内火災部署は、庁舎内の火災対応を規定しており、重要書類の持ち出しや各機関への連絡、指揮命令系統などを規定した[36]。本章で参照する同部署は、『鎮守府例規』の第七版に収められたもので、細かな改正箇所は判らないが、第五条一項は「先任参謀ハ鎮守府防火隊ヲ指揮シテ防火ニ任ス」としながら、二項において「港務部長ノ指示セル艦団部防火隊指揮官来著セハ、先任参謀ハ之ニ後事ヲ託シテ司令長官官舎ニ引揚クルモノトス」と規定している。この条文からも明らかなように、鎮守府は出火に対する最終的な対応を庁外からの応援に頼っていた。

3:20	重砲兵連隊
2:40	海兵団／その他
19:20	—
4:30	海兵団／工機学校
—	—
23:30	防備隊／重砲兵連隊
—	—
—	—
18:00	港務部／海軍工廠／海兵団
1:50	—
4:00	—
—	—
23:20	—
23:10	—
4:20	—
3:05	—
1:40	—
0:20	海軍防火隊
8:40	—
—	—
2:00	—
21:45	防備隊／砲兵学校
—	—
3:30	—
0:30	憲兵
18:10	
2:00	
3:00	海軍防火隊／重砲兵連隊
20:40	—
—	—
16:30	海兵団／鎮守府防火隊／重砲兵連隊
1:20	—
2:00	—
1:00	陸海軍防火隊
2:00	—
—	—
—	—
11:00	—
1:00	—
—	—

38	1928.12.28	2:30	衣笠村金谷	興行所	全焼10棟12戸・半焼2戸
39	1929.1.15	1:20	佐野町	個人宅（空家）	全焼22棟29戸
40	1929.4.6	19:05	若松町	理髪店	全焼1棟2戸
41	1929.12.27	3:20	深田町	洋品店	全焼10戸・半焼5戸
42	1930.2.8	2:50	中里町	個人宅	全焼9戸・半焼2戸
43	1930.3.17	22:30	佐野町	個人宅（空家）	全焼19戸・半焼3戸
44	1930.4.13	19:45	公郷町	個人宅（空家）	焼失物置1棟
45	1930.9.24	2:30	公郷町	個人宅	全焼14棟19戸
46	1931.3.8	17:30	横須賀港内	巡洋艦「高雄」	艦体一部焼失
47	1931.5.31	1:00	公郷町	個人宅（空家）	全焼5棟7戸・半焼4戸
48	1931.6.8	3:20	公郷町堀ノ内	個人宅	全焼2棟3戸
49	1931.9.5	5:10	横須賀港内	航空母艦「能登呂」	死者5人・艦体一部焼失
50	1932.3.19	22:30	坂本町	個人宅	全焼2棟3戸
51	1932.3.25	21:40	田浦町船越	個人宅（空家）	全焼36戸・半焼1戸・倒壊1戸
52	1932.5.6	3:00	佐野町	個人宅	全焼75戸・半焼3戸
53	1932.10.13	0:30	佐野町	個人宅（空家）	全焼1棟2戸
54	1932.11.14	22:30	田浦町	飲食店	全半焼15戸
55	1932.11.20	23:45	深田町	個人宅	全焼3棟4戸
56	1933.1.22	8:20	田浦町田ノ浦	カフェ	全焼1戸
57	1933.5.14	21:40	大津町	個人宅（空家）	全焼1戸
58	1933.5.15	1:20	逸見町	個人宅	全焼2棟5戸
59	1933.6.7	21:10	大津町	旅館	旅館焼失
60	1933.6.11	20:30	大津町	個人宅	—
61	1933.6.12	2:30	大津町	海軍職工住宅	全焼3棟27戸
62	1933.6.30	22:15	船越町	個人宅	死者1人・全焼45戸・半焼5戸
63	1933.11.17	17:30	浦郷町日向	個人宅	全焼2棟2戸
64	1933.12.17	1:10	平作町	個人宅	死者1人・全焼1戸
65	1933.12.24	2:10	中里町	個人宅（空家）	全焼8棟12戸
66	1934.1.8	20:10	深田町	個人宅	全焼3棟3戸・半焼2棟2戸
67	1934.2.6	0:20	深田町	旅館	全焼10戸
68	1934.2.22	9:30	西浦村子安	物置	全焼8戸・山林
69	1934.6.21	0:40	公郷町	個人宅（空家）	全焼7棟3戸
70	1934.8.5	1:10	船越町	個人宅（空家）	全焼2戸
71	1934.12.18	0:00	安浦町	物置	全焼5棟7戸・半焼3戸
72	1934.12.29	1:30	中里町	個人宅（空家）	全焼1棟1戸・半焼2戸
73	1935.1.4	5:50	若松町	材木商作業場	全焼6戸
74	1935.2.6	2:00	船越町	個人宅	全焼1戸
75	1935.9.18	10:00	逸見町	個人宅	全焼5棟11戸
76	1936.2.2	23:50	中里町	個人宅	全焼3棟3戸
77	1936.8.14	17:40	横須賀港内	盛徳丸	船舶1隻焼失

10:55	海軍防火隊／工機学校
4:50	陸海軍防火隊／重砲兵連隊
—	—
—	—
—	—
1:20	鎮守府
23:00	—
16:00	—
—	—
1:00	—
4:00	—
—	—
—	—
—	—
—	—
—	—
—	—
—	—
—	—

所の所蔵資料を調査した。
になくても火災や陸海軍の出動があった可能性もある。

ここで登場する「港務部長」とは、知港事が変化した役職である。港務部は一八九七年の軍港部への改編を経て、一九〇〇年五月一九日制定の海軍港務部条例によって誕生した[37]。その第二条は「港務部ハ軍港水域ノ警備、艦船ノ繋留、出入渠、浚渫船ノ使用、海標、運輸、救難、防火等ノ事及司令長官ノ指定スル軍港防禦ノ一部ニ関スル事ヲ掌ル」と規定され、港務部長が消防の責任者となった。この点は一九〇八年三月二五日改正の軍港防火部署でも確認でき、第二条一項には、「軍港境域内（海軍監獄ヲ含ム）海軍官有物火災ノトキハ、港務部ハ速ニ防火隊ヲ現場ニ派遣シ、同部長消防ニ関スル一切ノ処置ニ任スヘシ」と規定されている[38]。

さて、明治末段階の軍港防火部署を確認すると、全部で一三の条文から構成されており、第一条では「本部署ハ海軍官有物ノ防火ニ関スルコトヲ規定ス」と法令の性格を明示、続く第二条から第一三条で火災時の具体的な対応を規定した。第三条の「軍港境域内海軍官有物火災ノトキハ各艦団防火隊ハ現場ニ駆付ケ、必ラス港務部長（若ハ港務部防火隊ヲ指揮スル同部々員以下之ニ同シ）ニ会シ其指定ノ方案ヲ知照スヘシ」や、第五条の「各艦団派遣防火隊火災場ニ到着シタルトキハ、人員器具及之カ指揮ヲ掌ルモノ、官職氏名ヲ記入シ港務部長ニ出スヘシ」のように、火災時は港務部長の指示のもと、港

78	1937.1.17	10:30	安浦町	個人宅	全焼5戸・半焼4戸
79	1937.3.4	3:10	中里町	横須賀陸軍病院	陸軍病院半焼
80	1937.6.13	23:00	中里町	個人宅（空家）	—
81	1938.1.10	23:15	汐入町	個人宅	全焼1戸・半焼4戸
82	1939.2.5	4:20	大瀧町	海軍魚納冷蔵庫	—
83	1939.3.6	11:00	楠ヶ浦町	軍港軍需部	全焼倉庫5棟
84	1939.12.25	22:30	公郷町	個人宅	全焼3戸3棟
85	1939.12.14	14:40	若松町	ガス株式会社	全焼1棟
86	1940.1.31	2:30	春日町	個人宅	—
87	1940.12.23	0:10	汐入町	個人宅	全焼1戸・半焼1戸
88	1941.1.18	3:10	若松町	食堂	死者9人・全焼9戸・半焼1戸
89	1942.5.4	2:30	若松町	製菓工場	工場半焼
90	1943.1.13	1:00	旭町	個人宅	半焼1棟1戸
91	1943.3.8	0:50	公郷町	個人宅	全焼1棟・鶏舎焼失
92	1943.5.8	21:00	浦港日向	工場	全焼5棟5 戸
93	1943.7.15	6:30	汐留町	個人宅	全焼3戸・半焼1戸
94	1943.9.27	4:00	公郷町	個人宅	死者1人・全焼2棟3戸
95	1944.2.3	22:40	逸見町	個人宅	全焼10棟11戸
96	1944.5.8	0:55	大瀧町	湯屋	全焼22棟11戸

※1：『朝日新聞』及び『読売新聞』のデータベースを基礎情報として『横浜貿易新報』や防衛省防衛研究
※2：各種資料から確認できる状況を記したが、新聞報道が横須賀以外の新聞社に頼っているため、報道
※3：新聞報道によって出火・鎮火時刻が異なる場合は、最も早い出火時刻と最も遅い出火時刻を記した。

内の艦艇や海兵団の防火隊が動くことになっていた。また、第一〇条で碇泊艦艇の火災を、第一一条で災害現場の治安維持を定めている。

いくつかの留意点を挙げれば、第一は長浦方面の災害対応である。鎮守府の拠点がある楠ケ浦から離れた長浦では、同方面の最高指揮官であった水雷団長が港務部長の到着まで消火活動の指揮を受け持った（第四条）。第二は破壊消防の実施である。同時代の消火方法には、ポンプを使用した放水だけでなく、建物を破壊して延焼を防止する方法があり、海軍も消防組と同様に鳶道具を装備していた。ただし、それを実施するには港務部長の許可が必要であり、第八条は、「防火隊ハ防火従事中家屋其他ノ営造物ヲ崩壊スルノ必要ヲ認ムルモ専断実施スルヲ許サス、必ラス先ツ港務部長ノ承認ヲ受クヘシ」と規定している。

注目すべきは、破壊消防に関する規定が海軍外の消火活動を定めた第一三条にもある点であ

る。第一三条一項には、「本部署ハ軍港境域内ニ於ケル一般火災ニモ準用ス、但シ火災ノ状況ニ依リ防火隊ヲ派遣セサルコトヲ得」と、軍港境域内における一般火災にも軍港防火部署を準用することが定められ、市街地での消火活動の根拠となっていた。加えて二項には、「火災ノ状況ニ由リ海軍官有物ニアラサル家屋其他ノ営造物ヲ崩壊スルノ必要ヲ認ムルトキハ、先ツ責任アル地方官ト協議スヘシ」と、破壊消防を行う際の手続が規定されている。当然、海軍の防火隊が消火活動を行う際は、破壊消防の選択肢もあり得るが、海軍はそれを独断で行うことはできず、「責任アル地方官」との調整を要した。その背景には、行政執行法（一九〇〇年六月一日／法律第八四号）第四条に基づく権限の問題があった。(39) 非常事態の発生に際して、警察には私有地への進入や私有財産の処分が認められており、警察の管轄下にある消防組は行政執行法に基づいて破壊消防を行っていた。しかし、海軍にそうした権限はなく、地方官や警察官の許可を得なければならなかった。また、独断で破壊消防を行った場合は、軍隊批判を招く虞もあり、現場の軍人には慎重な対応が求められた。おそらく軍港防火部署第一三条二項には、火災現場での越権行為を抑止する意図があったのだろう。

以上にように、海軍は港務部を中心に火災発生時の対応を定めており、軍港境域内で火災が発生した場合も施設や停泊中の艦艇から防火隊を派遣することができた。しかしながら、海軍側に一般火災に対処する義務はなく、状況によっては防火隊を派遣しなくてもよかった。

(二) 陸海軍と消防組

日露戦争終結直後の一九〇五年（明治三八）九月一一日、横須賀鎮守府は「今ヤ将ニ平和克復セラレントシ、艦船ノ多数軍港ニ来集セントスルニ際シ、更ニ一段ノ注意ヲ喚起スルノ無用タラサルヘキヲ信ス」と、「火災予防ニ関スル訓示」を発し、軍港境域内の諸施設に火災予防を促した。(40) 戦時中にもかかわらず横須賀では、一月二七日に海兵団、八月一一日に海軍工廠需品庫で火災が発生しており、訓示の背景には、戦勝で緩んだ将兵の気持ちを引き締める意図があったのだろう。[41] しかしながら、海軍内の出火は絶えず、同年一一月二四日には海軍工廠、翌一九〇六年五月一一日には第二船渠のポンプ小屋で火災が発生していた。

一方、市街地でも五〇戸以上を焼く火災が発生、消防組だけでなく、海軍や陸軍も出動して消火活動にあたった。例えば、一九〇七年二月一〇日午前一時三〇分に深田で発生した火災では、海軍病院や要塞司令部が位置する関係から陸海軍の将兵が多く駆け付けた。[42] 鎮守府から海軍省への報告に依れば、海軍病院からの電話連絡とともに港務部や海兵団、水雷団が出動したが、「当時同地方一般ニ防火用水欠乏ノ折柄ニテ全ク喞筒《ポンプ》ヲ使用スルヲ得ス、消火上頗ル困難ヲ極メシモ、陸軍ノ援助及地方消防夫ニ尽力ニ依リ三時頃ヨリ火勢漸ク衰へ、同三時二十分鎮火セリ」と、消火活動が難航した様子を伝えている。[43] この報告から海軍が陸軍や消防組と協力しながら消火に尽力したことが窺えるほか、長浦方面からも応援が駆け付けていた。また、翌一九〇八年一二月七日午前一時四〇分に小川町で発生した火災でも陸海軍と消防組が連携して消火活動を行い、『横浜貿易新報』は個々の活動を解説した上で、「陸海軍の主力市内消防夫等なりしが其活動振り却々に目覚ましきものなり」と評している。[44]

このように大規模な市街地の火災に対しては、陸海軍ともに出動して消火活動を展開しており、有力な災害対処機関として機能していた。詳細は不明だが、陸軍部隊も他の衛戍地と同様に衛戍条例に基づいて災害対応を行ったと推察できる。[45] そうした状況のなか、一九〇九年五月二三日午後二時三〇分に若松町から出火した火災では、陸海軍は消防組とともに出動したものの、大滝町など市街地の大部分が焼き払われてしまった。[46] 当日は日曜日だったため、繁華街に繰り出していた兵士たちがすぐに駆けつけたほか、重砲兵第一・第二連隊、海兵団、水雷学校、工機学校、砲術学校からも腕用ポンプや蒸気ポンプが繰り出した。また、港内に碇泊中の戦艦や巡洋艦も防火隊を派遣したが、強風や水利の悪さから消火活動は難航、鎮火したのは午後五時三〇分だった。最終的な被害は全焼五二一戸、焼失区域八一九〇坪で、『横浜貿易新報』はこの火災を横須賀における七回目の大火としつつ、「今回の大火の其最も大なるものにして総損害もまた最たるものなり」と報じている。[47]

既述の通り、横須賀の市制施行とともに消防組の組織も拡大、小頭の指揮する一〇個の部（分隊）に一一台の腕用ポンプが配備されていたが、海軍が蒸気ポンプを運用した点を考えれば、装備の面で軍隊に劣っていた。さらにポンプの数が水道の供給量を上回ったため、各所で放水ができなくなり、最後は消防組も陸海軍も破壊消防に切り替えていった。おそらくこの背景には、消火活動を指揮する警察側の判断があり、権限の関係から軍隊もそれに従ったと推察できる。翌一九一〇年二月一五日午前一時五〇分に諏訪町で発生した火災でも各組織は水利を欠き、陸軍は破壊消防を展開していた。[48]そうした状況に対し、二月一九日の『横浜貿易新報』は社説「消防設備の欠点」を掲載、「横須賀は屡々大火災の起るところにして必ず年に二回は其の厄を免れず」とした上で、「一は市民各自の不注意とは云ふもの、、畢竟大火に立至るは消防の不完全なる結果に外ならず」と市当局者に改善を要求、問題点として、①消火栓の未整備、②斬新なる消防器の未整備、③消防隊編成の不完全、④警鐘の機能不全、⑤貯水場の未整備、⑥野次馬の存在、⑦警察の注意不足、⑧消防費の節約、⑨消火区域・非常線の未設定、⑩消防夫の不遇などを挙げつつ、組織の改編や蒸気ポンプの導入を主張した。[49]実際の災害対応から②や⑧の問題については、強力な消防装備を有する海軍の存在が消防組のあり方に少なからず影響を与えたと考えられる。

しかしながら、市街地の災害対応は警察や消防組の仕事であり、権限の観点からも海軍や陸軍に現場の主導権はなかった。だが、軍事施設内の火災については軍隊側に主導権があったものの、消防組の応援をめぐって軋轢も生じていた。一九一〇年一月二八日午前六時五分に海軍工廠内の倉庫で発生した火災では、横須賀消防組の第九部と第一〇部が来援し、海軍の蒸気ポンプとともに消火活動にあたったが、第九部が守衛の指示に従わずに施設内に進入したため、警備の観点から問題となった[50]。二月四日、横須賀鎮守府副官が横須賀警察署長に抗議したのに加え、「尚ホ今後海軍官衙ノ火災ニ於テ、市中消防隊ハ当該海軍防火隊指揮官ノ許可若ハ要求アルニアラサレハ該官衙構内ニ立入ラサル様、是亦御厳達相成度」と要請している[51]。

他方、二月一日に海軍工廠長浦造兵部の鯛ケ崎水雷調整所でも魚雷の爆発を伴う火災が発生、同所の蒸気ポンプが対応すると同時に、浦郷消防組第四部も来援して消火活動にあたった[52]。こうした度重なる失火に対し、二月五日、横須賀鎮守府司令長官は「過日旬日ノ間ニ於テ両度ノ火災ヲ続発セシニ至テハ、其原因ノ如何ニ論ナク転々人為ノ尚ホ尽サ、ルモノアルヲ感セシメ、同時ニ時局ノ現状ニ鑑ミ本職ヲシテ深ク恐懼ニ堪ヘサラシムル所ナリトス」とした上で、各人の注意を促しつつ、「防火設備ノ完全ナラサル陸上諸建物ノ如キニ在テハ益々其然ルヲ認ム、海陸諸機関ノ長ハ此ノ機会ニ於テ重ネテ部下ヲ戒飭シ、一点ノ火花ハ能ク火災ノ因ヲナスコトヲ考ヘ、所謂火ノ用心ノ本義ヲ尽シテ将来ニ於ケル災厄ノ根絶ヲ期スヘシ」と訓示している[53]。

火災の発生に対しては、軍隊と地域の双方で注意を払っていたものの、それぞれの空間で火災が発生した場合は、お互いに応援し合って対応していた。ただし、空間における権限の違いから火災現場での主導権は異なり、各々の行動について軋轢が生じる場合もあった。

第三節　大正期の災害対応

(一)　軍港防火部署の改正

一九〇九年（明治四二）五月の大火以降、横須賀市や横須賀警察署は消防設備の改良に着手、火災予防組合の組織化を図るとともに、一二年（大正元）には高性能の蒸気ポンプを導入して消火活動にあたった[54]。そうした対応が功を奏したのか、表2-2に示すように、明治期と比べて大規模な火災は減少していく。

一方、海軍側では、一九一三年三月二八日に諸条例の一斉改正があり、「海兵団ヲシテ新ニ陸上防火ノコトヲ掌ラシメ」という理由から海兵団条例を改正、海兵団の役割を定める第二条に「海兵団ハ鎮守府ニ属シ海軍下士卒ノ教育、軍港ノ警衛及陸上ノ防火ヲ掌リ、又補欠員ヲ統轄スル所トス」と、「防火」の任務を新たに加えた[55]。それに伴い、海軍港務部条例も改正、第二条の「防火」の文言を「海上防火」に変更して任務の範囲を縮小させた[56]。多くの人員を動員できる海兵団に消火活動を指揮させることで、迅速な対応を図ったのだろう。このような動きは各軍港の規則にも影響を与え、四月二三日には、横須賀の軍港防火部署も改正される[57]。

既述の一九〇八年段階の軍港防火部署と比べ、改正後の軍港防火部署も全一三条から構成されており、第一条で法令の性格を規定した上で、関係機関への通報（第三条）や鎮守府司令長官への報告（第一二条）を新たに定めた。その他は改正前の条文を引き継いだものの、第二条は海兵団条例や海軍港務部条例に基づき、陸上の消防指揮官は海兵団副長、海上の消防指揮官は港務部長となった。また、横須賀から離れた長浦方面については、水雷団を改編した横須賀防備隊が消防を担うこととなる。これは防備隊条例に基づくもので、第三条一項には、「防備隊ハ海面防禦及掃海ノ事ヲ掌リ又海兵団同所ニ在ラサルトキハ当該軍港又ハ要港ノ警備及陸上防火ヲ兼掌ス」と規定されていた。[58] 横須賀は海兵団所在地だったが、距離の関係から長浦方面は防備隊の対応に委ねられたのだろう。そうした指揮官の変更に伴い、破壊消防の判断も港務部長からそれぞれの指揮官に変化している（第八条）。他方、破壊消防の協議は「防火隊指揮官ハ部外官憲等ト協議ノ上防火ニ従事スヘシ」と変化する。破壊消防に限らず、消火活動全体を通じて、警察や消防との連携が求められた。

このように横須賀方面では、海兵団が消火活動の中心となったが、一九一四年三月一九日には、肝腎の海兵団本部から出火し、建物や重要書類の一部を失うことになる。[59] 午前一一時四〇分頃、団長室にあったストーブから出火し、強風に煽られて急速に燃え拡がった。それに対して海兵団の防火隊が対応にあたったほか、工機学校や砲術学校、機関学校、碇泊艦艇も防火隊を派遣、また、陸軍からも防火隊が駆けつけた。さらに横須賀警察署は消防組を率いて海兵団の施設を包囲、市街地への延焼を防いだ。ここで陸軍は海兵団内で破壊消防を実施しており、海軍側の要請で動いたと推察できる。火災は午後一時三〇分に鎮火、翌日には工廠長を委員長とする査問委員会が組織され、責任者である海兵団長の姿勢が厳しく問われた。[60] 注意を払っていても、軍事施設の火災は跡を絶たず、施設の再建等によって軍事費にも悪影響を及ぼしていった。

(二) 関東大震災と海軍の対応

一九二一年（大正一〇）の『神奈川県統計書』に依れば、同年末の段階で、横須賀消防組は組頭以下、一二の部（小頭一二人）と消防手三九三人から構成され、蒸気ポンプ五台と腕用ポンプ七台、水道消火栓を利用する水管車一二台を装備していた。[61] おそらく各部は蒸気ポンプもしくは腕用ポンプ一台と水管車一台を運用していたのだろう。さらに横須賀警察署は二三年一月にオートバイポンプを導入する。[62] 蒸気ポンプ導入以降、海軍に遅れながらも消防組は消防力の強化に努めていった。それについて一六日の『横浜貿易新報』も「火事の時節であつても大した火事もない横須賀では、茲数年間大火事がないとて決して油断もせず、昨報通りガソリンポンプ喞筒を購したりなと頻りに予防施設に力を入れてる」と評している(63)。それと同時に「従来出火とし《ママ》調えば必ず先づ出動して来て、勇敢に防火行動を起して頗る甚大な効果を尽くし、或意味で大火を生ぜしめないのは海軍のお蔭だと迄謂はれている」と海軍の存在に言及しつつ、軍港防火部署の改正について報じた。

内容の詳細は判然としないが、『横浜貿易新報』に依れば、第四条については、「海軍官有物火災のときは、各艦団校（水域内及水域に接近せる陸上に在りては港務部を加ふ）は左記に依り防火隊を現場に派遣し、防火隊指揮官の指揮を受けしむべし」と変化し、①横須賀方面火災の時は長浦方面の艦隊校を除く、②軍港水域内の火災の場合は陸上部隊を除く、③陸上火災時は海上部隊を除く、とそれぞれ対応する機関を縮小させた。ただし、④長浦方面の火災の場合は横須賀方面の艦団校を除くとしながらも、近接地域や火災の状況に応じては相互に援助することも定められた。全体的に火災が減少するなか、効率的な運用を図るため、各機関の役割を明確にしたのだろう。一方、第一三条では、「本部署は軍港境域内に於ける一般火災に準用する。部外陸上火災の際には防火隊指揮官は地方官憲と協議の上防火に従事しなくてはならぬ。此場合防火隊は一旦機関学校門外に集合して指揮官の命令を俟つ事。但し衛兵隊は之を派遣する事はない。又火災の状況によりては防火隊も出さなくてよろしい」と具体的な対応を定めた。これについて『横浜貿易新報』は「市民は此火災期に当つて高枕安眠する事が出来る訳である」と報じている(64)。こうした対応方法が確立するなか、横須賀は関東大震災を迎えることになった。

一九二三年九月一日午前一一時五八分、神奈川県西部を震源とするマグニチュード七・九の地震が南関東を襲った。震源域の直上に位置する三浦半島の揺れは激しく、震災前に二万〇六二六戸あった横須賀市・田浦町の住家のうち一万六一一九戸が被害を受けたほか、同地域では九万一九八二人中八七二人が犠牲となった[65]。当然ながら海軍の被害も大きく、煉瓦造の鎮守府庁舎は全潰したほか、箱崎にあった重油タンク群が爆発・炎上、港内にも重油が流出した[66]。そのため鎮守府は碇泊艦艇を港外に避難させるとともに、水域の防火を担う港務部は防火艇二隻を派遣して対応にあたった。また、横須賀停車場で発生した火災にも港務部は防火艇を派遣して海上から放水を行っている。一方、海兵団は午後〇時三分に総員招集をかけて被害状況の確認を行った後、各所に防火隊を派遣して消火活動にあたった。地震直後、市内八か所から発生した火災は急速に燃え広がり、市街地を焼き払っていった。それに対して海兵団のほか、砲術学校や機関学校、さらに碇泊艦艇も防火隊を上陸させて対応したが、水道の断絶によって消火活動は困難を極めた。そうした状況と異なり、長浦方面では出火はなかったが、防備隊は救護班を編成して救助活動を行った。このように海軍の諸機関は自らの施設を守りつつも、被害の拡大を防ぐため、救護活動を展開していったのである。同様に台地上に位置する東京湾要塞司令部以下の陸軍施設も地震直後から救護活動を展開し、兵営周辺での被災者救助にあたった[67]。

鎮火後、陸海軍ともに治安維持活動を展開したほか、救療や物資の供給、社会基盤の復旧等を実施して秩序の維持に努めた。その後、九月三日には、勅令第四〇一号で神奈川県にも戒厳令の第九条及び第一四条が適用され、横須賀市と三浦郡については横須賀鎮守府司令長官の野間口兼雄が同地域の戒厳司令官に就任することになった[68]。日露戦争中、内地では、佐世保や対馬に戒厳が宣告され、佐世保鎮守府司令長官や竹敷要港部司令官を戒厳司令官に充てた例はあったが[69]、平時の海軍拠点で戒厳令を適用した事例は初めてであった。野間口は管轄地域を横須賀、逗子、浦賀、三崎の四つに区分し、それぞれの担当指揮官を指定して治安維持活動や救護活動を担わせた。他方、衛戍地の枠組みなど、指揮命令系統の違いから陸軍を指揮下に組み込むことができなかったため、野間口は東京湾要塞司令官と調整しながらその協力を得ていった[70]。衛戍区域と軍港境域が重なる場合は海軍が主導権を握ることになり、以後、軍隊の対応は横須賀鎮守府が中核的な役割を担うことになった。

横須賀の被害で特徴的だったのは、各所で崖崩れが発生し、交通や通信の手段を絶った点である。起伏の激しい地形から震災以前も横須賀では何度も崖崩れが生じており、その度に軍隊が出動して対応にあたった。例えば、一九一〇年（明治四三）八月の台風では、横須賀停車場前で発生した崖崩れに対し、海兵団や碇泊軍艦から水兵が出動して遺体等の発掘作業を行っている。(71) 関東大震災においても崖崩れによって鉄道や道路が塞がれたため、陸海軍ともにそれらの復旧活動を行った。また、被害を受けた陸上施設と異なり、海上の艦艇はほぼ無傷だったため、鎮守府はそれを有効に活用して救護活動を展開した。艦艇の通信を用いて外部との連絡を図っただけでなく、東京や横浜へ艦艇を派遣したほか、艦艇内の治療室等を焼けた海軍病院の代替とした。陸上施設の多くが機能停止に陥るなか、設備を整えた海上の艦艇が海軍の活動拠点となっていく。

一一月一五日、勅令第四七八号で戒厳令の適用解除が発表され、翌一六日に横須賀及び三浦半島の警備体制は通常の状態に戻った。こうした過程から改めて明らかになったのは、地域における海軍の存在の大きさである。海軍は各方面にわたって事業を展開しただけでなく、碇泊艦艇は陸上に防火隊を派遣するなど、臨機応変な対応を行った。さらに他の鎮守府等の応援を得て治安維持活動や救護活動を進めるなど、東京や横浜の混乱と比べ、海軍が主体的に動いた横須賀では、大きな混乱は生じなかったのである。

第四節　昭和戦前・戦中期の災害対応

㈠「防空」と諸機関の統合運用

市街地の火災に対する陸海軍の出動は続き、関東大震災後に初めて大きな被害を出した一九二四年（大正一三）一二月二八日の汐留町の火災でも横須賀鎮守府や重砲兵連隊の活動が確認できる。[72]また、翌二五年七月二六日に公郷《くごう》町で発生した火災には、横須賀、浦賀、衣笠の消防組のほか、海兵団や水雷学校、防備隊が出動、軍港防火部署で定められた管轄地域を越えて対応した。[73]ただし、この火災では消火栓の使用をめぐって海軍と消防組の対立が生じている。軍隊が大きな力を発揮する一方、気の立つ現場では組織間の衝突も発生しており、軍港防火部署で定められた連携が上手くいかない場合もあった。

他方、一九二八年（昭和三）七月一三日、葉山町御用邸付近非常部署が制定され、鎮守府の防火対象は拡大していく。[74]皇族の利用する葉山御用邸やその周辺で出火した場合、海兵団と防備隊は将兵二二人とともに、各々消防車と貨物自動車を一台ずつ派遣することになったほか、軍港防火部署第一三条と同様に、「防火隊指揮官ハ地方官憲（宮内官吏）警察官ト協議シ防火ニ従事スルモノトス」と、現場での調整も求められた。一方、横須賀鎮守府は三一年三月二日に軍港防火部署を全面改正したが、詳細については後述したい。

昭和初期、世界恐慌と金解禁によって人々の不安が高まるなか、鎮守府は一九三一年五月二六日に横須賀鎮守府戒厳施行手続を制定、第一条に「本手続ハ横須賀鎮守府司令長官戒厳令ニ依リ戒厳ヲ宣告スル場合、及勅令ヲ以テ戒厳司令官トシテ指定セラレタル場合ニ於ケル戒厳施行ノ手続ヲ規定ス」とあるように、戒厳状態を想定した事前準備を行うようになった。[75] 同手続は全三八条から構成され、内容ごとに「総則」、「戒厳宣告」、「司令官ノ指揮権ノ行使」、「臨戦地境内行政事務」、「臨戦地境内司法事務」、「合囲地境内ノ行政」、「合囲地境内ノ司法」、「戒厳解止」、「特設機関」の九章に区分されている。また、戒厳宣告案や戒厳宣告通知案、戒厳告示案など、戒厳を実施する際の具体的な書式が一八種類定められ、円滑な行政手続を図った。この手続の作成にあたって横須賀鎮守府は、関東大震災の経験を参考にしたと推察できる。例えば、震災時に戒厳地域を細かく区分したように、第五条では、「時機ニ依リ戒厳地境内ヲ分チ戒厳地区ヲ定メ、之ニ指揮官ヲ置キ戒厳司令官ノ命ヲ承ケ該地区内ノ戒厳事務ヲ分掌セシム」と同様の対応が規定されている。

ここで重要なのは、横須賀において戒厳宣告があった場合、横須賀鎮守府司令長官が行政警察や行政執行に関する権限を有し、災害対応についても管掌した点である。臨戦地境内の行政事務を定めた第八条では、「軍事ニ関係アル行政警察其ノ他地方行政事務中、軍事ニ関シ重要ノ関係アルモノニ付テハ、必要ニ応ジ憲兵、警察官其ノ他地方行政官ニ其ノ事項ヲ指示ス」と規定され、続く第九条において行政警察及び行政執行を分掌する鎮守府の幕僚を法務長と副官に指定したほか、関係する海軍の機関として港務部と海兵団を挙げた。さらに第一一条では、具体的な事務内容を規定し、三項で「市街ニ於ケル消防隊ヲ指揮シテ火災ノ取締ヲ為ス」、四項で「港務部巡邏船及水上警察ヲシテ水難救護ニ従事セシム」と災害・事故への対応を規定した。平時において市街地の火災に対して海軍の権限は制限されていたが、戒厳宣告の後は警察や消防組を鎮守府の指揮下に置くことも可能になった。そうした組織を統合する仕組みは、海軍が主体となって行った横須賀鎮守府連合防空教練でも垣間見える。

一九三一年九月一八日の満洲事変勃発後、鎮守府は一般市民を巻き込みつつ、空襲を想定した大規模な訓練を一〇月一五日から一七日に実施した。[76] これは空襲の研究や防空思想の普及を目的とするもので、具体的な研究には、航空兵力による攻撃のほか、「都市防護ニ対スル海軍ト部外ノ適切ナル協同法」も含まれていた。実際、訓練の実施にあたっては、横須賀田浦防護委員会規約を制定し、横須賀市長を会長とする防護委員会を組織した[77]。同会の目的は「戦時実施スヘキ横須賀市、田浦町ノ警護、燈火管制、毒瓦斯防禦、防火避難、救護等ヲ適切ナラシムル為関係各官衙公署ノ連繋協調ヲ図ルト共ニ、右地域内ノ各種団体ノ行動ヲ統制スル」とあり、鎮守府司令長官や東京湾要塞司令官、神奈川県知事を顧問とし、委員には横須賀市助役や田浦町長、警察署長、陸海軍参謀、憲兵分隊長、郵便局長、駅長、消防組頭、在郷軍人会長、医師会長、青年団長、電力会社所長などが就任、非常時は横須賀田浦防護計画に基づいて一体的に動くことになった。注目すべきは、その計画に「平時非常変災ノ発生ニ当リ必要ト認ムル時ハ本計画ノ一部ヲ適用ス」とある点で、災害の状況に応じて各組織を統合して運用する仕組みが成立した。

しかしながら、管見の限り、それが実際に発動した事例は確認できない。例えば、一九三四年九月二二日午前一〇時には、三浦郡西浦村の大楠山《おおぐすやま》で大規模な山火事が発生し、横須賀方面にも煙や灰が飛来したが、災害対応は周辺自治体の消防組や陸海軍の防火隊が担っている[78]。特に鎮守府については、西浦村からの電話要請で海兵団や防備隊の消防車が出動した。「防空」を梃子にして各組織を統合運用する仕組みができたものの、従来通り、災害発生時は消防組や陸海軍が各々の権限に基づいてそれぞれ活動を展開したのである。

(二) 戦時体制下の軍港防火部署

一九三三年(昭和八)四月一日の田浦町との合併を契機に、横須賀市は一つの常設消防組と一八分隊の非常備消防組織を抱える体制となり、組頭一人と小頭一九人、消防手四六二人が一〇台の消防車と七台のオートバイポンプを運用することになった[79]。さらに三八年には、横須賀方面を担当する第一常設消防部と、田浦方面を担当する第二常設消防部が新設されるなど、市内の消防体制は強化されていった。その後、戦時体制が強まるなか、非常備の消防組は三九年に警防団に改編され、国民防空の一翼を担うようになる(80)。

一方、既述の通り、横須賀鎮守府は一九三二年三月の横鎮法令第二〇号で軍港防火部署を全面改正したほか、同年の法令第五四号、三七年の法令第一三号、三八年の法令第四九号、三九年の法令第五二号、四二年の法令第二二号及び同三一号で部分改正を行った。唯一、条文が確認できる四二年横鎮法令第三一号段階の軍港防火部署からその内容を整理してみよう(81)。

一九一三年(大正二)段階の軍港防火部署と比べると、基本的な部分に変化はないものの、条項の数は一三条から一五条に増えている。従来との大きな違いは、第二条において防火隊の総指揮官や派遣区分、警戒場所などが詳細に定められた点である。特に陸上については、横須賀方面、長浦方面ともに警備隊の警衛長が防火隊司令を務めることになり、各方面の陸上部隊・学校・工廠等を指揮することになった。一方、海上については、港務部の先任部員が碇泊艦艇等を指揮するようになる。後者については引き続き港務部が防火を管掌したものの、前者は全面的に警備隊の所管となった。ここで登場する「警備隊」とは、一九四一年一一月一一日の海軍警備隊令に基づき鎮守府及び警備府単位で組織されたもので、軍港境域の防空や警備、防火を掌るなど、一部海兵団の役割を引き継いだ(82)。それに基づき、横須賀警備隊は一一月二〇日に海兵団長が司令官を兼務する形で開設される(83)。

さらに改正後の軍港防火部署には、臨時付属隊として電話隊(海軍工廠電気部員)や救護班(海軍病院軍医科士官・看護員)の派遣が定められ、災害現場での通信連絡や救療も考慮されている(第六条)(84)。加えて市街地の火災については、第一四条と第一五条で規定され、それまで防火隊の派遣は義務付けられていなかったが、「状況ニ依リ防火隊ノ派遣ハ其ノ一部ニ限定ス」と、必ず防火隊を派遣することになった。海軍は従来以上に軍港境域全体の火災に対応することになったのである。

他方、国際情勢に目を転じると、一九三七年七月に勃発した日中戦争に引き続き、日本は四一年一二月に太平洋戦争に突入、開戦時はアメリカに対して戦闘を優位に進めたものの、四二年六月のミッドウェー海戦の敗北を契機に戦況は次第に悪化していった。そうしたなか、神奈川県は四三年一月一五日に常設消防部を廃止する形で横須賀消防署を開設、鎮守府も二月一日の横鎮法令第一一号で軍港防火部署を全面改正する。以後、同年の法令第三七号、四六号、一二六号で部分改正を加えていった。(85) 従来との大きな違いは、横須賀と長浦に分けられていた区分を三浦半島全体で細分化し、防火隊指揮官も担当地域ごとに定めたほか、防火隊や電話隊、救護隊の編制、標旗・標燈のデザインなども規定した点である。その背景には、戦況に対応した海軍施設の急増と、現実的に迫った空襲の脅威があったと推察できる。(86) 他方、市街地の火災対応を定めた規程（第一七条・第一八条）に大きな変化はなく、海軍は引き続き軍港境域全体の防火を担うことになった。

以上のように、軍港防火部署は戦時体制に対応する形で変化するが、この時期は新聞報道が縮小していくため、実際の災害に対してどのように機能したのかは判然としない。一九四四年末以降、本土に対する空襲は激化し、日本の都市は次々と焼き払われていった。しかし、横須賀への空襲は空母艦載機による攻撃が主で、戦略爆撃機による本格的な攻撃はなかった。横須賀の市街地や海軍施設はアメリカ軍によって焼き払われることなく、一九四五年八月一五日の敗戦を迎えたのである。

おわりに

一九四五年（昭和二〇）八月三〇日、上陸したアメリカ海兵隊によって横須賀鎮守府は武装解除され、市街地の警備も占領軍の手に移った。注目したいのは、軍隊による消火活動もアメリカ軍に引き継がれた点である。九月九日に小川町で発生した火災（七棟七戸全焼、二棟三戸半焼）では、海兵隊二二〇人と消防車一台が出動して対応にあたった[87]。これに感激した梅津芳三市長は海兵隊指揮官のクレメント准将を訪問して消防への協力を要請している[88]。海軍施設の主が入れ替った後も、横須賀では災害対応について軍隊の応援があった。

さて、これまで検討してきたように、軍港都市における海軍の災害対応を俯瞰すると、海軍が地域の防災に大きく関与していたことがわかる。海軍は自らの施設を災害から保護するため、将兵たちの防火意識を高めるとともに、軍港防火部署等で非常時の対応を規定、独自の消防技術も整えていった。また、軍港境域を設定するなかで、地域住民の行動にも制限を加え、火災予防への協力を求めた。重要なのは、海軍が自らの消防技術を所在地域全体の災害対応に転用した点で、明治初期から積極的に関与していた。これは火災の拡大から軍事施設を保護することが最大の目的であったが、海軍は地域における有力な災害対処機関として機能した。おそらく、このことは他の軍港都市においても共通していただろう。

東海鎮守府の横須賀移転以降、海軍の施設や制度が整備されていくなか、軍港境域内の消防は軍港を管理する役職者（航海部長―知港事―港務部長）が所管することになり、火災発生時は横須賀方面や長浦方面の機関、碇泊艦艇の防火隊を指揮して消火活動にあたった。破壊消防についてもその判断で行っていたが、大正期に入ると、作業の効率化を図るため、横須賀方面は海兵団、長浦方面は防備隊が消火活動を指揮するようになった。一方、港務部の担当は軍港境域の海面のみに限定され、権限も縮小されていく。加えて、市街地の火災では、海軍側に破壊消防の権限はなく、地方官や警察官との調整を要した。軍港防火部署は他の機関との連携を謳っていたものの、現場では軍隊と消防組との衝突もあり、連携は必ずしも上手くいっていなかった。

しかし、関東大震災では、陸上施設は大きな被害を受けたものの、碇泊艦艇の存在もあり、横須賀鎮守府はすぐに応急対応を展開、戒厳令が神奈川県に適用された後は、陸軍の協力を得つつ、三浦半島における救護及び治安維持の中核を担っていく。その後、鎮守府は震災の経験を踏まえながら戒厳状態の事前準備を進め、状況によっては警察や消防を指揮下に置くことも可能になった。ここで戒厳令が権限の差を解消する役割を果たすことになる。こうした組織間の枠を外す動きは、防空問題が浮上する過程で強まっていき、海軍を中心に各組織を統合運用して事態に対処するシステムが構築される。他方、警備隊の誕生とともに海軍の陸上消防をその所管に統合、さらに軍事施設が増加していくと、担当機関の細分化を図っていった。

以上の経過を見ると、昭和期の戦時体制にむけて海軍の存在が大きくなっていくことがわかる。また、艦艇による防火隊の派遣は、一九一〇年（明治四三）五月の青森大火のように、軍港以外の入港地における災害対応にも繋がったと推察できる。一方、海軍の防火隊に対する装備面の遅れや、常備消防の設置が一九三三年以降だった点を考えれば、地域側も海軍の消防に期待する部分があった。衛戍条例改正に基づく陸軍の災害出動の制度化が一九一〇年だった点を考慮しても、海軍はそれ以前から所在地域での災害対応を展開していた。この背景には、軍事施設の多寡や海軍工廠の職工の存在など、陸軍の衛戍地と異なる軍港の性格が影響したと考えられる。一九〇一年生まれの横須賀の古老が火災時の思い出として海軍の出動を挙げるように[89]、海軍による災害対応は軍港都市の特徴の一つであった。

（1）吉田律人「軍隊の「災害出動」制度の展開―高田衛戍地の事例分析を中心に―」（『年報日本現代史』第一七号、二〇一二年）。
（2）吉田律人『軍隊の対内的機能と関東大震災―明治・大正期の災害出動―』（日本経済評論社、二〇一六年）。
（3）衛戍地の警備体制については、吉田律人前掲書のほか、土田宏成「帝都防衛態勢の変遷―関東大震災前後を中心として―」（上山和雄編『帝都と軍隊―地域と民衆の視点から―』日本経済評論社、二〇〇二年）、同『近代日本の「国民防空」体制』（神田外語大学出版局、二〇一〇年）、同「近代の首都と治安・防備」（『歴史と地理』第六四二号、二〇一一年三月）などを参照。

(4) 国土防衛や国内の治安維持に関する研究は、吉田律人前掲書のほか、松下芳男『暴動鎮圧史』（柏書房、一九七七年）や原剛『明治期国土防衛史』（錦正社、二〇〇二年）などがあるが、分析の中心は陸軍に置かれている。一方、国内における海軍の武力行使については、米騒動時の呉鎮守府の対応を分析した齋藤義朗「大正七年呉の米騒動と海軍—呉鎮守府の米騒動鎮圧—」（河西英通編『軍港都市史研究Ⅲ　呉編』清文堂、二〇一四年）があるものの、海軍の対内的機能を体系化するには至っていない。なお、海軍の災害対応及び海難救助については、大井昌靖「海軍の災害救援に関する一考察—鎮守府令と陸海軍の任務協定の視点から—」（『波濤』第三八巻第四号、二〇一三年一月）、同「明治期の日本海軍の海難救助—海軍の実施した海難救助の実態を中心に—」（『軍事史学』第五二巻第一号、二〇一六年六月一日）、坂口太助「近代日本の海上保安と日本海軍—海難救助への対応を中心に—」（海軍史研究会編『日本海軍史の研究』吉川弘文館、二〇一四年）などを参照。

(5) 横須賀市編『新横須賀市史　通史編　近現代』（横須賀市、二〇一四年）二二三〜二二六頁、四〇七〜四一〇頁、四七三〜四八八頁。

(6) 横須賀の陸軍については毛塚五郎編『東京湾要塞歴史』（毛塚五郎、一九八〇年）および同『関東大震災と三浦半島』（毛塚五郎、一九九二年）を参照。

(7) 『横須賀鎮守府例規』（横浜開港資料館所蔵）。表紙が欠けているため編纂年は判然としないが、内容を第八版と比較した結果、同史料は改正直前の第七版だと推察できる。

(8) 横須賀鎮守府副官編『八版　横須賀鎮守府例規』（防衛研究所戦史研究センター史料室所蔵）。

(9) 横須賀鎮守府副官編『十一版　横須賀鎮守府例規』については防衛研究所戦史研究センター史料室と横須賀市中央図書館で閲覧が可能である。いずれも一九二二年六月一日の第二次改正版で、その前の第一次改正は一九二一年一〇月一日に行われていた。なお、後者は表紙に「目黒」の印がある点から、同時期に横須賀海軍港務部に勤務していた機関兵曹長目黒款（『職員録』一九二二年版、二八七頁）のものだと推察できる。

(10) 横須賀鎮守府副官編『十四版　横須賀鎮守府例規』については、第一次（一九三八年四月一日）、第二次（一九三九年六月二〇日）、第三次（一九四〇年六月三〇日）、第四次（一九四一年一〇月三〇日）、第五次（一九四二年一二月三一日）、第六次（一九四三年六月一日）、第七次（一九四四年一一月一日）と計七回の改正が確認でき、防衛研究所戦史

研究センター史料室には、第四次、第五次、第六次、第七次の追録が所蔵されている。
(11) 河西英通「軍港と漁業―漁業廃滅救済問題をめぐって―」(前掲『軍港都市史研究Ⅲ』)、坂根嘉弘・小野寺香月「軍港・鎮守府・海軍工廠」(荒川章二・河西英通・坂根嘉弘・坂本悠一・原田敬一編『地域のなかの軍隊八　日本の軍隊を知る』吉川弘文館、二〇一五年)。
(12) 軍港化に伴う横須賀の発展については、横須賀市編『新横須賀市史　別冊　軍事』(横須賀市、二〇一二年)および前掲『新横須賀市史　通史編　近現代』、高村聰史「横須賀の軍港化と地域住民―軍港市民の『完成』」(荒川章二編『地域のなかの軍隊二　軍都としての帝都』吉川弘文館、二〇一五年)などを参照。
(13) 前掲『新横須賀市史　通史編　近現代』三七九〜三八二頁。なお、横須賀の陸軍については高村聰史「軍港都市のなかの陸軍―要塞砲兵連隊と旧豊島町―」(『市史研究横須賀』第一五号、二〇一六年三月)を参照。
(14) 明治末から大正初期の組織及び海軍施設については、『明治四十五年　職員録(甲)』(印刷局、一九一二年)、荒尾葉舟編『横須賀軍港案内誌』(武相新報社出版部、一九一三年)などを参照。
(15) 一八七七年八月二八日、太政官達。同年九月一日、海軍省内第九一号達。以下、法令の引用については、各年度の『法令全書』(原書房復刻版)に依った。
(16) 一八八六年九月七日、海軍省令第一〇五号。
(17) 一八九〇年一月一六日、法律第二号。
(18) 一八九六年三月二一日、勅令第三六号。以後、横須賀の軍港境域は一八九六年一一月二一日の勅令第三六五号、一九一二年一二月一六日の勅令第五四号、一九一七年四月六日の勅令第三九号でその範囲を拡げていった。
(19) 一八九六年四月一一日、海軍省令第六号。
(20) 一九〇〇年四月三〇日、海軍省令第七号。
(21) 横須賀軍港の詳細は一九〇一年八月一四日制定の横須賀軍港細則(横鎮第三六七五号)で定められ、火気等の取扱方法については「第五章　爆発物其ノ他危険物ニ関スル事項」(第六一〜七二条)で規定されていた。
(22) 蘆田伊人編『大日本地誌大系二三　新編相模国風土記稿』第五巻(雄山閣、一九八五年)二一三〜二一五頁。
(23) 神奈川県内務部地方課編『明治四十年　神奈川県統計書第一編(雑部)』(神奈川県、一九〇八年)八頁。
(24) 消防史の概説は日本消防協会百周年記念事業委員会編『日本消防百年史』第一巻〜第四巻(一九八二〜八四年、日本消防協会)、地域における消防組の成立過程については後藤一蔵『消防団の源流をたどる』(近代消防社、二〇〇一年)

を参照。

(25) 一八九四年五月六日、神奈川県令第一九号。以下、神奈川県内の法令の引用については、各年度の『神奈川県公報』(横浜開港資料館所蔵)に依った。

(26) 一八九四年五月六日、神奈川県令第二〇号。

(27) 前掲『新横須賀市史 通史編 近現代』四八六～四八八頁。

(28) 「横須賀造船所近火届」(『明治十一年 公文原書 卌七 自五月十七日至廿一日』防衛研究所戦史研究センター史料室所蔵(以下、特に断らない限り、海軍関係の公文書は同室所蔵)、10 - 公文原書 - M11 - 37 - 180)、「汐入町出火ノ件同所届」(『明治十一年 公文類纂 前編 五十五』10 - 公文類纂 - M11 - 49 - 353)、「横須賀造船所ヨリ出火防禦尽力者ニ手当給与ノ伺」(『明治十一年 公文原書 自六月一日至』10 - 公文原書 - M11 - 41 - 184)。

(29) 「喞筒附属水嚢紛失ノ横須賀造船所届」(『明治十一年 公文類纂 前篇 四十八』10 - 公文類纂 - M11 - 42 - 346)、「喞筒附属水嚢紛失ニ付裁判所エ達」(『明治十一年 公文原書 卅八 自五月廿至廿五日』10 - 公文原書 - M11 - 38 - 181)。

(30) 「横須賀派出所へ消防道具備付」(『明治十三年 公文類纂 後編 十四』10 - 公文類纂 - M13 - 53 - 555)、「横須賀派出所へ消防具備付ノ件裁判所上請」(『明治十三年 公文原書 四七 自七月十七日至七月廿一日』10 - 公文原書 - M13 - 47 - 393)。

(31) 一八八六年四月二二日、勅令第二五号。航海部の職務を定める鎮守府官制第七四条では、四項に「消防隊ヲ監督シ及ヒ消防具ヲ監視スル事」と規定されている。

(32) 「横須賀町大滝失火報告」(『明治廿三年 公文雑輯 土地営造部 十』10 - 公文雑輯 - M23 - 10 - 94)。

(33) 「横須賀町内火災に付予定の軍港防火部署の活動の件」(同前)。

(34) 一八八九年五月二八日、勅令第七二号。

(35) 注(33)に同じ。

(36) 一八九九年一一月一四日、横鎮第四四四六号。前掲『横須賀鎮守府例規』六四～六六頁。

(37) 一九〇〇年五月一九日、勅令第二〇〇号。

(38) 一九〇八年三月二五日、横鎮第四二八号。前掲『横須賀鎮守府例規』六一～六三頁。なお、第二条一項には、但し書きとして「時宜ニ依リ同部先任部員若ハ次席部員代テ之カ指揮ヲ掌ルコトアルヘシ」とあり、港務部長が不在の場合は、港務部員が消防を指揮することになっていた。また、第二項は「前項ノ場合ハ海兵団ニ於テ別表ニ依リ急速防火隊員ヲ編制シ、港務部ニ差出シ同部長ノ指揮ニ属セシムヘシ」とあり、海兵団は防火隊を編成することになっていた。

(39) 行政執行法の詳細については前掲「軍隊の「災害出動」制度の展開」を参照。

(40) 一九〇五年九月一一日、横鎮第一二四九号。前掲『横須賀鎮守府例規』六七頁。

(41) 「変災」(『明治三八年　公文備考　巻五十七　通信・水路・外国人・変災・雑件』海軍省 - 公文備考 - M38 - 57 - 625)。

(42) 『横浜貿易新報』一九〇七年二月一一日。

(43) 「火災顛末報告」(『明治四十年　公文備考　巻八十九　外国人・変災』海軍省 - 公文備考 - M40 - 93 - 800)。

(44) 『横浜貿易新報』一九〇八年一二月九日。

(45) 一九一〇年三月一八日制定の衛戍勤務令(軍令陸第三号)第一〇条には、「軍港又ハ要港所在地ノ衛戍司令官ハ職務ノ執行ニ際シ海軍ニ関連スル事柄ハ予メ海軍官憲ト協議スヘシ」と規定されており、衛戍区域における陸海軍の協力が求められていた。

(46) 『横浜貿易新報』一九〇九年五月二四日、五月二五日、五月二六日。

(47) 『横浜貿易新報』一九〇九年五月二六日。

(48) 『横浜貿易新報』一九一〇年二月一六日。

(49) 『横浜貿易新報』一九一〇年二月一九日。

(50) 『横浜貿易新報』一九一〇年一月二九日。

(51) 「市消防隊ニ関スル件」(一九一〇年二月四日、横鎮第二九九号)。前掲『八版　横須賀鎮守府例規』七〇~七一頁。

(52) 『横浜貿易新報』一九一〇年二月三日。

(53) 「火災ニ対スル訓示」(一九一〇年二月五日、横鎮第三〇二号)。前掲『八版　横須賀鎮守府例規』七一頁。

(54) 前掲『新横須賀市史　通史編　近現代』四八四~四八六頁。

(55) 一九一三年三月二八日、軍令海第一二号。以下、諸条例の改正理由については、『大正二年　公文類纂　第三十七編　巻二』(国立公文書館所蔵、類01153100)を参照。

(56) 一九一三年三月二八日、軍令海第一三号。

(57) 一九一三年四月二三日、横鎮第六九〇号。前掲『十一版　横須賀鎮守府例規』八七~八八頁。

(58) 一九一三年三月二四日、軍令海第五号。
(59)『横浜貿易新報』一九一四年三月二〇日。
(60)「横須賀海兵団火災報告」(『大正三年　公文備考　変災・兵事』海軍省 - 公文備考 - T 3 - 101 - 1740)。
(61) 神奈川県知事官房編『大正十年　神奈川県統計書』(神奈川県、一九二二年)三三二～三三三頁。
(62)『横浜貿易新報』一九二三年一月一六日。
(63)『横浜貿易新報』一九二三年一月一七日。
(64) 同右。
(65) 前掲『新横須賀市史　通史編　近現代』四〇七～四一〇頁、四七三～四八四頁を参照。
(66) 横須賀鎮守府等の活動については海軍省軍務局『秘　大正十二年九月一日　震災記録』(東京都公文書館所蔵)を参照。なお、関東大震災時の海軍の活動については改めて別稿で論じたい。
(67) 陸軍の活動は前掲『関東大震災と三浦半島』を参照。
(68) 政府や海軍の対応に関する基礎史料は松尾章一監修『関東大震災政府陸海軍関係史料』Ⅰ巻・Ⅲ巻(日本経済評論社、一九九七年)を参照。
(69) 一九〇五年二月一四日、勅令第三七号、同第三八号。
(70) 前掲『関東大震災と三浦半島』八八～九六頁。
(71)『万朝報』一九一〇年八月一二日。
(72)『横浜貿易新報』一九二四年一二月二八日。
(73)『横浜貿易新報』一九二五年七月二八日。なお、この火災では、水雷学校や防備隊など長浦方面(田浦町)の機関が出動したのに対し、田浦消防組が出動しなかったため、批判の声が高まった。
(74) 一九二八年七月一三日、機密横鎮法令第三六号。横須賀鎮守府副官編『初版　横須賀鎮守府例規』五～六頁 - - 。
(75) 一九三一年五月二六日、機密横鎮法令第三九号。前掲『初版　横須賀鎮守府例規』六～一二頁。
(76)「昭和六年横須賀鎮守府連合防空教練記事」(『昭和六年　公文備考E　九巻』海軍省 - 公文備考 - S 6 - 52 - 4154)。
(77)「横須賀田浦防護委員会規約」、「横須賀田浦防護計画」(同前)。
(78)『横浜貿易新報』・『東京朝日新聞(神奈川付録)』一九三四年一月二三日。
(79) 神奈川県総務部統計調査課『昭和八年　神奈川県統計書』(神奈川県、一九三五年)六七〇～六七一頁。

(80) 前掲『新横須賀市史　通史編　近現代』七〇六～七一一頁。
(81) 横須賀鎮守府副官編『昭和十七年十二月卅一日現在　十四版　横須賀鎮守府例規追録（巻一、二、三）第五号』六三～六五頁。
(82) 一九四一年一一月一一日、軍令海第二三号。
(83) 『昭和十六年十一月二十日～昭和十七年五月三十一日　横須賀海軍警備隊戦時日誌戦闘詳報』（4 - 戦闘詳報・戦時日誌 - 565）。
(84) 一九二六年三月一九日付の『横浜貿易新報』は、「海軍は火災の際関係各官衙学校に延焼の危険を防止すべく防火隊を現場へ派遣する事になってゐるが、尚其上に通信隊をも派遣し防火隊本部鎮守府及建築部に通信連絡をとる事にした」と報じている。
(85) 前掲『十四版　横須賀鎮守府例規（第七次改正）』六三～七二頁。
(86) 一九四三年九月三日の横須賀軍港境域令（勅令第六九三号）で葉山を除く三浦半島全域が軍港境域となった。
(87) 『読売新聞』一九四五年九月一〇日。
(88) 『読売新聞』一九四五年九月一一日。
(89) 関口章蔵「半鐘」（横須賀市市長広報課編『古老が語るふるさとの歴史』横須賀市、一九八一年）、一四一頁。

コラム

呉・佐世保・舞鶴の鎮守府例規と軍港防火部署

吉田律人

第二章で検討したように、鎮守府や要港部の所在地、すなわち広義の「軍港」には、軍事の論理が広く適用されていた。その大枠は海軍の中央部が制定した法令によって定められたが、内容の詳細を規定したのは、各鎮守府レベルで制定された法令や訓令であった。それらをまとめた「鎮守府例規」を読み解くことで、地域に対する軍事の論理を垣間見ることができる。第二章では、横須賀を対象に分析を進めたが、呉や佐世保、舞鶴など、他の鎮守府の状況はどうだったのか、また、横須賀のような「軍港防火部署」を定めていたのか、防衛省防衛研究所戦史研究センター史料室所蔵の鎮守府例規からこれらの点を追いかけてみたい。

横須賀を含めた各鎮守府例規の現存状況は【表】の通りで、防衛研究所の分類では、海軍一般史料の法令、鎮守府例規のグループに整理されている。いずれもアジア歴史資料センターで公開されており、インターネットを通じて内容の確認ができる。そのなかで最も多いのは、横須賀関係の例規集で、通常の鎮守府例規のほか、「鎮守府秘例規」や「鎮守府極秘例規」なども収められている。

表　防衛研究所所蔵の「鎮守府例規」

鎮守府	名称	版		刊行日	原本制定	請求番号
横須賀	横須賀鎮守府例規 全	8版	原本	—	1911.11.20	0-鎮例規-79
		11版	第2回改正	1922.6.1	1921.3.1	0-鎮例規-78
	横須賀鎮守府例規 巻1	14版	第5回改正	1942.12.31	1937.7.1	0-鎮例規-2
		14版	第6回改正	1943.6.1	1937.7.1	0-鎮例規-1
		14版	第7回改正	1944.11.1	1937.7.1	0-鎮例規-3
	横須賀鎮守府例規 巻2	14版	原本	—	1937.7.1	0-鎮例規-6
	横須賀鎮守府例規 巻3	14版	原本	—	1937.7.1	0-鎮例規-7
		14版	第6回改正	1943.6.1	1937.7.1	0-鎮例規-8
	横須賀鎮守府例規追録（巻1・巻2・巻3）第4号	14版	—	1941.10.30	1937.7.1	0-鎮例規-13
	横須賀鎮守府例規追録（巻1・巻2・巻3）第5号	14版	—	1942.12.31	1937.7.1	0-鎮例規-14
	横須賀鎮守府例規追録（巻1・巻2・巻3）第6号	14版	—	1943.6.1	1937.7.1	0-鎮例規-15
	横須賀鎮守府例規追録（巻1）第7号	14版	—	1944.11.1	1937.7.1	0-鎮例規-16
	横須賀鎮守府秘例規 全	7版	原本	—	1937.7.1	0-鎮例規-25
		7版	第6回改正	1943.6.1	1937.7.1	0-鎮例規-27
		7版	第7回改正	1944.6.1	1937.7.1	0-鎮例規-29
	横須賀鎮守府秘例規追録 第6号	7版	—	1943.6.1	1937.7.1	0-鎮例規-28
	横須賀鎮守府秘例規追録 第7号	7版	—	1944.6.1	1937.7.1	0-鎮例規-30
	横須賀鎮守府極秘例規 全	初版	第1回改正	1937.9.1	1934.10.1	0-鎮例規-31
		2版	第5回改正	1944.4.1	1938.4.1	0-鎮例規-74
	横須賀鎮守府極秘例規追録 第2号	2版	—	1940.6.1	1938.4.1	0-鎮例規-26
	横須賀鎮守府極秘例規 別冊（人事関係）	初版	第4回改正	1941.8.1	1937.8.1	0-鎮例規-32
	横須賀鎮守府慣行例規類集 全	初版	第3回改正	1942.8.14	1934.7.1	0-鎮例規-21
	横須賀鎮守府慣行例規類集追録第1号	初版	—	1942.9.1	1934.7.1	0-鎮例規-24
呉	呉鎮守府例規 全	12版	第7回改正	1926.12.1	1921.9.1	0-鎮例規-34
	呉鎮守府例規 巻1	14版	第5回改正	1942.7.1	1937.6.1	0-鎮例規-35
	呉鎮守府秘例規 全	5版	不明	1941.6.30	1937.6.1	0-鎮例規-36
	呉鎮守府極秘例規 全	初版	第1回改正	1940.2.1	1937.1.15	0-鎮例規-37
佐世保	佐世保鎮守府例規 巻1	13版	第6回改正	1942.5.1	1937.6.1	0-鎮例規-39
		13版	第7回改正	1943.6.1	1937.6.1	0-鎮例規-40
		13版	第8回改正	1945.6.20	1937.6.1	0-鎮例規-38
	佐世保鎮守府例規 巻3	13版	第3回改正	1939.6.1	1937.6.1	0-鎮例規-41
		13版	不明	1941.7.1	1937.6.1	0-鎮例規-42
		13版	不明	1941.9.1	1937.6.1	0-鎮例規-43
		13版	不明	1942.6.1	1937.6.1	0-鎮例規-44
		13版	不明	1942.12.1	1937.6.1	0-鎮例規-46
		13版	不明	1943.1.1	1937.6.1	0-鎮例規-47
舞鶴	舞鶴鎮守府例規 巻1	初版	第2回改正	1943.1.1	1940.4.1	0-鎮例規-52
		初版	第3回改正	1945.5.1	1940.4.1	0-鎮例規-53
	舞鶴鎮守府例規 巻3	初版	第2回改正	1943.1.1	1940.4.1	0-鎮例規-54

※１：各々の鎮守府例規で改正記録が判然としない箇所は「不明」とした。

※２：防衛研究所以外にも、『横須賀鎮守府例規』第7版は横浜開港資料館、同11版第２回改正版は横須賀市中央図書館、『佐世保鎮守府例規』13版は佐世保市立図書館がそれぞれ所蔵している。

こうした例規集は一九三七年（昭和一二）五月一日制定の横須賀鎮守府例規編纂規程（機密横鎮法令第一一号）に基づき編纂され、秘例規と極秘例規については編纂例に「本書ハ部外ニ対シ厳ニ秘密ノ取扱ヲ為スヲ要ス」と注意が記されている。また、それまでは鎮守府副官が編纂していたが、同年五月四日の「鎮守府例規編纂ニ関スル件」（横鎮第三〇一号ノ二二）を契機に、全体を扱う巻一は鎮守府副官、人事関係を扱う巻二は人事部長、財務関係を扱う巻三は経理部長がそれぞれ編纂することになった。加えて、横須賀関係では、各例規集の追録や、慣行及び特殊事項を集めた「慣行例規類集」もあり、昭和戦中期に限られるが、法令の変化を追うことができる。

一方、他の鎮守府の状況を見ると、呉については大正末期の鎮守府例規があるほか、昭和戦中期の秘例規や極秘例規も現存している。これらの例規集も横須賀と同様に、一九三七年五月七日制定の呉鎮守府例規編纂規程（機密呉鎮守府法令第一五号）に基づき編纂されている。おそらくこの時期に鎮守府関係例規集の編纂方法が一斉に変わったと推察できる。佐世保については人事関係を除く通常の鎮守府例規の巻一と財務関係の巻三が揃っているが、残念ながら秘例規や極秘例規は残っていない。また、一九三九年に要港部から鎮守府に復帰した舞鶴では、鎮守府例規の初版が一九四〇年四月一日に編纂されており、防衛研究所には、巻一の第二回改正版と第三回改正版、巻三の第二回改正版が収められている。

さて、各鎮守府の軍港防火部署については、それぞれ通常の鎮守府例規に収められており、内容の確認が可能である。最初に一九二六年（大正一五）の『呉鎮守府例規』一二版第七回改正版から呉の状況を検討すると、同時代の呉軍港防火部署は、一九二三年一二月五日で制定されたもので、翌二四年に一度改正されている。その内容は二一の条項から構成され、陸上は海兵団、海上および江田島の秋月・飛渡瀬《ひとのせ》、三子島《みつごじま》の三方面は港務部が消防を担当することになっていた（第二条）。横須賀軍港防火部署と同じく、破壊消防に関する規定（第八条）があるほか、第一九条は「軍港付近ニ於ケル海軍部外ニ火災ニモ本部署ヲ適用ス」とした上で、「防火隊司令ハ部外ノ官憲ト協議シ防火又ハ避難者ノ保護等機宜行動スヘシ」と一般への災害対応を規定している。横須賀と異なるのは、海軍病院救護班の派遣（第四条）や鎮守府構内への立入制限（第一二条）が設けられている点で、二次災害の対応も視野に入っていた。しかしながら、一九四二年七月段階の『呉鎮守府例規』一四版第五回改正版を確認すると、鎮守府構内防火部署や鎮守府防火栓使用心得はあるものの、軍港防火部署は収められていない。前後の版が確認できないため、詳細はわからないが、廃止された可能性も否定できない。

次に佐世保の状況を一九四二年五月一日の『佐世保鎮守府例規』一三版第六回改正版から見ると、同年四月一三日制定の佐世保鎮守府防火規程の存在が確認できる。二四の条項で出火時の対応を定めたほか、表や図を用いながら具体的な対応を定めている。特に防火隊の派遣については、「部外派遣」、「部内派遣」、「重油槽派遣」、「山林派遣」の四種類で派遣部隊や携帯する器具を詳細に規定した。また、同時期の横須賀と同様に、陸上は佐世保警備隊、海上は鎮守府港務部の担当となっている。注目すべきは、一般への災害対応も想定されていたが、それを定めた明確な規定が存在しない点である。横須賀の状況を踏まえて考えると、昭和戦時期においては、海軍の地域消防への関与は当然となっており、改めてそれを規定することはなかったのだろう。その後、『佐世保鎮守府例規』一三版は、第七回と第八回の改正があるが、鎮守府防火規程に変化はなかった。

最後に舞鶴の状況を一九四三年一月一日の『舞鶴鎮守府例規』初版第二回改正版から確認してみ

よう。同時期の舞鶴軍港防火部署は一九四一年一二月一〇日に改正されたもので、対応方針を規定した二五の条項と、防火隊の編成を定めた表や図から構成されている。同時期の他の軍港防火部署と同じく、陸上は舞鶴警備隊、海上は鎮守府港務部が消防を担うことになっていた。また、法令の性格を定める第一条の三項には、「部外火災ノ場合要スレバ本部署ヲ適用ス」と一般への災害対応を規定したほか、第二三条には、「部外火災ニ当リ軍港防火隊ヲ派遣シタル場合ニ於テハ、軍港防火隊司令ハ地方官憲ト協同シ防火ニ従事スベシ」と、他の行政機関等との協力も定めている。特徴的なのは、火災現場の海軍庁長の役割を定めた点で、破壊消防の実施は、基本的に軍港防火隊司令と各庁長との協議の上で行う必要があった（第一〇条）。さらに積雪期の消火栓周辺の除雪作業を庁長の仕事に位置づけている（第二二条）。ここに日本海側に位置する舞鶴の性格が表れている。この後、舞鶴軍港防火部署は一九四四年二月二四日に舞鶴鎮守府防火規程に改正され、改めて軍港境域の防火体制を整えている。

いずれの軍港防火部署も地域による差はあるものの、軍事施設の保護を基本に、軍港境域内の一般災害に対応する点に違いはなかった。横須賀と同様に、他の鎮守府所在地においても、海軍は有力な災害対処機関として機能していたと考えられる。このように各鎮守府の鎮守府例規を分析することで、鎮守府所在地における海軍の論理を浮き彫りにすることができる。鎮守府の運営や軍港の維持管理、軍港境域内の治安維持や衛生問題など、鎮守府例規から検討すべき課題は多い。「軍隊と地域」の実態解明を進め、研究を深化させていく上でも、軍事の論理から地域との関係を見据える視点が重要である。

第三章

郡役所廃止と海軍志願兵制度の転換

（出典）海軍省軍事普及部『海軍少年読本』
（所蔵）国立国会図書館（641-106、J2 番号 8）

中村崇高

出典：舞鶴海軍満期者同志会『海軍志願兵案内』（特 273-515、J2 番号 3）
所蔵：国立国会図書館（特 273-515、J2 番号 3）

はじめに

海軍という組織を維持するための重要な要素として制度・軍港・兵器（艦船・航空機）が挙げられるが、人（将校・下士官・兵員）もそのうちのひとつである。将校・下士官・兵員とその家族は、軍港都市の住民として、都市形成に多大な影響を与えてきた。しかし、海軍の人の多数を占める下士官・兵員がどのような過程をへて軍港都市の構成員となるのかについては、これまで充分検討されてこなかった。

陸軍と異なり海軍の場合、下士官・兵員に特殊技能が求められたため、明治期以来徴兵による人員補充を最小限にとどめ志願兵制をとってきたことは、多くの先行研究が指摘している。[1] 筆者は以前、下士官・兵員を採用するために海軍と地方行政機関が有機的に連関する「海軍志願兵徴募事務体制」が日露戦争前に形成されたことを明らかにした。[2] この事務体制が機能することにより、下士官・兵員は軍港都市の一員となったのである。しかし、その分析対象は大正期までであり、昭和期の志願兵徴募事務体制については検討していない。

明治期から大正期にかけて、海軍の徴兵と志願兵の採用比率は、三（徴兵）：七（志願兵）から四（徴兵）：六（志願兵）であった。しかしこの比率は、一九三〇年（昭和五）から七（徴兵）：三（志願兵）に変化することになる。なぜ、特殊技能を要する下士官・兵員を必要としていた海軍が、その採用源を徴兵にシフトしたのだろうか。この事実をはじめて指摘したのは駄場裕司氏であるが、氏の問題関心は景気変動と志願率の関係性を考察することにより、一九二〇年代の不景気の時代にアジア・太平洋戦争下で活躍する下士官が海軍に入隊した要因を明らかにすることにあった。[3] このため、海軍の人事制度上一大転機ともいえる徴兵と志願兵の採用比率転換の意義を充分検討しているとはいえない。ただし、駄場氏は次のような興味深い指摘もしている。すなわち、一九二〇年代に海軍に入団した志願兵が、その後特務士官・准士官・下士官に任官したというのである。この事実は、志願兵制度転換の要因を検討するうえで重要な指摘といえる。

ところで、筆者が以前検討したように、一九二六年の郡役所廃止は「海軍志願兵徴募事務体制」に大きな影響を与えた(4)。海軍は郡役所廃止により勧誘活動が円滑に進まなくなることを懸念し、地方行政機関の活動を督励するだけでなく、志願兵制度の問題点を議論し、その改革を模索していた。つまり、志願兵制度転換の要因は、郡役所廃止にもあったのである。なぜ郡役所廃止が志願兵制度の一大変革を引き起こしたのだろうか。そこで本章は、一九二〇年代半ばの志願兵制度転換の要因を考察する。

まず第一節では、郡役所廃止前の志願兵の徴募状況を確認し、海軍がたびたび指摘していた「募兵難」の実態を考察する。そして海軍の郡役所廃止への対応と、地方行政機関の海軍に対する要望について分析することにより、両者の志願兵勧誘活動の目的に相違点が存在したことを明らかにする。この相違点が郡役所廃止を契機に表面化し、志願兵制度転換のひとつの要因となるのである。次に第二節では、郡役所廃止後の徴募状況を確認し、郡役所廃止前から海軍が唱えていた「募兵難」がなお解消されなかったことを指摘する。そのうえで、①この解消方法として徴兵と志願兵の採用比率の変更が各鎮守府から提案されたこと、②徴兵令から兵役法への移行により海軍省がこの提案を受け入れ、志願兵制度が変化したことを解明する。

第一節　郡役所廃止と海軍志願兵制度

(一)　郡役所廃止前の志願兵制度

本節は郡役所廃止前の志願兵勧誘活動について確認したうえで、海軍が志願兵制度の現状に抱いていた危機意識について明らかにする。駄場裕司氏も指摘したように、一九二〇年（大正九）から志願者数は増加傾向にあった（表3-1）。なぜなら、長引く不況により海軍志願兵が、魅力的な就職口と認識されていたからである。(5) しかし志願者が増加傾向にあったにもかかわらず、海軍省人事局および各鎮守府の徴募担当者は、現状に不満さえ感じていた。それは次に述べるように、志願者数増加の要因が海軍による勧誘活動の成果ではなく、不景気によるものだと認識していたからである。

本年度〔一九二五年度〕募兵状況ヨリ考フルトキハ、今日迄採リタル方法ヲ以テシテハ本年度以上ノ成績ヲ将来ニ期待スルハ余リ楽観ニ失スルモノト認ム、何トナレハ本年度成績カ実質ニ於テ昨年度ヨリ稍々良好ナルハ、海軍当局トシテノ採兵方法ノ進歩ニ基クモノヨリモ、寧ロ地方経済界ノ不振其ノ主因ナリト認ムルヲ至当トスルヲ以テナリ〔傍線は原文ママ〕(6)

さらに、海軍および鎮守府の徴募担当者は、現状採用している志願兵勧誘の方法についても改善の必要があると指摘していた。「はじめに」で述べたように、海軍の志願兵徴募事務体制は、地方行政機関に実質的な勧誘活動を依存するものであり、各鎮守府に徴募事務を担当する人事部が設置された後も、こうした方法に変化はなかった(7)。海軍の志願兵勧誘は、横須賀鎮守府徴募官の言葉を借りれば、次のように「他力主義」に陥っていたのである。

表３－１　志願兵・徴兵の人員比較
（1918～35年度）　（人）

徴募年度		志願者数	採用者数	徴兵配当員数
1918	（大正7年度）	15,928	6,163	5,671
1919	（大正8年度）	14,652	6,344	5,571
1920	（大正9年度）	10,643	6,350	6,199
1921	（大正10年度）	19,312	7,998	7,678
1922	（大正11年度）	10,795	3,713	2,462
1923	（大正12年度）	9,364	4,094	6,403
1924	（大正13年度）	19,194	5,548	6,596
1925	（大正14年度）	18,726	5,150	5,720
1926	（昭和元年度）	22,575	5,789	7,105
1927	（昭和2年度）	21,852	5,606	6,674
1928	（昭和3年度）	26,834	6,376	9,869
1929	（昭和4年度）	31,836	5,195	9,710
1930	（昭和5年度）	38,439	4,937	7,525
1931	（昭和6年度）	52,462	4,676	9,781
1932	（昭和7年度）	55,982	4,683	12,040
1933	（昭和8年度）	64,890	7,524	11,753
1934	（昭和9年度）	52,611	7,056	11,522
1935	（昭和10年度）	55,605	7,079	10,551

出典：『海軍省年報』（1918～1935年度）。

> 現募兵制度ハ所謂他力主義トモ称スヘク、全然地方側官公吏任セノ募兵方法ナルヲ以テ、地方当事者努力ノ厚薄如何ニ依リ増減ヲ生シツツアルノ状況ニシテ、隔靴掻痒ノ感多シ(8)

地方行政機関に依存する「他力主義」的な勧誘方法は、志願者の資質の低下を招いていた。それは、横須賀鎮守府人事部が一九二六年の地方官会議の席上で、「志願者（殊ニ掌電信兵）ノ素質ニ関シテハ特ニ調査ノ上、所謂「狩リ集メ」ノ弊ニ陥ラサル様注意アリタシ(9)」と府県庁に対して注意喚起したように、志願者数のみを確保しようとする勧誘が常態化していたからであった。また、別の報告によれば、地方行政機関が実施する予備的な学力検査・身体検査で合格したにもかかわらず、海兵団入営前の身体検査で問題が発覚し、入団中止となった事例も存在した(10)。

そもそも海軍が、徴兵ではなく志願兵制を主たる兵員採用の手段としたのは、特殊技能の習熟に時間を要するため、なるべく能力の高い兵員を採用するためであった[11]。したがって海軍は、勧誘活動により多くの志願者を確保するだけでなく、その資質も重要視していた。一方、地方行政機関は、後で明らかにするように、志願者の資質よりその数の確保に注力した。その結果、海軍の求める人材とのミスマッチを引き起こすことになった。つまり鎮守府人事部が、「刻下志願兵応募状況ハ依然不振ノ域ヲ脱セスシテ、前途決シテ楽観ヲ許ササルヲ感スルモノナリ[12]」と述べたのは、志願者数が増加しているにもかかわらず資質が低下していたからであり、こうした現状を彼らは「募兵難」と考えていたのである。そして、海軍と地方行政機関の勧誘活動に対する方針の相違は、郡役所廃止において顕在化することになる。

ここであらためて、海軍のいう「不振」「募兵難」という危機意識について整理しておこう。それは第一に、長引く不況という経済状況が志願者数を増加させているだけであり、好況に転じれば志願者数が減少するという認識であった。そして第二に、府県庁・郡役所に町村役場における勧誘の督励、志願者の選抜など勧誘活動の主要な部分を依存していた「他力主義」という現実であった。さらに第三に、地方行政機関が主体となる勧誘活動のため、志願者の資質が海軍の求めるレベルに達していないという問題であった。

なお、鎮守府人事部徴募官のいう「地方側官公吏」とは、勧誘活動が「郡衙当事者ノ掌中ニ在リ」と述べられているように、主に郡役所の吏員をさしていた。地方行政機関のなかでも特に郡役所が重要な機能を担っていたことは、海軍だけでなく府県庁・町村役場も認めていた。このため郡役所廃止が迫ると、海軍と府県庁は、その対応に苦慮することになるのである。

(二) 新たな志願兵徴募事務体制の検討

郡役所廃止に備えて海軍省がとった対応は、①新たな志願兵徴募事務体制と召集事務体制の検討、②志願兵勧誘方法の見直しであった。まず、①についてみると、各鎮守府の人事部を統括していた海軍省人事局は一九二五年五月、横須賀・呉・佐世保の鎮守府人事部長を招集し、人事部長会議を実施した。この会議の議題は、海軍省人事局が「郡制廃止ノ場合海軍徴募、召集、簡閲点呼ノ事務系統ノ改正案及ヒ実行方法」[13]と述べているように、郡役所廃止が衆議院・貴族院で議論されているなかで、海軍志願兵の徴募事務体制および召集事務体制の改正案を協議することにあった。ここで具体的に「研究事項」として挙げられたのは、主に次の三項目であった。すなわち、第一に海軍志願兵徴募・召集事務の事務系統、第二に郡役所廃止後の郡長（郡役所）事務の担当、第三に鎮守府人事部支部設置である。

一点目についてみると、横須賀鎮守府人事部長によれば、郡役所廃止は「事務簡捷」の観点からみれば海軍にとっても当然のことであった。しかし各鎮守府は、「三百ノ郡市ガ五千ノ市町村相手トナル」と述べているように、鎮守府人事部が従来管内三〇〇の郡市役所に行っていた志願兵勧誘・召集事務に関する指導・督励を、直接五〇〇〇の市町村に実施することを懸念していた。したがって佐世保鎮守府人事部長は、県庁の事務員を増員させる地方に県庁の出張所を設置させることにより、志願兵勧誘と召集事務の円滑化を図るべきであると提言している。これらの意見をうけて海軍省人事局は、「郡役所廃止ニ伴ヒ従来ノ郡長ニ代ルベキ兵事管内所管ノ地方事務官ヲ置」くことを、引き続き「研究要領」とした。

二点目について呉鎮守府人事部長は、次のように、郡長にかわり町村長を召集令状の保管と志願兵徴募事務の、警察署長を充員召集発令の責任者と位置づけることを提案している。

令状保管ハ町村徴募主任ヲ指揮監督ス、町村長ヲ夫々町村ノ徴募主任トス、郡長ノ兵事々務ハ総テ町村長トス、充員発令ノミハ警察署長ヲシテ其管内ノ分ハ中継セシム

一方、佐世保鎮守府人事部長は、府県庁内に事務員常駐の出張所が設けられない場合、地方行政機関側の窓口をすべて町村役場とするよう求めている。これらの提案を検討した結果、海軍省人事局は、(a)志願兵徴募事務、召集事務を従来通り府県庁経由とすること、(b)充員召集令状を町村役場保管とすること、(c)警察署を充員召集発令時の「通信機関」とすることを「研究要領」とした。呉鎮守府人事部長の意見が採用されたのは、海軍省人事局が、各鎮守府による町村役場の指導・監督を現実的でないと判断したからであろう。

三点目の鎮守府人事部支部設置については、この会議以前から各鎮守府の希望としてしばしば議論されていたが、予算措置が難しいという理由により実現しなかった。そこで今回の会議に先立ち、呉鎮守府人事部長は次のように、海軍在郷軍人を支部長とすることにより人件費を、県庁内に支部を設置することにより設備費を軽減することを提言した。

若シ予算ノ増大ヲ防カントセハ、予後備軍人ノ適任者ヲ撰ヒ支部長以下ニ充ツルトセハ人件費節約スルヲ得ヘシ、而シテ其設置場所ニ関シテハ大ニ考慮セサルヘカラサルモノアリ、即チ第一案トシテハ人事第四一号ニ於ケル内定箇所ニ独立ニ置クヲ可トス、第一案ニシテ経費ノ関係上不可能トセハ、第二案トシテハ県庁内ニ置クコトヲ主張ス

呉鎮守府の提案は、鎮守府人事部支部の組織について言及していないが、横須賀鎮守府はその概要と職務に

ついて次のように述べている。すなわち、(a)在郷兵・特務士官の兵籍簿の管理、(b)在郷兵・特務士官の召集準備に関わる事務、(c)簡閲点呼・召集事務検閲の実施、(d)志願兵徴募事務の執行、(e)在郷軍人の指導、(f)志願兵勧誘のための海軍事情の普及・啓発、(g)海軍と一般社会の連絡、(h)在郷軍人の就職仲介であった。また、一府県に四~五か所の出張所を設置し、職員に在郷軍人をあて、府県庁の地方事務官と連絡をとりつつ、志願兵勧誘などを実施することも提言している。これらの提案をうけて海軍省人事局は、「募兵、召集、監督指導ノ為人事部支部ヲ地方ニ置クコト」を今後の「研究要領」とした。

この会議の結果海軍省は陸軍省・内務省と協議し、志願兵勧誘に関する郡長の職務を県の高等官に、海軍召集事務に関わる職務を警察署に移管することとした[14]。さらに海軍省と各鎮守府は、郡役所廃止後も一貫して志願兵徴募・召集事務および勧誘活動の拠点として人事部支部設置を目指すこととなる。

(三) 志願兵勧誘活動の見直し

次に、②の志願兵勧誘活動の見直しについてみていこう。一九二六年に入り郡役所廃止が目前に迫ると、各鎮守府は管下の府県知事・書記官を招集し、郡役所廃止後の具体策を協議した。たとえば横須賀鎮守府は二六年六月、管下の地方官一〇〇名以上を招集した地方官会議を開催した。この会議の主題は、横須賀鎮守府海軍人事部長が「郡役所廃止ニ伴ヒ各府県ニテ採ラントスル具体的募兵対策承リタシ[15]」と説明したように、各府県と郡役所廃止後に実行する具体的な志願兵勧誘策を協議することにあった。

まず会議のなかで鎮守府人事部は、一九二六年度の志願兵勧誘についていくつかの「希望」を述べている。まず鎮守府が希望したのは、府県庁が中心となり積極的な志願兵勧誘を展開することであった。なぜなら、前年度の横須賀鎮守府地方官会議の際にも鎮守府が述べていたように、近年の募兵成績が「不振」であると認識していたからである。[16]「不振」とは、すでに述べたように、志願者の資質が低下傾向にあることであった。したがって鎮守府人事部は府県庁に対して、在郷軍人会・青年団・青年訓練所・学校と協力し、志願兵の適齢期以前から海軍に対する理解を深めるだけでなく、学力向上に関する活動実施を求めたのである。[17]

一、志願兵勧誘ニ際シテハ各地方共在郷軍人会、青年団、青年訓練所及学校等ト密接ナル連絡ヲ保チ不断ノ方策ヲ樹立シ置クト同時ニ、左ノ件一層励行アリタシ

（イ）本人ハ勿論其ノ父兄ヲ十分諒解セシムルコト

（ロ）適齢以前ヨリ志願者ヲ勧誘シ海軍思想ノ普及竝普通学ノ向上ニ努ムルコト

また鎮守府人事部は、すでに述べたように、町村役場の「狩リ集メ」の結果、採用者の資質が低下していると指摘し、府県庁・町村役場において志願者の思想面も十分調査したうえで出願させるよう求めている。これに対して、ある府県は「不当ノ辞」ではないかと抗議しているが、志願者数だけでなく、その資質の確保に重点をおく鎮守府にとっては当然の要求であった。海軍が地方行政機関の活動を「狩リ集メ」と強い調子で批難するだけでなく、学力向上につながる活動と思想面も含めた志願者の調査を強く求めたのは、郡役所廃止により、志願者数の確保が困難となるだけでなく、さらにその資質が低下することを危惧していたからである。

採用者の資質確保という観点から郡役所廃止に危機感をもっていた海軍に対して、出席した府県庁のほとんどが志願者数の確保に影響することを懸念していた。たとえば新潟県は、郡役所廃止により県が直接町村の勧誘活動を指導・監督することになり、次のような「困難」を来すと予測している。

募兵事務ニ関シテハ従来郡ニ於テ直接町村ニ折衝、勧誘ニ努メシモ、郡役所廃止後ハ県ニ於テ直接之ニ当リ、係員カ郡町村ニ出張募集督励ニ努メサルヘカラス、亦募集ハ従来ヨリ一層困難ヲ感スルコトト思ハルル〔後略〕

また神奈川県は、郡役所が町村の勧誘活動を指導・督励するなど重要な機能を果たしていたため、その廃止による停滞を危惧している。

由来町村吏員の指導督励ニ或ハ志願兵ノ優遇等ニ関シテハ夫々郡私設団体ノ施設等ト相俟テ、郡長活動ニ依リ相当効果ヲ得ツツアリシカ、郡廃後ノ今日ニテハ、右ノ如キ諸施設督励ハ到底昔日ノ如ク行フコトハ不可能ノ状態ニアル〔後略〕

したがって府県庁は、郡役所廃止後に志願者数を確保するための措置として、鎮守府に次の三点を要請することになった。それは第一に、海軍内部でも議論されていた人事部支部の設置である。長野県は次のように、郡役所廃止後の志願兵勧誘活動だけでなく、新たに警察署の召集事務の指導・監督が必要であると述べたうえで、二~三の府県を一区域とする人事部支部の設置を提案している。

郡役所廃止ノ結果町村召集事務指導、海軍思想宣伝普及竝海軍志願兵勧誘活動従前ノ如クナラサルノミナラス、警察署召集事務取扱上ノ指導ヲ特ニ必要トスルヲ以テ、二、三ノ県ヲ一区域トシ人事部支部ヲ設置シテ之ニ当ラシメ、且充員系統ヲ之ニ移シ、恰モ陸軍ノ連隊区司令部ノ如クナラシメレナハ一面事務簡捷

ナラシムルヲ得ヘシ

ここで注目すべきは、人事部支部の設置が「事務簡捷」につながるという認識である。すなわち府県庁は、海軍が志願兵勧誘活動に「直接的に」関与することが、事務の合理化をもたらすと考えていたのである。府県庁の第二の要望は、志願兵勧誘活動を実施するための出張旅費の国庫補助であった。茨城県の意見によれば、次のように郡役所廃止を前提に出張旅費が削減され、府県庁による志願兵勧誘活動の実施は不可能であった。このため、町村の担当者に勧誘を一任しても資質の高い優秀な志願者を輩出することが難しいと述べて、勧誘旅費の国庫補助を強く求めていたのである。

郡役所廃止ノ目的ノ一ハ地方経費ノ節減ニアリ、従テ地方庁ニ於ケル今日ノ旅費モ減少セラレタル結果勧誘ノタメ特ニ係員ヲ管下各地方ニ派遣、勧誘ニ充分努力セシムル事不可能ナリ、若シ此ノ勧誘ヲ町村関係者ニノミ一任セムカ、予期セル優良ナル志願者ヲ出スハ困難ナル事ト信スルヲ以テ、此ノ際本件実現ニ付軍部ニ於テ特ニ尽力セラレ度

なお、前年一二月に実施された横須賀鎮守府の地方官会議に際しても、勧誘旅費の国庫補助についての要望が他県から寄せられていた。その際も鎮守府は、郡役所・市町村役場吏員が志願兵勧誘に果たす役割の大きさを認めたうえで、次のように旅費の国庫支出の必要性を海軍省人事局に報告したが、これは実現には至らなかった。

志願者ノ増減ハ地方在住吏員ノ努力如何ニヨリ左右セラルルコト甚大ナルハ既往ノ実績ニヨリ明白ナリ、従来各郡市町村吏員ノ隠レタル努力ハ実ニ偉大ナルモノアリ、然ルニ此ノ活動ノ資源タル旅費ナキ為、或ハ已ムヲ得ス自費ヲ投シテ敢行シツツアルハ誠ニ気ノ毒ノ至リナリ、故ニ各府県特ニ徴募用旅費トシテ国庫ヨリ支出スルノ要アリト認ム[18]

第三の希望は、鎮守府徴募官と府県庁・町村役場の徴募担当者による定期的な打ち合わせ会の実施である。こうした会合は、すでに不定期に各府県で行われていた。しかし、郡役所廃止にともない、横須賀鎮守府管下の各府県は、あらためて定期的な会合の必要性を強調したのである。その理由は、山梨県が「従来至難トセラレタル募兵事務モ郡役所廃止ニ依ル打撃ヲ受クルコト少ク」と説明しているように、郡役所廃止が志願者確保に与える影響を懸念していたからであった。

このように、府県庁は鎮守府人事部に対して、郡役所廃止による志願者数の減少を危惧して、海軍人事部支部の設置、勧誘活動に関わる旅費の国庫負担、鎮守府人事部との定期的な打合会の実施を求めていた。しかしこれらの要望が、海軍の意図する資質の高い志願者の獲得でなく、府県庁自身の「事務簡捷」・事務合理化という観点から主張されていた点に留意しなければならない。府県庁は郡役所ではなく海軍に依存することにより、とりあえず志願者数を確保しようとしていたといえよう。つまり、府県庁と海軍の意図は、まったく異なっていたのである。こうして海軍は、優秀な兵員を獲得するため、郡役所廃止後に志願兵制度の根本的な転換を図ることになる。

第二節　海軍志願兵制度の変容

(一)　郡役所廃止後の海軍志願兵勧誘

本項は郡役所廃止後はじめて実施された一九二七（昭和二）年度の勧誘活動を事例に、郡役所廃止が海軍・地方行政機関に与えた影響を検討する。さらに、郡役所廃止前から海軍部内において認識されていた「募兵難」の変化を考察する。

海軍省人事局長は、一九二七年五月の人事長会議において、次のように郡役所廃止後の志願兵徴募事務を総括している。

郡役所廃止後第一年ニ於ケル志願兵ノ徴募ハ予想以上ノ成績ヲ得マシタコトハ誠ニ同慶ノ次第デアリマシテ、各位ノ御努力ニ対シ当局トシテ深謝スル次第デアリマス

尚志願兵制度関係ニ就テハ幾多ノ重大ナル問題ガ前途ニ横ッテ居ルノデアリマシテ、一層ノ攻究ト努力トヲ要スルモノデアリマス、故ニ本件関係ノ議題研究ノ際充分御意見御披瀝ヲ願ヒマス(19)

人事局長によれば、一九二七年度の勧誘活動の結果、海軍は郡役所廃止にもかかわらず、予想以上の志願者を獲得することができた。しかしここで注目すべきは、人事局長が志願兵制度には、なお「重大ナル問題」が山積していると述べていることである。それでは彼のいう重大な問題とは何を指しているのだろうか。

まず考えられるのが、郡役所廃止による志願者数の減少であろう。第一節で確認したように、鎮守府と府県庁は、郡役所廃止による勧誘活動の停滞・勧誘の末端である町村役場への指揮・監督が徹底せず、志願者数が確保できないことを危惧していた。彼らの懸念は一部現実のものとなっていた。たとえば、ある体格検査場では、「場内設備ニ関シテハ郡役所廃止ノ為経験アル取扱主務者ヲ失ヒシ為カ、暖房竝被験者胸腹部検査用腰掛ノ選定等適当ナラサルモノアリキ」[20]と、検査を主導していた郡役所吏員の不在により、設備面の不備が発生していた。徴募事務に経験ある郡役所吏員の不在は、諸手続きの混乱をまねいていたのである。ただし、こうした現状にもかかわらず、一九二七年度の志願者数は、むしろ廃止前よりも増加していた（表3-1）。

志願者数を維持することができたのは、第一に不景気が続いていたからである。神奈川県を視察した徴募官によれば、都市部（横浜市・川崎市）の「地方出稼青年」や「苦学生」が、不況のため職業紹介所に赴く感覚で志願兵に応募していたという[21]。第二の要因は、各鎮守府と一部の府県庁が、志願者確保のための様々な施策を講じたことにあった。たとえば横須賀鎮守府人事部は、一九二七年の九月から各府県を巡回し、数郡単位で兵事官会議を開催し、活動写真による勧誘活動を実施した[22]。府県庁が旧郡単位での兵事官会議開催を求めていたことは、すでに指摘したとおりである。鎮守府は人事部員を管下に派遣し、これを実施したのである。また、ある府県では、旧郡役所吏員を県庁の吏員に採用し、町村役場における志願兵勧誘活動の指揮・監督に従事させた[23]。このように、郡役所廃止前からの経済状況と鎮守府および一部の府県庁の活動により、志願者数の大幅な減少は見られず、一定数を確保できたのである。したがって、郡役所廃止が、海軍の考える「重大ナル問題」とはいえない。

海軍が認識する「重大ナル問題」とは、志願兵制度そのものの限界であった。たとえば横須賀鎮守府人事部は次のように、従来の兵員徴集方法がすでに行き詰まっており、新たな施策を確立することが緊要であると主張している。

是ヲ要スルニ募兵ノ方法ハ今ヤ行詰ノ状況ナリ、宜シク方策ヲ確立シテ永遠ニ国家防衛ノ第一線タル海軍ノ下級幹部ノ養成ニツキ最モ真剣ニ有力ナル施設ヲ行ハサレハ内容ノ充実ハ得テ望ムヘカラス〔傍線部は原文ママ〕(24)

鎮守府人事部がこうした主張を展開したのは、「志願者ヲ得ルハ未夕甚シク患フルニ足ラサルモ、素質ノ弥々低下スルハ確実ニシテ」と述べているように、郡役所廃止前から問題視されていた志願者の資質低下がなお進行していたからである。横須賀鎮守府徴募官によれば、志願年齢時には、優秀な青年はすでに就職しており、海軍への志願者の多くが社会の「落伍者」であったという。

本年度ノ如キハ世間一般ニ不景気ナルヲ以テ、優良ナル青年ノ応募ヲ見ルヘシト予想シ得サルニアラサルモ、事実ハ之ニ反シ、地方青年ハ小学校卒業后一日ノ倫安ヲ許サス成ルヘク速ニ就職セシトシ、優秀ナル青年ハ已ニ生業ニ就キ海軍志願スルモノハ其ノ落伍者タル者多キ状況ナリ

資質低下が進んでいることは志願者に課す学術試験の結果にも表れており、横須賀鎮守府管内では、五〇点満点の算術試験において一〇点に満たない受験者が相当存在していた。この要因が、第一節第一項で明らかにしたように、郡役所・町村役場に志願兵勧誘段階を依存している「他力主義」にあったことはいうまでもない。しかも、横須賀鎮守府人事部が指摘するように、郡役所廃止後の町村役場単独の勧誘活動には様々な困難

が生じていただけでなく、鎮守府も管下すべての町村役場を指導・督励することは不可能であった。

郡長制度ヨリ町村長制度トナリ、従来ニ比シ町村長ノ指導カ郡長ニ比シ特別ノ困難アルハ想像シ得ヘク、又其数ノ多数ナルハ到底海軍トシテ手ノ届カサルコト又明ナル所、如此公吏ニ依頼スルノミニシテ志願兵ノ素質向上ヲ期待スルカ如キハ危険千万ナリ(25)

したがって横須賀鎮守府は「対内的ニモ対外的ニモ其本旨並運用共ニ落第ノ状態ト認ムル外ナシ」ときびしく自己批判している。つまり、地方行政機関の勧誘活動に依存する志願兵制度は、兵員の資質向上を目指す海軍にとって早急に改善を要する課題となったのである。

そこで海軍省人事局は、各鎮守府の意見をうけて現行志願兵制度の改善目標を次のように定めた。それは大きく分けて、①「他力主義」から「自力主義」への移行、②志願兵採用に関する思想の転換であった。

①についてみると、海軍が考える「自力主義」とは、横須賀鎮守府人事部が「自主以テ直接地方青年並其父兄ニ臨ムト共ニ、地方吏員、地方諸団体長ヲ補助トスルノ覚悟ト実行ヲ期シ」と述べているように、鎮守府人事部が、志願対象となる青年とその父兄だけでなく、町村役場吏員および青年訓練所・在郷軍人会に志願を働きかけることにあった。父兄もその対象となっているのは、従来の縁故を利用した「義理的勧誘」や強制的勧誘では、資質の高い志願者を獲得することが難しく、海軍に入隊するメリットを具体的に提示する必要があると考えたからである。そのために、海軍は地方人事部の設置だけでなく、在郷軍人分会海軍班の活動にも大きな期待を寄せることになった。

②の要点は、海軍兵員に占める徴兵と志願兵の比率を見直すことにあった。さらに、「志願兵制度ヲ徴兵制

度ニ近キモノ」「志願兵制度ハ兵〇〔ママ〕ノ制度タルノ観ヲ捨ツルコト」と横須賀鎮守府が解説しているように、志願兵制度を兵員補充ではなく、下士官養成のための制度に特化させることにあった。つまり海軍は、兵員の資質向上のために、志願兵制度の根本的な転換をめざし、特殊技能をもつ兵員の大部分を志願兵から採用するというシステムの見直しを意図したのである。

なお、志願兵制度の見直し案の研究は、すでに郡役所廃止前から行われており、海軍省は資質低下の改善策のひとつとして各鎮守府に諮問していた。そこで次に、この過程で海軍省・各鎮守府人事部が行った議論を検討し、志願兵制度の一大転機となった徴兵と志願兵の採用比率変更の意義を考察する。

(二) 志願兵制度の転換

志願兵三割・徴兵七割の比率で兵員を採用するという志願兵制度がはじめて議論されたのは、一九二五年(大正一四)の人事部長会議の席上であった。この時、海軍省人事局は鎮守府に次の二つの内容を諮問した。それは第一に、「海軍兵ヲ徴兵ノミヲ以テ補充スルモノト仮定セバ、其利害並ニ右ニ伴ヒ徴兵令其他関係事項ニ就テ如何ニ改正セバ可ナルべキヤ」[26]と、仮に海軍の兵員を徴兵出身者から構成する場合の利害、および徴兵令ほか関係法令の改正点についてであった。そして第二に、「海軍兵ヲ志願兵ノミヲ以テ補充スルモノト仮定セバ其利害、並ニ右ニ伴ヒ法令等関係事項ヲ如何ニ改正セバ可ナルヤ」と、海軍兵員を志願兵のみで構成する場合の利害、および「海軍志願兵条例」などの関係法令の改正案についてであった。

一点目について各鎮守府人事部の意見をみると、横須賀鎮守府は、徴兵による兵員徴募について、下士官の資質が低下するため「利点無」と強く否定している。一方、呉鎮守府と佐世保鎮守府は、次のような利点を挙げた。すなわち、①徴募難に陥ることがなく、全国から普遍的に兵員を徴集できるため定員充足が容易なこと、②陸軍の聯隊区司令部が主体となり兵事事務を行うため、人事部の業務が軽減されること、③人件費（扶助金）が安価なことである。ただし、両鎮守府とも、①下士官の資質が低下すること、②服役年限が短く、技術習得が容易でないこと、③二〇歳で入営するため思想教育が難しいことを「害点」としている。これらの意見を総合すると、各鎮守府は、「徴兵単一主義ハ不可」と佐世保鎮守府が述べているように、徴兵のみの兵員供給は困難であると考えていたのである。

次に二点目について各鎮守府人事部の意見をみると、「徴志折半主義」を維持すべきであるという点で共通していた。それは、呉鎮守府が「志願兵略従来ニ倍スル採用員数ヲ要スルコトトナル、此ノ員数ノ採用ハ不可能」と主張したように、志願兵のみから兵員を構成しようとすれば、当然従来よりも多くの採用者が必要だからであった。このため、海軍省人事局は次のように、従来通り志願兵六割・徴兵四割を堅持することを方針としたのである。

三、四問（引用者注…徴兵・志願兵制度のいずれかを採用することの利害）ハ主トシテ害点多キヲ以テ殊ニ研究セズ、従来ト全様志徴両制度ニ進ムコト

郡役所廃止を見据えた志願兵制度の転換に対する諮問は、結局現状維持という結論に至った。しかし、呉鎮守府が「志徴兵ノ二制度ハ必要、志徴員数ノ率ヲ徴2／3、志1／3位トスベシ」と主張しているように、兵員に占める徴兵の割合を三分の二、志願兵の割合を三分の一とするよう提案したことは注目できよう（呉鎮守府が提案した志願兵・徴兵の採用比率をもとにした制度を、本章では「新制度」と呼ぶ）。志願兵と徴兵の採用比率を変更する構想が、はじめて鎮守府から提案されたのである。それでは、この比率変更によりいかなる効果が

期待されたのだろうか。

翌一九二六年の人事部長会議において呉鎮守府は、同年度の志願兵採用員数から新制度を採用した場合の採用者の学力レベルを試算し、報告した。そして、その結果をふまえて、学力試験の好成績者（水兵七〇点以上・機関兵八〇点以上）のみが兵員として採用され、「志願兵ノ素質ヲヨリ改善」できると主張した。鎮守府側は新制度を採用し、志願兵が下士官に任用することを前提とすれば、次のように兵員の資質改善につながると考えたのである。

> 海軍ハ優良ナル志願兵ヲ得ルト同時ニ、志願ハ何等不安ノ念ニ駆ラルルコトナク精励努力シテ下士官兵ノ中堅トナリ、於是平海軍ハ其ノ要求スル志願兵ヲ得ルコトニ到達ス、志願兵及徴兵ハ恰モ車ノ両輪ノ如ク互ニ調和ヲ保ツコトニ依リ初テ精華〔ママ〕ヲ発揮スルモノナリ、而シテ其ノ調和ハ実ニ志願兵1／3制度ニ俟ツトコロ多シ[27]

また、新制度採用により「募兵難」の解消だけでなく、将来の下士官候補の確保もねらったといえよう。

> 其ノ〔引用者注…志願者の〕1／3即チ一千名ヲ志願兵、残余ヲ徴兵（毎年ノ採用員数ヲ異動アルモノハ徴兵ノ員数ニテ調節□□ス）ニテ補フモノトス、之レ志願兵ノ採用員数ヲ毎年均一ニシ、募兵難及過剰難ヲ避ケンカ為ナリ

鎮守府側は、兵員の資質改善と下士官の補充という目的を達成するために、新制度の採用を海軍省人事局に

迫ったのである。

こうした鎮守府人事部側の要求に対して海軍省人事局は、「制度ノ趣旨ニハ不賛成ニアラス」「志願兵1／3制ノ主旨ハ可ナリ[28]」と賛成の意思を表明したが、時期尚早であると判断していた。それは第一に、各鎮守府の海兵団の「収容力」に限りがあったからである。すなわち、従来は六月に志願兵が入営し、半年の訓練を経て一二月に各艦隊に配属され、その直後に徴兵の選抜者が入営していた。しかし、新制度を採用すると、一二月に入営する徴兵の選抜者数が従来の一・五倍となるため、海兵団の収容能力を超えてしまい、教育効果が低下する恐れがあった。そして第二に、志願兵の採用比率減少による効果が判定できなかったからである。たとえば、奥（信一）海軍省人事局員は次のように、下士官任用を前提として志願兵を採用するならば、人事部員が選考に充分な時間をかけることのできない現在の方法の見直しが必要であると強調している。

> 都会ニ於テ百人以上ノ応募者ニ対スル徴募官ノ実施振リハ全ク五分間足ラスノ口頭試験ニヨリ人物ヲ銓衡セルモノ尠カラス、少ナクトモ検査開始ヨリ終結迄一挙一動ニ注意シテ人物選定ヲ誤マラサルコト肝要ナリ、之レハ参考迄ニ希望ヲ述ヘタルニ過キサルモ、要スルニ当然□□〔引用者注…字のつぶれ〕ヲ生スヘキ人選状況ナレハ、志願兵ハ全部下士官ニスルコトヲ目標トスル案ハ尚研究ノ余地アリ

このように、鎮守府側は新制度の導入を強く求めたのに対して、海軍省人事局はその導入に消極的であったのである。しかし、郡役所廃止と一九二七年（昭和二）の兵役法施行により、その状況は変化することになった。なぜなら、すでに明らかにしたように、志願者数の確保は可能でも、資質面の改善はみられず、海軍と地方行政機関の対策には限界があったからである。

海軍省人事局は、同年五月に鎮守府人事長会議を開催し、一一月に予定されていた兵役法施行後の志願兵制度について議論した。このなかで注目すべきは、各鎮守府から志願兵の資質向上を目的として、ふたたび新制度が提議され、人事局はこの実施を承認したことである。たとえば横須賀鎮守府は、次のように下士官養成を志願兵制度の主眼とすべきであると訴えている。

多数ノ志願兵ヲ採用シテ之ヲ兵ノ侭ニテ退現役セシムルハ志願兵ノ特色ヲ発見スルニ述ハサルヲ得ズ、此ノ際其目的ヲ確立シ置クヲ可トス、以下述フル所モ又此ノ点ニ重点ヲ置クモノナキニアラサルヲ以テナリ、即チ志願兵採用ノ目的ハ

一、優良ナル下士官ノ養成

一般兵員素質ヨリ一段高キ素質者ヲ以テ此ニ充テ之ヲ十分特技的ニ教養スルヲ要ス[29]

そして、「志願兵ハ極少数者以外ハ下士官ニ任用スルコト（各鎮三、〇〇〇以内トシ、有効進級セズシテ退現役スル数ヲ採用数ノ1／4以内トス）」と述べて、各鎮守府の志願兵採用者数を三〇〇〇名以内とし、そのうち八〇％を下士官に任用するよう提案している。

こうした提案をうけて、海軍省人事局は「研究要旨」として、「〔引用者注…志願兵の〕採用員数ハ其ノ80％迄下士官ニ任用シ得ルノ限度トス」と鎮守府側の主張してきた新制度の導入を容認したのである。人事局側がこの制度転換を容認したのは、①兵役法立法の主旨にそう必要があり、また②徴兵令から兵役法への移行により新制度採用にともなう障害の排除が可能となったからであった。

①についてみると、兵役法の主旨のひとつに、兵役義務の負担軽減があった。その結果、陸軍現役は三年か

ら二年（青年訓練所で一定期間の訓練をうけた者は一年半）に、海軍現役は四年から三年に短縮された。[30] また、師範学校卒業生を対象とする短期現役兵制度が創設された。兵役義務年限の短縮が徴兵出身者を「（短期的な）兵」として、志願兵を「（将来的な）下士官」として位置づける契機となった。

②の「障害」とは、まず海兵団の収容力の問題であった。これについては、人事局長が次に述べるように、制度上従来一二月に入団していた徴兵の一部を翌年六月に入団させる二期入団の採用により、現状の施設でも対処可能となった。

今回ノ徴兵令改正ニ依リ徴兵ノ二期入団ガ可能トナリマシタノデ、従来ノ例ニ於テ十二月ニ入団スル徴兵ノ一部ヲ六月ニ入団セシメ六月、十二月両回ノ入団員数ヲ可及的ニ等齋ナサシメ、従テ補充交代ノ際卒業スル新兵ノ数竝満期者ノ数モ約同数ニセシメ、以テ前述ノ過欠状況ヲ平均シタイト考ヘテ居リマス、由之補充状態ヲ良好ナラシムルト共ニ、海兵団ノ現施設ニ対シ新兵採用員数ヲ増加シ得ルコト、ナルノデアリマス[31]

また海軍省人事局は、志願兵の採用者数を減少することにより、海軍志願者の熱意をそぐ形になることを懸念していた。この点については、横須賀鎮守府が次に述べるように、志願兵を下士官に任用する方針が明確であり、かつ待遇も改善されることになるため、「不良の結果」にはならないというのが、各鎮守府の見解であった。結局海軍省人事局も、この見解に賛同したのである。

志願兵採用数ノ減少ハ地方一般ノ志願者熱ヲ冷却スルヲ以テ寧ロ不良ノ結果ヲ起スコトナキヤニ付テハ、

目標ト待遇ノ改善ハ事実ヲ事実トシテ宣伝シ得ルヲ以テ、地方ノ理解スルニ従ヒ効果一層著シキニ至ルへシト信ス[32]

このように志願兵制度は、郡役所廃止後の人員確保と志願者の資質低下に直面し、制度に限界を感じていた鎮守府人事部の提案をうけて、当初変更に消極的であった海軍省人事局が、徴兵令から兵役法への移行を契機に、その意見に同意することにより転機を迎えたのである。

最後に制度導入までの過程を確認しておこう。海軍は一九二九年（昭和四）一一月、「海軍志願兵令」を改正した。海軍省人事局はこのなかで、「志願兵令〔引用者注：一九二九年一一月の「海軍志願兵令」改正〕ノ改正ニ依リ志願兵ハ下士官任用候補者タル旗幟ヲ明カニセラレタル[33]」と述べているように、志願兵が将来の下士官候補であることを明確にしたという。しかし、同令の本文には、横須賀鎮守府が一九二七年の人事長会議で主張した志願兵制度が下士官養成のためのものであることを明記していない。この改正の要点は、海軍省が陸軍に説明したように、①特殊技能を要する航空兵を志願兵から採用すること、②航空兵採用に伴い志願者の最低年齢を一七歳から一五歳に引き下げることであり[34]、特に志願兵が下士官候補であることを強調していない。ただし、（a）表3-1で示したように、徴兵と志願兵の比率は一九三〇年度から二（徴兵）：一（志願兵）となっていること、（b）志願兵の員数を決定する際、志願兵からの下士官任用を前提としていること、（c）駄場裕司氏も明らかにしたように、志願兵の学力水準が高等小学校卒業程度に引き上げられたことが[35]、人事局のいう「下士官任用候補者タル旗幟」を鮮明にしたことを示しているといえよう。「海軍志願兵令」改正の結果、新制度の運用が開始されたのである。

おわりに

本章は志願兵制度の転換過程とその要因について考察してきた。海軍の認識によれば、郡役所廃止前の志願兵勧誘活動は、一定の志願者数を確保できていたにもかかわらず「募兵難」であった。海軍が「募兵難」と認識したのは、勧誘活動を郡役所と市町村役場に依存する「他力主義」により志願者の資質が低下傾向にあったからである。志願者の資質低下のひとつの要因が、末端の町村役場による志願者の強制的徴募（「狩リ集メ」）であった。こうした傾向は、地方行政機関が志願者数の確保を重要視していたために引き起こされたものであった。

しかし、町村役場の勧誘活動を指導・監督していた郡役所廃止が目前に迫ると、海軍と府県庁は志願者数の確保すら困難になることを懸念した。そこで海軍は、一九二五年（大正一四）に志願兵徴募事務体制と召集事務体制を見直し、翌二六年に各鎮守府で地方官会議を開催させ、各府県には海軍の郡役所廃止後の勧誘活動に対する方針を説明すると同時に、各府県庁の要望をヒアリングした。ところが、地方官会議において海軍と府県庁の認識の相違が表面化することになった。すなわち海軍は、志願者数の確保だけでなく、資質の高い志願者の獲得を目指していたのに対して、府県庁は勧誘旅費の国庫補助だけでなく、「事務簡捷」・「事務合理化」という観点から海軍がより一層勧誘活動に関与するよう求めていた。つまり府県庁は、郡役所廃止による志願者数の減少を懸念し、海軍のより積極的な介入を求めていたが、その資質向上を図るための勧誘の具体策を提示することはなかったのである。したがって、海軍は郡役所廃止後に志願兵制度の転換を図ることになる。

郡役所廃止後はじめて実施された一九二七年の勧誘活動では、予想以上の志願者を獲得することができた。

しかし、郡役所廃止前からの課題であった「募兵難」は解決されず、特に都市部では不景気の影響から、応募者の資質低下が顕著であった。このため海軍省人事局は、現状の志願兵制度の改善目標を、「他力主義」から「自力主義」へ転換し、志願兵制度の根本的転換をすすめた。志願兵制度の根本的転換とは、志願兵を下士官採用のための制度とし、そのため徴兵と志願兵の採用比率を徴兵三分の二・志願兵三分の一と変更することにあった。

志願兵制度の転換案は、すでに鎮守府側が郡役所廃止前から提案していた。鎮守府人事部は志願兵勧誘の第一線にたっており、志願兵の資質低下に強烈な危機意識をもっていたのである。一九二五年の人事部長会議で海軍省人事局は、今後の兵員採用を徴兵か志願兵のいずれかとする案を各鎮守府に諮問した。結局この案は採用されず、従来通りの採用方法を維持することとなったが、各鎮守府は新制度を提案した。鎮守府側の意図は、志願兵の採用者数を減少させることにより採用者の資質を高めるだけでなく、彼らを将来的な下士官候補、すなわち海軍兵員の中核とすることにあったのである。

当初、海軍省はこの提案に消極的であった。それは、現行の採用方法の改善を急務と考えていたこと、また志願兵の採用者数を減員することにより、志願率の減少につながることを危惧したからであった。しかし、郡役所廃止と徴兵令から兵役法への移行により状況は一変することになる。郡役所廃止後も兵員の資質低下に歯止めがかからなかったことは、すでに述べたとおりである。また徴兵令から兵役法への移行の主旨が兵役年限の短縮にあったため、海軍省人事局が徴兵を短期的な兵員、志願兵を中核となる下士官と位置づけたことも、状況が変化した要因であろう。その結果、一九二七年の人事長会議において再度採用比率変更が検討され、海軍省人事局は鎮守府の意見を採用した。そして、一九二九年の「海軍志願兵令」改正により翌年度の志願兵徴募から採用比率が変更されることとなる。

駄場裕司氏が指摘した不景気の時期に海軍へ入隊し、アジア・太平洋戦争で活躍する准士官・下士官は、こうした志願兵制度の転換期に採用された人材であった。郡役所廃止を契機とした採用比率の変更は、海軍の下士官・兵員養成にとって一大転機となったのである。

(1) 海軍省編『海軍制度沿革』(『明治百年史叢書』第一七六巻、一九七一年復刻)、財団法人海軍歴史保存会編『日本海軍史第五巻 部門小史(上)』(一九九五年)、防衛庁防衛研修所戦史室『戦史叢書 海軍軍戦備〈1〉』(一九六九年)、佐世保市史編さん委員会『佐世保市史 軍港史編』上下巻(佐世保市、二〇〇二〜二〇〇三年)などを参照のこと。
(2) 中村崇高「海軍の兵事事務と地方行政」(『ヒストリア』二三〇号、二〇一二年二月)。
(3) 駄場裕司「軍縮期における海軍志願兵の志願状況」(『軍事史学』第四五巻第二号、二〇〇九年九月)。
(4) 中村崇高前掲「海軍の兵事事務と地方行政」、および同「郡役所廃止と兵事事務」(第一一〇回史学会大会報告、近世・近現代史部会、『史学雑誌』第一二二巻第一号、二〇一三年一月)を参照のこと。
(5) 駄場裕司前掲「軍縮期における海軍志願兵の志願状況」、八頁。
(6) 海軍省人事局作成「大正十四年度海軍志願兵徴募状況ノ件」(JACAR アジア歴史資料センター Ref.C08051468300、大正一四年、公文備考・巻70、兵員、一九二五年六月四日)。なお、Ref(レファレンスコード)が付与されている史料は、アジア歴史資料センターのものを参照した。
(7) 中村崇高前掲「海軍の兵事事務と地方行政」。
(8) 横須賀海軍人事部長作成「大正十四年度海軍志願兵徴募状況ノ件」(JACAR アジア歴史資料センター Ref.C08051468300、大正一四年、公文備考・巻70兵員、一九二五年六月四日)。
(9) 「地方官会議事覚書」(JACAR アジア歴史資料センター Ref.C04015019400、大正一五年、公文備考・巻8官職8)。
(10) 前掲「大正十四年度海軍志願兵徴募状況ノ件」。
(11) 中村崇高前掲「海軍の兵事事務と地方行政」、前掲『海軍制度沿革』、財団法人海軍歴史保存会編前掲『日本海軍史第五巻 部門小史(上)』などを参照のこと。
(12) 横須賀海軍人事部長作成「大正十五年度志願兵徴募報告」(JACAR アジア歴史資料センター Ref.C04015276600、大正一五年、公文備考・巻六八兵員一、一九二六年六月二五日)。以下の引用は本史料による。
(13)「大正十四年五月　人事部長会議々題」(JACAR アジア歴史資料センター Ref.C08051321600、大正一四年、公文備考・巻三官職)。以下の引用は本史料による。
(14)中村崇高前掲「海軍の兵事事務と地方行政」、同「郡役所廃止と兵事事務」を参照のこと。
(15)前掲「地方官会議議事覚書」。
(16)前掲「大正十四年五月　人事部長会議々題」。鎮守府によれば、近年の志願兵勧誘成績は、「横須賀管区ニ於ケル募兵成績数年来ノ不振」であった。
(17)前掲「地方官会議議事覚書」。以下の引用は本史料による。
(18)前掲「大正十四年五月　人事部長会議々題」。
(19)「秘　昭和二年人事長会議　人事局長口述覚」(JACAR アジア歴史資料センター Ref.C04015491800、昭和二年、公文備考・巻5官職5)。
(20)横須賀鎮守府海軍志願兵徴募官作成「昭和二年度海軍志願兵徴募(神奈川県・東京府)状況報告」(JACAR アジア歴史資料センター Ref.C04015821800、昭和二年、公文備考・巻82兵員1、一九二七年四月一五日)。
(21)同前。
(22)横須賀海軍人事部長作成「昭和二年度志願兵徴募報告」(JACAR アジア歴史資料センター Ref.C04015821800、昭和二年、公文備考・巻82兵員1、一九二七年五月一八日)。
(23)前掲「昭和二年度海軍志願兵徴募(神奈川県・東京府)状況報告」。
(24)前掲「昭和二年度志願兵徴募報告」。以下の引用は本史料による。
(25)「[(一九二七年人事長会議における)人事局提出議題のうち横須賀鎮守府意見欄]」(JACAR アジア歴史資料センター Ref.C04015491800、昭和二年、公文備考・巻5官職5)。以下の引用は本史料による。
(26)前掲「大正十四年五月　人事部長会議々題」。以下の引用は本史料による。
(27)「各人事部提出議題」(JACAR アジア歴史資料センター Ref. C04015011500、大正一五年、公文備考・巻8官職8)。以下の引用は本史料による。
(28)「大正十五年五月人事部長会議経過覚」(JACAR アジア歴史資料センター Ref. C04015011500、大正一五年、公文備考・巻8官職)8。以下の引用は本史料による。

(29)「(昭和二年五月)人事長会議摘要」(JACARアジア歴史資料センターRef.C04015491800、昭和二年、公文備考・巻5官職5)。以下の引用は本史料による。

(30)加藤陽子『徴兵制と近代日本』(吉川弘文館、一九九六年)一九〇、一九五～一九六頁を参照のこと。

(31)前掲「秘　昭和二年人事長会議　人事局長口述覚」。

(32)前掲「(一九二七年人事長会議における)人事局提出議題のうち横須賀鎮守府意見欄」」。

(33)「昭和五年度志願兵採用員数算出ニ就テ」(JACARアジア歴史資料センターRef. C04016543300、昭和四年、公文備考・B巻23人事23巻、一九二九年一二月作成)。

(34)前掲「(一九二七年人事長会議における)人事局提出議題のうち横須賀鎮守府意見欄」」。横須賀鎮守府は海軍省人事局に対して「海軍志願兵令」改正案を提示し、そのなかで「第一条ニ「将来下士官タルコトヲ志願スル」ノ意味ヲ加フ」ことを提案している。

コラム

「素質優良ナル志願兵」を確保せよ！

中村崇高

第一次世界大戦後の不景気の時代に、海軍への志願者は増加傾向にあった。しかし、海軍が志願兵採用に際してその素質を重視していたため、こうした募集状況を「募集難」と考えていたことは第三章で明らかにしたとおりである。海軍の理想とした志願兵は、次のように高度な技術を習得可能な能力をもつだけでなく、長期間服役し、准士官・下士官として組織を支える人材であったのである。

近年海軍の兵器機関は非常に精巧複雑なものとなって、之を取扱ふには相当な技倆と熟練とを要するのに、どうしても重要な配置に就く者は志願兵でなければならぬ〔中略〕、志願兵は我海軍の中堅となり漸次選ばれて下士官となり、優秀なる者は准士官となり特務士官に進むのみならず、一方下士官兵から海軍生徒になり、終に将校に進む道さへ設けられて居る(1)

特に、一九二六年（大正一五）の郡役所廃止以後、海軍は次のように、志願兵から下士官を優先的に任官させようとしていた。

従来は志願兵で下士官以上に昇進せずして帰郷したる者も相当にあったが、将来は一層多く下士官に任用することに目下折角研究準備を進めて居る(2)

このため、一九二九年(昭和四)、海軍は「海軍志願兵条例」を改正し、徴兵と志願兵の採用比率を変更し、前者を短期的な兵、後者を下士官候補として採用する方針を明確にすることとなった。ただし海軍は、こうした制度転換を図っても、一般社会に「流出」(企業などに就職)していく優秀な青年達を確保することが容易でないと考えていた。そこで、実施された志願者確保のための施策が、①広報宣伝の強化、②福利厚生の充実である。①広報宣伝の強化についてみると、郡役所廃止前後の海軍は、鎮守府人事部や地方行政機関による活動写真の上映会、在郷軍人による講話、軍港見学会などの広報活動を展開していた。こうした活動は青年達の愛国心に訴えかけることにより志願を促すという、いわば精神面への働きかけを重視した活動であったといえよう。

一方、②福利厚生の充実とは、給与額、および恩給、離現役手当(退職金)など手当の増額、職業紹介事業などである。本コラムでは、このような福利厚生策のなかでも、離現役手当をめぐる海軍内の議論を紹介することにより、「素質優良ナル志願兵」を確保するためのリクルート策の特質を明らかにする。

離現役手当とは、一定期間海軍に在籍した将校・下士官・兵員に対して支払われる退職金である。この手当は、六年以上在籍した下士官・兵の在籍年数に応じて六五〜八〇円を退役時に支給するというもので(表1)、一九一九年の「海軍給与令」によりはじめて制度化された。しかし、手当額が不十分であるという意見が多く寄せられたため、一九二六年に海軍省は、「海軍給与令」の改正案を提出することになった。この改正案の要点は、次のように離現役手当を増額するだけでなく、恩給受給年限に達しない下士官にも現在の倍額を支給することにあった。

> 海軍では志願兵募集の成績其の他種々の事情に鑑み、下士官優遇の必要を感じ、最近給与令の改正を官制一部の改正と共に行政調査会に提出した、即ち海軍の志願兵は従来六箇年の現役を終って退職するときに離現役手当として七十円を支給されて居たが、之れはあまりに少額であるから倍額を支給することゝした外、下士官で恩給年限に達せずして退職するものにも現在手当の倍額を支給すると言ふのである(3)

表1　離現役手当支給額一覧表

年数	陸軍下士退営賜金	海軍離現役手当	合計扶助金	合計額
5年	60円（80円）			
6年	120円（160円）	下70円・兵65円	108円	下178円
7年	180円（240円）		126円	下196円
8年	240円（320円）	下75円・兵70円	144円	下219円
9年	300円（400円）		162円	下237円
10年	360円（480円）	下80円・兵75円	180円	下260円
11年	420円（560円）		198円	下278円
12年	500円（660円）		216円	下298円

出典：注(5)より作成。
注：「下」は下士官・「兵」は「兵卒」を示している。
　離現役手当と合計扶助金の合計は、下士官のみを記載した。

海軍の認識によれば、離現役手当の増額は、志願者を増加させると同時に、下士官を優遇するための施策であった。それではなぜ、志願兵募集の成績向上と下士官優遇につながると認識されたのだろうか。

それは第一に、海軍が軍人恩給を補完する手当として離現役手当を位置づけようとしたからである。当時、海軍の将校・下士官・兵員は給与や各種手当のほかに、一一年以上勤務すると退役後に普通恩給が支給された(4)。ところが、横須賀鎮守府人事部によれば、一九二三年（大正一二）の「恩給法」改正により志願兵の多くが恩給を受給できなくなり、志願兵が減少したという。

> 恩給法改正ノ結果、志願兵ノ多数ハ徴兵ニ比シ永年服役シタル報酬ヲ受クルコト能ハサルニ至レリ、之レ志願兵

志願者減少ノ一大原因ヲ成スコト地方兵事関係者ノ切言スルトコロナリ、
本案ハ即チ此ノ不備ヲ補ヒ志願兵募集難ヲ緩和シ、優秀ナル志願兵ヲ得ルノ最良手段ナリ(5)

横須賀鎮守府管内の志願者数はこの時期減少していなかったが、ここで注目すべきは、地方行政機関の担当者が、恩給受給資格の改正が志願兵勧誘の阻害要因であると認識していたことである。

さらに、横須賀鎮守府は、下士官・兵員の退職年次と人員数を算出したところ、恩給受給資格を得る前に海軍を離れる人材が多いという結果を得た（表2）。この表によれば、下士官の場合は恩給受給資格が付与される一年前（一〇年在籍時）の離現役者が約三割を、兵の場合は六年時の離現役者が八割を占めていた。兵が六年で現役を離れるのは、志願兵の服役年限が六年であったからである。このデータは、横須賀鎮守府が所管内の離現役者数を基礎に算出したものであるが、恩給受給資格を得る前の退職者が多く存在したことを示している。こうした現状にもかかわらず、「恩給法」改正により一一年以上在籍者への支給額の増加が実現した一方で、一一年未満在籍者への離現役手当の支給額は一九一九年以来据え置かれていた。したがって、各鎮守府人事部は次のように、恩給受給資格を満たさない下士官・兵員をなるべく永く海軍に引き留めることを可能にする「緩和策」と

表2　下士官・兵員の離現役年数

（下士官）

実役定年	12年	11年	10年	9年	8～5年	計
員数（人）	299	59	193	10	0	559
全海軍（人）	897	191	599	30	0	1,677

（兵員）

実役定年	8年以上	7年	6年	5年	計
員数	15	91	417	4	527
全海軍	45	273	1,251	12	1,581

出典：注(5)より作成。
注：員数は横須賀鎮守府内の離現役者数。
全海軍は横須賀鎮守府内の離現役者数を3倍した数値である。

して手当増額を主張した。

現時優良ナル下士官、兵ニ対シテモ経費節約、其ノ他ノ理由ニ依リ再服役ヲ許可シ得サル者相当数ニ達シ、将来募兵上ニ影響スルトコロ多大ナルヲ信ス、之カ緩和策トシテ適当ナル離現役手当ヲ支給スルヲ必要トス(6)

つまり、海軍は離現役手当を、恩給受給資格対象未満の下士官・兵員向けの福利厚生策と位置づけようとしたのである。

海軍が離現役手当の増額を下士官優遇につながると考えたのは、第二に、陸軍の退営賜金（退職金）と比較して離現役手当が相当少額であったからである。表1によれば、陸軍下士官の退営賜金は、勤続六年で一六〇円（海軍は七〇円）、勤続一〇年で五六〇円（海軍は八〇円）であり、陸海軍の差は二倍から七倍にものぼっていた。そこで、各鎮守府は離現役手当を少なくとも普通恩給の一年分の金額とすることにより、陸軍の退営賜金の水準まで引き上げようとしたのである。

こうした鎮守府の意見をうけて、海軍は一九二七年（昭和二）四月、「海軍給与令」を改正した。この勅令によれば、離現役手当は死亡手当・傷病手当・一時手当の三種類となった（第六五条）。一時手当は志願兵から下士官・兵員となり、三年以上服役した者に支給された。たとえば一〇年服役した下士官には、一時手当二七〇円五〇銭（従来は八〇円）が支給された。このように離現役手当は、陸軍の退営賜金額・三六〇円に近い水準となり、長期間服役したにもかかわらず恩給を受給できない下士官・兵員に対する福利厚生の一環として機能することになるのである。

離現役手当をめぐる議論は、海軍という組織の特質を示している。すなわち、徴兵による兵員補充が大部分を占めていた陸軍と異なり、志願兵をその中核と位置づけていた海軍にとって、素質の高い下士官・兵員をいかに確保し、長く組織にとどめられるかは重要な課題であった。したがって、一般の就職口と異なる魅力を打ち出すことが常に必要であった。そこで講じられたのは、愛国心に訴えるだけでなく、海軍を離れた後の生活を一時的にでも保証する福利厚生策の充実であった。陸軍が兵役義務を金銭で代替できないと考え、地域における入退営者の送迎までも厳しく抑制しようとしていたのに対して、海軍は金銭面の待遇を重要視していたのである。

(1) 海軍研究班編『今日の海軍』(一九二八年)一五一頁。
(2) 同右、一五三頁。
(3) 「海軍下士優遇」(『朝日新聞』一九二五年六月二日)。
(4) 石崎吉和・齋藤達志・石丸安蔵「旧軍における退役軍人支援施策―大正から昭和初期にかけて―」(防衛省防衛研究所戦史研究センター『戦史研究年報』第一五号、二〇一二年三月)。なお、恩給には普通恩給のほかに、戦闘・公務による負傷者を対象とした増加恩給・傷病賜金、軍人遺家族を対象とした扶助料が存在した。一九二三年の「恩給法」制定の目的は、各省個別に規定していた恩給受給資格を統一することにあった。結果的に海軍の場合、旧軍人恩給法と比べて支給額が増額されることとなった。
(5) 「大正一四年度海軍人事部長会議希望事項(横須賀鎮守府)」(JACAR アジア歴史資料センター Ref. C08051321600、大正一四年、公文備考・巻三官職)。
(6) 「各人事部提出議題(呉鎮守府)」(JACAR アジア歴史資料センター Ref. C04015011500、大正一五年、公文備考・巻八官職八)。

第四章

戦時の軍港都市財政

—横須賀市財政の展開—

横須賀市役所（1937年〈昭和12〉）

（出典）絵はがき　（所蔵）横須賀市史編さん係

大豆生田稔

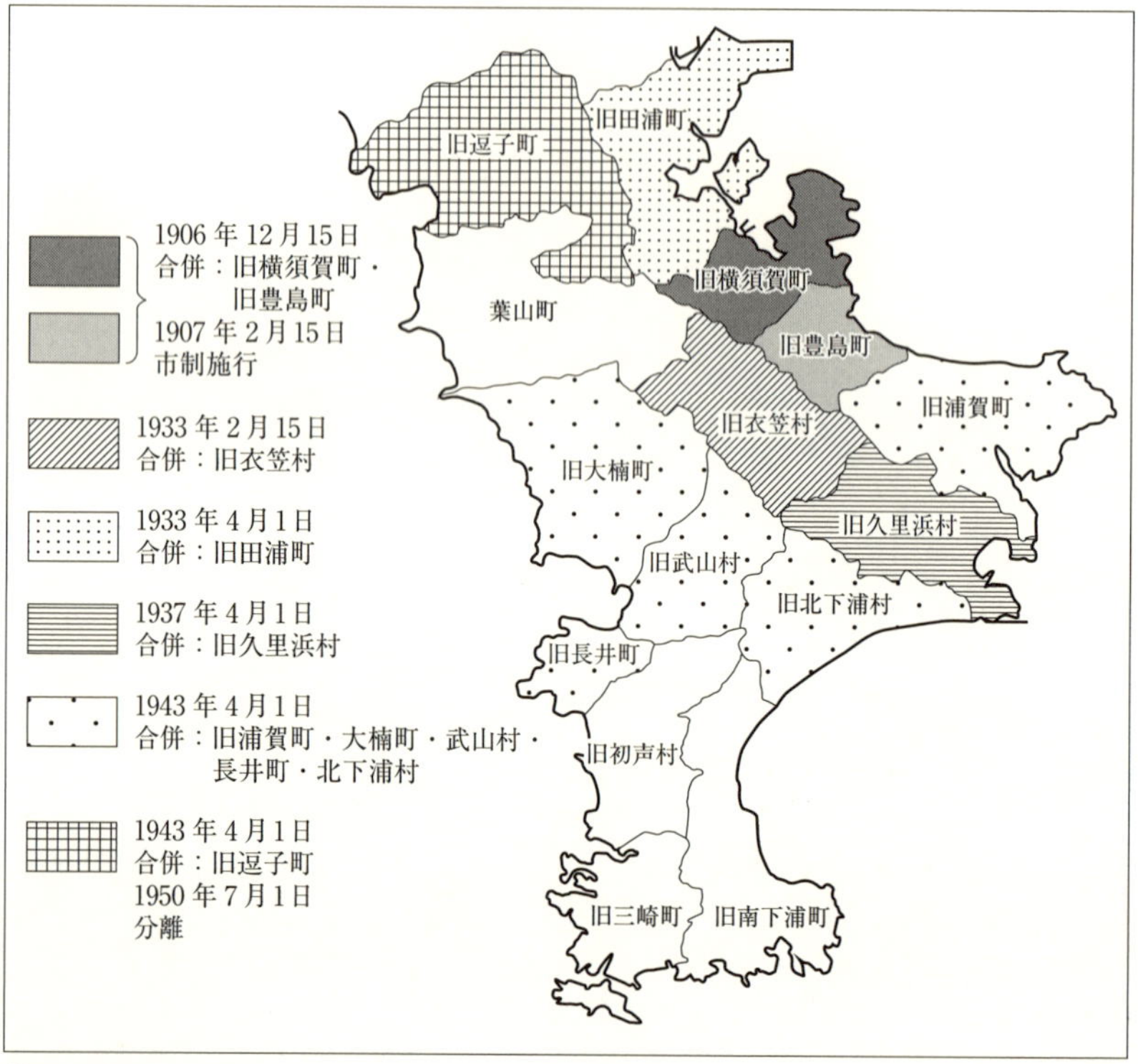

横須賀市域の拡張
出典：『新横須賀市史　資料編Ⅲ』

はじめに

本章は、一九三七年（昭和一二）から四五年に至る戦時期を対象に、軍港都市横須賀の財政の展開とその特質の解明を課題とする。それに先立つ、市制施行（一九〇七年）前後から三〇年代半ばまでの横須賀市財政の特質は、次のようにまとめられよう[1]。

すなわち、第一に、市制施行前後からの都市化は、教育・衛生・水道・火葬場・屠場など都市施設に関係する経費の増加を促した。第二に、第一次大戦末から市財政が膨張するが、軍港都市固有の構造的な財政問題、すなわち非課税の海軍工廠の存在、海軍関係者の増加による教育費などの負担増、市民の担税力の限界、などが市税収入を制約し市債への依存が深まった。第三に震災復興による財政膨張が市債への依存を恒常化させ、さらに海軍の要請する土地交換事業の負担がそれに加わった。第四に一九三〇年代はじめの恐慌は市債への依存をさらに深める結果をもたらした。つまり、軍港都市に共通する財政難は、震災・恐慌の影響が加わって深刻化し、市債の増発をまねいたのである。

日中戦争の長期化、太平洋戦争の勃発は、軍港都市の財政問題を一層深刻化させた。ます、海軍工廠などの軍需工業の膨張は労働者を急増させ、市域の人口増加を加速して教育や衛生などへの支出を促した。また、移住者の多くは担税力が低く歳入増加には寄与せず、これらの支出増加は市財政の新たな負担となった。そのほか、海軍工廠など海軍関係諸施設は課税対象とならず、また購買所による市内商工業者への圧迫は依然継続していた。さらに、震災復旧や土地交換事業の財源として発行された巨額の市債の償還も、戦時に継続する課題であった。

財政難への対応は、戦時においても市政の重要な課題であり、日中戦争期にも市長選考の条件となった（通520）[2]。一九三〇年代後半には恐慌の影響は後退し、日中戦争がはじまると多くの市町村は財政を好転させたが、軍港都市では「逆行シテ一層深刻ノ度ヲ加エ」たと、各軍港市長たちは財政の「窮迫セル実状」を訴えている（資Ⅲ68）[3]。海軍助成金増額の要請は戦時にも継続したが、三〇年代末頃から助成金は増加し、戦争末期には巨額の特別助成金も交付されるようになった。しかし、戦時に深刻化する軍港都市の財政問題の特質、太平洋戦争期に実現する重点的な国庫補助については研究が乏しい[4]。戦時の横須賀市財政の全貌を把握しながら、その歳入・歳出に即してそれらを検討するのが本章の課題である。

第一節　日中戦争の勃発（一九三七～四一年度）

(一)　戦時体制の形成

人口の増加

一九〇六年（明治三九）に豊島町を合併した横須賀町は翌〇七年に市制を施行し、三三年二月には衣笠村を、同年四月には田浦町を編入した。市制施行当時六万人前後であった横須賀市の人口は、三三年の合併直前には一一万人を超え、同年の合併により一六万人となった。その後、三七年四月には久里浜村、四三年四月には浦賀町・北下浦村・武山村・長井村・大楠町、および逗子町と合併する。

一九三〇年代半ばの横須賀市の人口は、三三年市域・四三年市域ともに著しく増加し、年間約一万人程度の増加を続けた（図4-1）。三七年に久里浜村を合併した市の人口は、全国第一六位の二〇万二三二〇人となる

（事37、1）[5]。人口増加は日中戦争勃発後も同程度にすすむが、太平洋戦争がはじまる四一年からは一層顕著となった。

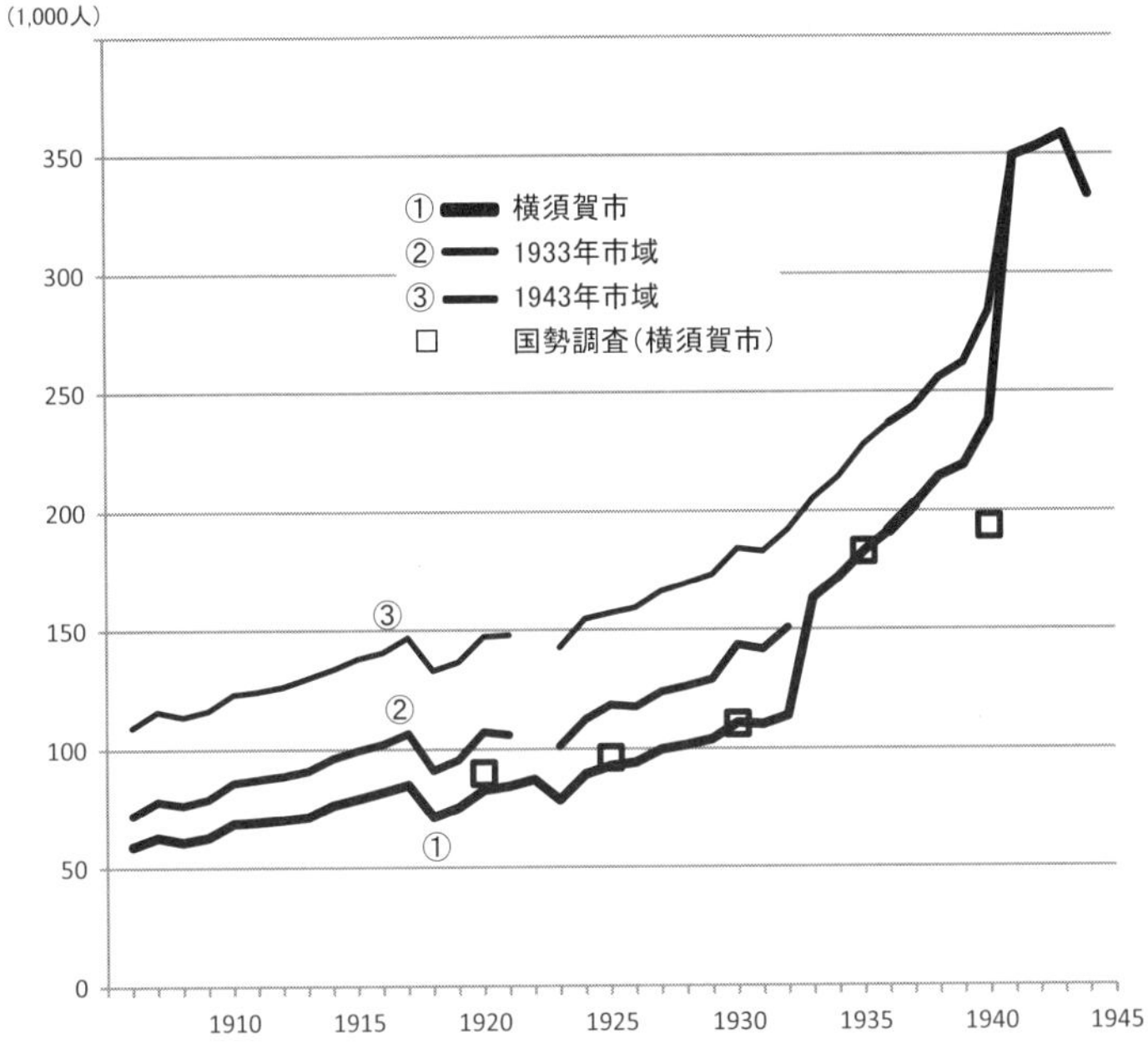

図4－1　横須賀市の人口
出典：『横須賀市統計書』（各年度）、『横須賀市勢要覧』（各年版）、「事務報告」（各年度）、
注：1943～44年度は逗子町の人口を含む。1940年国勢調査は軍人を含まない。

海軍工廠の職工数は一九三〇年に一万人であったが、三五～三六年には一・七万人となった。日中戦争の勃発により三七年二・四万人、三八年三・一万人、三九年三・五万人と急増し、さらに四〇年四・九万人、四一年五・八万人と五年間に三倍以上に膨張した（通372）。三二年に設立された海軍航空廠も、「日支事変ニ伴フ軍需労務要員」が激増して工員の「大量募集」をはじめた。また海軍各作業庁の「軍事工事」労働力も、職業紹介所を通じて東北六県・新潟県・静岡県方面に募集される（事37、116～117）。

国勢調査により一九三〇～四〇年の有業人口の変化をみると、横須賀市では、海軍工廠職工の増勢に見合う「工業」の顕著な増加傾向が確認できる（表4－

（人）

横浜市				川崎市				神奈川県			
1930年	(%)	1940年	(%)	1930年	(%)	1940年	(%)	1930年	(%)	1940年	(%)
12,475	5.1	35,890	9.1	3,080	7.4	13,197	9.6	165,834	25.2	165,592	18.4
2,218	0.9	2,317	0.6	52	0.1	67	0.0	12,561	1.9	9,958	1.1
44	0.0	339	0.1	260	0.6	380	0.3	1,664	0.3	1,836	0.2
76,973	31.4	188,181	47.6	19,070	45.7	89,000	65.0	162,795	24.8	400,024	44.4
72,231	29.5	84,811	21.5	9,231	22.1	17,952	13.1	136,634	20.8	157,334	17.5
25,824	10.5	33,268	8.4	2,996	7.2	5,774	4.2	43,370	6.6	58,341	6.5
31,067	12.7	34,022	8.6	3,375	8.1	6,520	4.8	86,984	13.2	72,253	8.0
10,990	4.5	14,837	3.8	1,110	2.7	2,608	1.9	25,746	3.9	30,490	3.4
13,132	5.4	1,601	0.4	2,537	6.1	1,519	1.1	22,126	3.4	4,430	0.5
244,954	100.0	395,266	100.0	41,711	100.0	137,017	100.0	657,714	100.0	900,258	100.0

報告　第四巻　府県編　神奈川県』(1933年)、1940年は総理府統計局『昭和15年　国勢調査報告　第二

に、横浜市は1936年・37年・39年に、川崎市は1937年・39年に市域の拡張があった。

1)。これは横浜市を凌駕し、川崎市に匹敵するものであった。一方、三〇年に高い割合を占めた「公務自由業」が大幅に減少したのは現役軍人が調査対象外となったからであろう[6]。そのほか、「商業」は構成比をほとんど変えていない。

戦時の市財政

日中戦争は市行政を膨張させた。市行政の「複雑化」、「事務ノ繁劇」は戦前からすすんだが、戦争勃発により「一層輻輳」(事37、1)した。事務量の急増により市役所組織は拡大し、人件費・諸経費が増加して「役所費」が膨張した。市吏員数は一九三七年度、四一年度に大幅に増加する(表4-2)。また四一年六月の機構改革により、総務部と社会事変《ママ》課が廃され、庶務・経済・厚生・市民・都市計画の五課が設置され、市民課から防衛課が独立した(事41、1)。市吏員の増加は「その他」の部分で著しく、四一〜四二年度には一六〇人となった。その内訳は、臨時雇・嘱託・運転手・同助手・看護婦・看護人・学校看護婦・保育婦などで、ほとんどは現業に従事する職員であった。

市行政は膨張したが、市財政の規模は停滞を続けた。一九二

表４－１　有業者の構成

大分類	横須賀市			
	1930年	(%)	1940年	(%)
農業	365	0.6	1,451	1.9
水産業	112	0.2	421	0.6
鉱業	3	0.0	42	0.1
工業	10,865	19.3	47,540	62.1
商業	9,956	17.7	13,495	17.6
交通業	1,903	3.4	3,188	4.2
公務自由業	30,453	54.1	8,436	11.0
家事使用人	1,252	2.2	1,694	2.2
その他有業者	1,378	2.4	231	0.3
有業計	56,287	100.0	76,498	100.0

出典：1930年は内閣統計局『昭和五年　国勢調査
巻　産業・事業上の地位』(1962年)。
注：1930～40年の間に、横須賀市は1933年・37年

〇年代後半から三〇年代半ばを基準にした三七年度以降戦時の財政規模は、全国各市では、三〇年代半ばの膨張が収縮しながらも漸次拡大している（図4-2）。横須賀市では、震災復興の過程で財政が膨張しており、二〇年代末から恐慌期に縮小したのち三〇年代半ばにやや拡大する。しかし三七年度から四一・四二年までは、歳入の縮小・停滞が確認できる。三七年度から市財政は「極度ノ緊縮方針」を続けたのである（事37～41、1）[7]。

すなわち、一般会計・特別会計を合わせた市財政の規模は、一般会計は一九四一年度まで歳入・歳出とも二〇〇万円台で停滞し、また特別会計もほぼ二〇〇万円前後であった（表4-3）。三六年度の一般会計は三五〇万円前後であったから、三〇年代後半から四〇年頃までの財政規模はむしろ縮小したといえる。しかし、四二年度以降は四四～四五年度に向かって、全国各市を上回って急激に膨張した。つまり、三七～四一年度平均に対する四二～四五年度平均の歳入は、全国各市の一・六倍に対し横須賀市は三・九倍に急増したのである（後掲表4-5）。したがって本章では、対象時期を、財政緊縮がすすんだ三七～四一年度、財政膨張が急激であった四二～四五年度の二期に分けて考察をすすめる。

表4－2　市吏員数　（人）

年度	1932	1933	1935	1936	1937	1938	1939	1940	1941	1942
三役	3	3	2	3	3	3	3		3	3
主事	5	6	9	10	10	11	11		15	15
技師	2	2	2	2	2	2	2		2	4
視学			*1	*1	1	1	1		2	2
主事補	7	12	12	13	13	14	11		18	28
書記	60	80	74	87	90	81	77		77	79
技手	11	13	12	9	8	11	10		8	10
書記補	26	27	45	39	39	39	42		39	35
技手補	6	8	12	8	5	3			3	1
掃除監督長			1		1	1	*1		3	3
掃除監督	1	2	2	1	2	2	1			
掃除巡視	7	10	9	9	10	10	10			
水道巡視	13	13	15	15	15	15	16		16	24
機関手			4	3	3	3	3		1	
医員	8	9	11	11	14	13	12		10	1
医員助手	5	6	4	4	3	3	4		4	4
調剤員	0	0	2	3	2	2	3		2	2
調剤員助手	2	2	2	2	2	1	1			
雇員	28	39	44	43	55	60	50		67	78
その他	19	26	34	30	103	101	111		166	160
計	202	257	296	293	380	376	368	349	433	447

出典：1932～33年度は『横須賀市統計書』（1933年度）、1935～39年度は『市勢要覧』（各年度）、1941～42年度は「事務報告書」（各年度）。1940年度は前年度比により推計した（「事務報告書」1940年度、による）。

注：三役は市長・助役・収入役。1937～39年度の「その他」には「看護婦」、「看護人」、「保育婦」を含む。*は兼務。

表4－3　一般会計・特別会計　1937～45年度　（1,000円）

年度	一般会計（予算）		一般会計		特別会計		合計	
	歳入	歳出	歳入	歳出	歳入	歳出	歳入	歳出
1937	2,876	2,876	2,741	2,741	3,073	2,983	5,814	5,724
1938	1,989	1,989	1,887	1,867	2,663	2,516	4,550	4,383
1939	2,337	2,337	2,099	2,045	1,938	1,772	4,037	3,817
1940	2,127	2,127	1,981	1,981	2,005	1,850	3,986	3,831
1941	3,129	3,129	2,784	2,186	1,877	1,734	4,661	3,920
1942	5,419	5,419	4,885	3,075	2,354	2,185	7,240	5,260
1943	11,162	11,162	8,845	4,236	2,568	2,473	11,413	6,709
1944	22,260	22,260	19,006	11,221	1,884	1,838	20,891	13,059
1945	28,443	28,443	28,956	12,171	2,992	2,173	31,949	14,344

出典：「決算書」（各年度）。

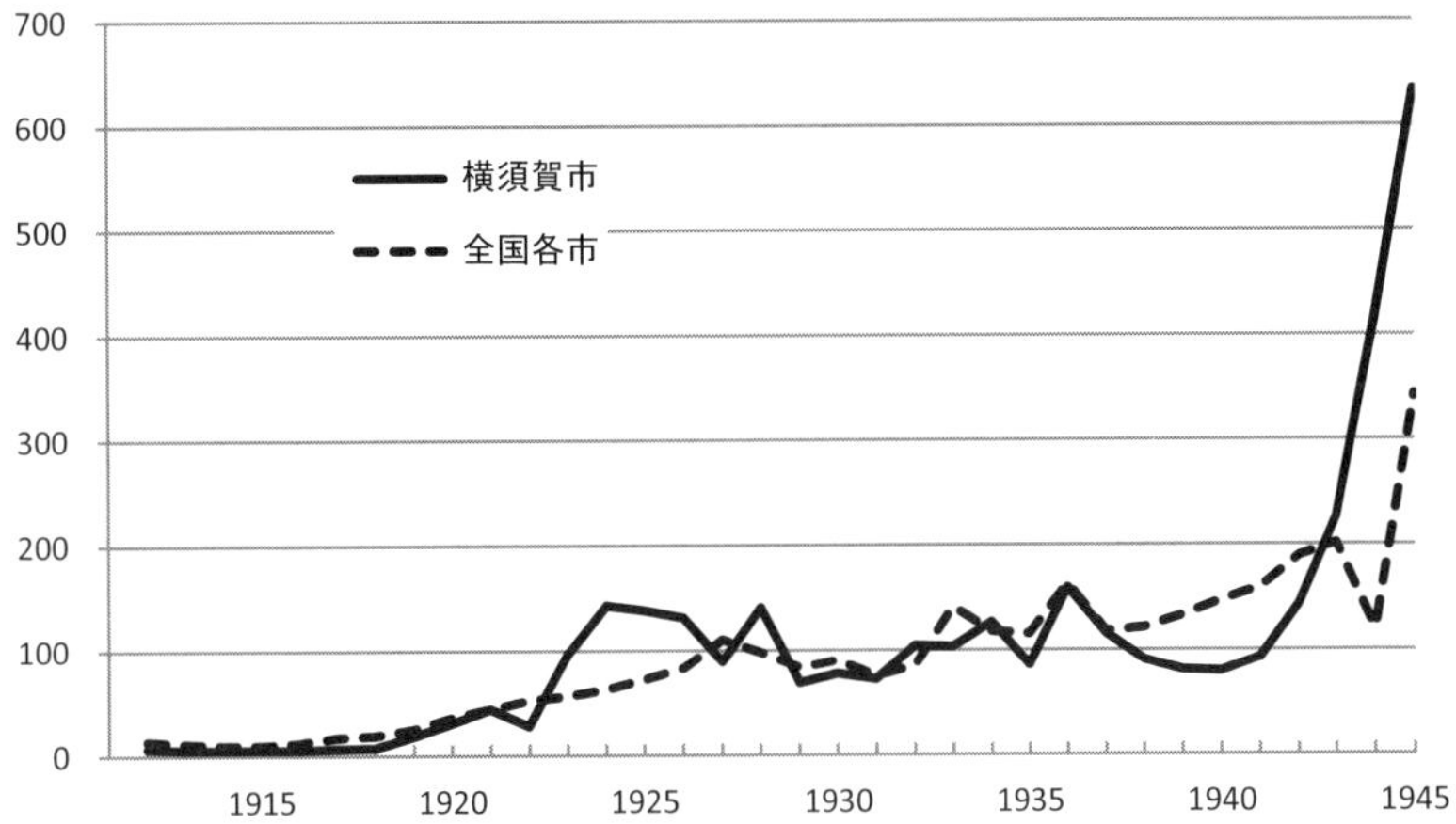

図4－2　横須賀市・全国各市の歳入の推移

出典：全国は統計委員会事務局・総理府統計局『第一回　日本統計年鑑』（日本統計協会・毎日新聞社、1949年）。横須賀市は「決算書」（各年度）。

注：全国各市は市税収入と市税外収入の決算の合計値、横須賀市は歳入決算総額。1926－35年度の平均を100とした指数。1944年度の全国各市は予算。

(二)　一般会計

(ア)　歳入の構造

歳入の停滞

まず、当期（一九三七〜四一年度）の一般会計歳入は、一九三八年度（昭和一三）を底に漸増するが、二〇〇万円前後の規模に大きな変化はなく、期初と期末はほぼ同額である。しかし、主要な歳入源についてみると、市債の比重が減少する一方で、市税の比重が高まり（表4－4）、また海軍助成金などの国庫補助も増加している。

ところで、一九三六年度決算には二八万円の歳入欠陥が計上され、市財政は逼迫を続けた。しかし、軍港都市固有の財政の制約により(8)、歳入増の実現は困難であった。市当局は構造的財政難の要因について、財政が「愈々逼迫ヲ加ヘ洵ニ憂慮ニ堪ヘサル現状」にあり「極度ノ財政難ニ陥」っているが、市民はなお「担税力乏シクシテ、急激ナル負担ノ増加ハ到底堪ヘ難」い

表4－4　一般会計歳入　1937～45年度

（1,000円）

年度	1937	1938	1939	1940	1941	1942	1943	1944	1945
市税	966	986	1,053	1,089	1,385	1,991	2,922	3,412	3,532
使用料・手数料	201	217	304	336	330	278	370	652	523
納付金	1	1	1	1	1	1	3		
財産収入	3	2	2	6	12	11	17	4	6
財産等売却	7	29	9	21	24	184	20	181	8
国補助	156	179	210	64	169	348	2,341	4,563	8,657
国庫下付金（海軍助成金ほか）	89	90	91	152	211	560	250	270	1,453
県補助金・奨励金	51	31	35	72	48	77	107	182	178
寄附金	10	18	46	24	28	128	226	314	194
市債	935	53	218	0	365	567	292	3,995	3,725
雑収入	64	55	51	35	47	65	187	741	2,893
翌年度より繰入	193	145		50					
前年度より繰越				53		598	1,810	4,609	7,786
合計	2,741	1,867	2,099	1,981	2,784	4,885	8,845	19,006	28,956

出典：「決算書」（各年度）。

注：雑収入は翌年度より繰入を含む。合計はその他とも。1945年度の国庫下付金のうち海軍助成金は27万円、ほか補給金61万円、防空壕残土処理費補助58万円。

と、その担税力の限界を指摘している。物価が上昇する一方で財政規模は硬直し、「出来得ル限リノ整理節約」が強いられたのである（事37、49）。

また、歳入に占める市債の割合は低下した。公債費は一九三〇年代半ばに増加し、多額の借換があった三四年度（一二一万円）、三六年度（二〇六万円）には歳出の過半を占めた。借換が比較的少額の年度にも償還は二〇万円前後にのぼったため[9]、市債の発行は抑制されたのである。当期の横須賀市の一般会計歳入に占める市債の割合（九％）は、全国各市の平均（一五％）を大幅に下回っていた（表4-5）。

歳入不足をある程度補填したのが国庫補助金であった。一九二三年度から交付された海軍助成金は漸増していたが、戦時には急増した。ただし、横須賀に対する国・県の補助は他市より比較的高い水準になっているが、なお市債にはおよばなかった。当期には市債に代わる有力な財源はなく、その比重が低下した結果として、市税の比重が高まることになった（表4-5）。歳入が停滞して市税が約五割を占めるようになり、使用料・手数料などをあわせて、独立の財源の比重が高まったのである。

このように当期の市財政は、「漸次健全財政ノ確立ニ腐心」(事37、49)したため市債依存度を低下させた。「緊縮方針」により、一九三七年度決算から歳入欠陥は「幾分ノ減額」となり(事39、30)、三九年度には前年度より三万余円減じて「漸次健全財政ニ向」い(事40、47)、四〇年度には「鋭意財政ノ確立ニ努力」して六万円余を減じたのである(事41、46)。

表4-5　歳入構成　全国各市・横須賀市の比較　(%)

		市税	使用料・手数料	国補助	県補助	市債	前年度繰越	その他	歳入合計	金額 (1,000円)	指数
1937～41年度平均	全国	20.8	22.2	2.8	1.2	15.0	20.0	18.0	100.0	1,343,132	100.0
	横須賀	24.4	6.2	6.3	1.1	8.7	1.2	52.1	100.0	4,489	100.0
1942～45年度平均	全国	19.8	13.8	15.0	1.5	14.1	18.0	5.2	100.0	2,114,236	157.4
	横須賀	2.6	2.6	26.2	0.8	12.2	21.0	34.7	100.0	17,624	392.6

出典：全国は統計委員会事務局・総理府統計局『第一回　日本統計年鑑』(日本統計協会・毎日新聞社、1949年)。横須賀は「決算書」(各年度)。一般会計・特別会計の合計値から、一般会計・特別会計間の繰入を控除した。

注：全国は全国各市の合計額。

市税の比重増加

一九三〇年代の歳入に占める市税の割合は二〇~三〇%であったが、当期には漸増を続けて三八年度から歳入の五割を占めるようになった(表4-4)。三七~三九年度の市税に最大の比重を占めたのは、特別税戸数割と県税家屋税附加税である(表4-6)。二〇年代から家屋税・県税雑種税の占める割合は高かったが、三四年からは新設された戸数割が最大の税源となった[10]。戸数割・家屋税・県税雑種税附加税を主とする構成は三九年度まで継続する。

市税のこのような構成は、一九四〇年三月の抜本的税制改革により大きく変化した。改革は中央・地方の負担の均衡、戦時経済政策との調和、収入の増加と弾力性のある税制の確立を目的とし、すでに地方財政調整交付金の制度が広田弘毅内閣で検討され、三六年一〇月に臨時町村財政補給金

表4－6　市税内訳　(1,000円)

年度	1937	1938	1939
地租附加税	52	59	64
特別地税附加税	1	1	1
営業収益税附加税	100	105	120
所得税附加税	0	1	0
家屋税附加税	202	197	187
県税営業税附加税	25	27	28
県税雑種税附加税	159	149	144
特別税反別税	5	5	6
特別税戸数割	423	441	503
計	996	986	1,053

年度	1940	1941	1942	1943	1944	1945
国税附加税	230	405	848	1,209	1,534	1,418
県税附加税	283	309	130	253	156	207
独立税	317	346	375	454	507	653
目的税・都市計画税				24	60	62
地方分与税・配付税	209	226	617	977	1,154	1,192
旧法による税収入	50	99	22	4	0	1
計	1,089	1,385	1,991	2,922	3,412	3,532

出典：「決算書」（各年度）。

制度がはじまっていた。三七年から臨時地方財政補給金が交付され、三七年度一・八万円、三八年度三・二万円、三九年度五・四万円と増加した。ただしこれは臨時措置であり、抜本的な改革は三七年一月の広田内閣総辞職ののち、林銑十郎内閣による三七年度予算の大幅修正をへて、四〇年三月に米内光政内閣のもとで実施された(11)。この税制改革により所得税・法人税が直接国税の中心部分となり、地方税改革による地方分与税制度がはじまった。国が徴収する地租・営業税・家屋税は道府県に還付され、また所得税・法人税、および入場税・遊興飲食税の一部は道府県・市町村に配付され、地方財政調整交付金が恒常化した。従来の国税（地租・営業収益税）附加税、県税家屋税・雑種税附加税・特別税戸数割を主とする市の歳入は、国税・県税附加税、独立税、および地方分与税を中心とするようになったのである。

ところで、一九四〇～四一年度に市に交付された地方分与税は二一～二三万円で市税の一八％にあたる（表4－6）。なお国税附加税・県税附加税・独立税の割合は高いといえる。国税附加税は地租・営業税の附加税、県税附加税は家屋税・不動産取得税・電柱税などの附加税である。独立税は自転車税・給仕人雇傭税・軌道税・犬税・荷車税などであるが、四一年まで二八～三一万円（市税の二七％）となお高い割合を占めていた。

地方税制の改革は市の事務量を増加させた。「画期的税制改正断行」により「諸般ノ準備事務」や「市税賦課徴収条例」の制定、「賦課事務等一般」などの「税務事務」が「激増」し、さらに課員の応召や退職者も加わり、事務は「例年ニ比シ頗ル繁劇ヲ加ヘタ」のである（事40、139）。

市債の抑制

一九三七年度に歳入の三四％を占めた市債は翌年から金額・構成比を減じ、一〇％を超えた三九年度・四一年度を除き少額となった（表4-4）。三〇年代後半の市債の年度末残額は、一般会計では教育関係、震災応急・復旧関係、特別会計では震災救済事業・土地交換事業関係が多い（表4-7）。二〇年代に発行された市債の未償還額はなお一〇〇〇万円を超えており、これは三九年度一般会計歳入の五年分に相当する額であった。

ただし、市債の未償還額はこの間、一九三七年度末の一〇七一万円から漸減し、四〇年度末には一〇〇〇万円を割り、四一年度末には九五〇万円となった（表4-8）。歳入欠陥補塡の市債も、三七〜三八年度に一〇〇万円を超える未償還額があったが、四〇年度にはいったん償還している。借換による新規起債もあるが、市債の整理は徐々にすすんだといえよう。四〇年度の歳入は一時的ではあるが、予算・決算ともに市債に依存していない。

借入先の多くは神奈川県・簡易保険局・大蔵省預金部・神奈川県農工銀行などの低利資金である。当期には、特別会計水道費において、小池証券（五・八％）の五八万円は、より低利の神奈川県農工銀行（四・三％）に借り換えられている（一九三八年度）。

表4－7　市債年度末残高　1937〜40年度　（1,000円）

年度	教育費	衛生費	勧業費	社会事業	土木費	中小商工業者運転資金	自作農創設維持資金	震災応急及復旧費	歳入欠陥補填	その他	合計
1937	2,117	375		801	536	185	4	2,425	1,236	3,054	10,733
1938	2,041	1,436		763	1,872	177	3	1,827	1,080	1,222	10,420
1940	2,085	377	8	965	442			1,640		4,229	9,746

出典：『神奈川県統計書』（各年度）。

補助金・交付金

当期の国・県からの補助は、他市を上回って歳入の八％を占め、市債に相当する規模の歳入源となった（表4－5）[12]。国庫からは義務教育を対象とする「下渡金」、広範な諸事業を対象とする「補助金」が交付された（表4－9）。海軍助成金は、一九三七〜三九年度九万円、四〇年度一五万円、四一年度二一万円と増加し、四〇年度からは補助総額のほぼ半数を占めるようになった。国庫補助金は四二年度以降急増することになる。そのほか、三七〜三九年度には、すでにみた臨時地方財政補給金が交付された。この補給金は、税制改革により四〇年度から、地方分与税として恒常的に市税に組みこまれる。

(イ) 歳出の構造

役所費・衛生費・警防費の増加

一九三七〜四一年度（昭和一二〜一六）の一般会計歳出（経常部・臨時部合計）は、やや増加した三七年度を除き、二〇〇万円前後の規模にとどまった（表4－10）。教育費は四〇年度まで、二〇〜三〇年代と同様に最大であったが、四一年度には衛生費に取って代わられた。役所費の台頭も顕著で、同年度には教育費・衛生費にほぼならぶ。また、なお比重は小さいが、警防費（警備費）が急増し、四一年度には土木費などと同規模になった。さらに市債発行の抑制により、公債費は三七年度を除き四一年度まで三〇万円前後に抑えられた。

土木費は一九二〇年代半ば以降、震災復興の過程で数十万円規模の歳出が続いたが、三〇年代半ばには六～七万円に減じ歳出の数%にとどまった。また社会事業関係も二〇年代後半の二～三万円規模のまま停滞する。その他諸事業も三〇年代末にやや増加したが、変化に乏しい。このように、当期の歳出規模は停滞的であり、教育費や公債費、土木費などが抑えられる一方で、役所費、衛生費、警備・警防費の割合が高まったのである。

教育費の停滞

当期の人口増加は小学校児童数を増加させたが、教育費は停滞的であった（表4-11）。一九三七～四〇年に児童数は一八〇〇人増加したが、教員数も増加して教員一人あたり児童数に変化は生じなかった（表4-12）。しかし、小学校施設の拡充が遅れたため、教室が不足して二部授業が広がった（表4-13）。三七～四一年度に二部授業の実施学校数は四から八に、学級数は一四から九〇に急増した。二部授業を実施する小学校は、旧横須賀町・豊島町・田浦町の都市部に集中し、さらに合併により都市化がすすむ旧衣笠村でも増加しはじめた。

また高等女学校や実業学校・工業学校・商業学校などへの支出も増加した。このため、かつて高い比重を占めた小学校への支出割合は漸減し（表4-11）、小学校の新設や校舎・教室の増築はすすまなかった。「児童増加ニ伴フ教育費ノ増加」（事38、33）という現実にもかかわらず支出は抑えられたのである。

衛生費の増加

当期の停滞的な歳出とは対照的に、衛生費は顕著に増加している（表4-14）。「事務報告」には、一九三八年度には衛生費の「増嵩」と歳入不足による財政の「愈々逼迫」が（事38、33）、四一年度には「市勢ノ発展」による教育費・衛生費の「増嵩」が報告されており（事40、47）、四一年度には、一時的ではあるが、教育費を上回ることになった（表4-10）。

（1,000円、％）

1941	利率	1942	利率	1943	利率	1944	利率	1945	利率
4,521	3.2-5.0	4,394	3.2-5.0	4,940	3.2-3.6	4,600	3.2-3.6	4,393	3.2-5.0
223	4.1-4.3	177	4.1-4.3	210	4.1-4.2	160	4.1-4.2	1,651	3.2-4.2
2	3.2	2	3.2	2	3.2	2	3.2	2	3.2
80	3.2	436	3.2	1,085	3.2	1,309	3.2	3,441	3.2
972	3.9-4.3	935	3.9-4.3	900	3.9-4.7	833	3.6-4.7		
								1,824	3.2-4.1
515	4.0-4.1	450	4.0-4.1	385	4.0-4.1	283	4.0-4.1	240	4.1
6,314		6,394		7,522		7,187		11,551	
134	5.0	132	5.0						
147	4.1	140	4.1	132	4.1	120	4.1	111	4.1
								250	3.2
150	4.2	126	4.2					108	4.1
				99	4.1	59	4.1	30	4.1
366	4.3	305	4.3	242	4.1	176	4.1		
797		703		474		355		499	
324	4.3	306	4.3						
				287	4.1	256	4.1	235	4.1
902	3.6	773	3.6	685	3.6	659	3.4	489	3.2
902		773		685		659		489	
951	4.3	930	4.3						
211	4.3	207	4.3			1,065	4.1		
				1,109	4.1				
1,162		1,136		1,109		1,065			
1	3.2	1	3.2	6	3.2	5	3.2		
9,499		9,312		10,082		9,528		12,774	

表4－8　市債年度末未償還額　1937～1945年度

	借入先	1937	利率	1938	利率	1939	利率	1940	利率
一般会計	神奈川県	4,681	3.2-4.8	4,637	3.2-4.8	4,592	3.2-4.8	4,560	3.2-5.0
	簡易保険局	129	4.2-4.8	112	4.3-4.8	302	4.1-4.8	266	4.1-4.3
	文部省	3	3.2	3	3.2	3	3.2	3	3.2
	大蔵省預金部	91	3.2	90	3.2	88	3.2	85	3.2
	神奈川県農工銀行	99	3.9-4.2	1,068	3.9-4.3	1,038	3.9-4.3	1,006	3.9-4.3
	日本勧業銀行								
	共同引受	1,686	4.0-4.1	690	4.0-4.1	634	4.0-4.1	576	4.0-4.1
	計	6,688		6,599		6,657		6,497	
特別会計水道費	神奈川県	134	3.2	134	3.2	134	3.2	134	5.0
	簡易保険局	162	4.1	162	4.1	160	4.1	154	4.1
	大蔵省預金部								
	日本勧業銀行	240	4.2	219	4.2	197	4.2	174	4.2
	小池証券	583	5.8						
	住友銀行								
	神奈川県農工銀行			532	4.3	479	4.3	423	4.3
	計	1,118		1,047		969		886	
特別会計市立病院費	簡易保険局	350	4.3	350	4.3	350	4.3	341	4.3
	住友銀行								
特別会計震災救済事業費	日本勧業銀行	166	4.2	121	4.2	74	4.2	25	4.2
	共同引受	267	4.0	198	4.0	124	4.0	43	4.0
	神奈川県			1,028	3.6	1,010	3.6	971	3.6
	計	1,490		1,348		1,209		1,040	
特別会計土地交換事業費	共同引受	1,054	4.0						
	住友銀行			1,009	4.3	990	4.3	971	4.3
	神奈川県農工銀行			224	4.3	220	4.3	216	4.3
	神奈川県								
	計	1,054		1,233		1,210		1,187	
特別会計自作農創設維持事業費	神奈川県	4	3.2	3	3.2	3	3.2	2	3.2
合計		10,704		10,578		10,397		9,952	

出典：「事務報告書」（各年度）。
注：共同引受は、野村・山一・日興・小池・藤本ビルブローカーの各銀行による。

表4－9　国・県の補助金　（1,000円）

年度	1935	1936	1937	1938	1939	1940	1941	1942	1943	1944	1945
国庫補助金（各種補助）	13	8	10	16	27	45	148	314	2,280	4,495	8,566
国庫下渡金（義務教育費・短期現役教員俸給費）	105	111	114	115	116						
国庫下付金（海軍助成金）	87	89	89	90	91	152	211	560	250	270	270
同（補給金）											606
同（防空壕残土処理費補助）											578
国庫補給金（臨時地方財政補給金）			18	32	54						
国庫交付金（国税徴収費ほか）	20	25	26	32	25	38	42	69	123	67	91
県交付金（県税徴収費ほか）	0	0	0	0	0	0	0	0	0	13	47
県補助金（各種補助）	12	10	36	13	22	52	27	40	42	169	128
県奨励金（教育奨励金）	2	2	1	2	1	2	1	2	3	1	4
合計	239	245	296	300	336	288	428	985	2,698	5,015	10,289
国補助（%）	89.9	90.0	82.7	89.7	89.5	74.9	88.7	92.2	96.0	96.4	98.3
県補助金（%）	10.1	10.0	17.3	10.3	10.5	25.1	11.3	7.8	4.0	3.6	1.7

出典：「決算書」（各年度）。
注：1935～43年度の国庫交付金・県交付金は合算されているため、それぞれ1/2ずつを国補助・県補助に按分した。

表4－10　一般会計歳出　経常部・臨時部合計　1937～45年度　（1,000円）

年度	1937	1938	1939	1940	1941	1942	1943	1944	1945
役所費	242	249	283	304	399	480	1,027	1,369	2,379
教育費	521	519	650	501	433	619	699	729	889
土木費	70	71	81	126	79	133	111	174	402
衛生費	169	196	257	397	447	292	244	571	485
社会事業	34	32	30	34	43	50	54	42	33
その他の諸事業費	98	95	96	109	115	118	326	425	331
災害復旧費	0	26	42	3	4	54	34		
警備費・警防費・防衛費	57	46	44	73	158	507	698	2,327	2,447
戦時の諸事業費（1）	7	9	11	17	28	52	252	977	1,710
疎開（学童・建物）								3,938	2,343
公債費	1,204	294	294	310	308	458	514	547	723
財産造成管理費	7	6	6	6	10	12	20	14	27
雑支出（2）	305	255	216	77	136	214	145	138	405
その他	28	55	23	26	25	88	116	70	5
計	2,741	1,867	2,045	1,981	2,186	3,075	4,236	11,221	12,171

出典：「決算書」（各年度）。
注：（1）疎開・軍港関係特別国庫補助・海軍特別助成金補助施設、（2）特別会計繰入を含む。

衛生費のうち最大の支出項目は汚物処理費（経常部）であった。人口増加により塵芥・屎尿量は増加

表４-11　教育費（経常部・臨時部）　1937～45年度　（1,000円）

	年度	1937	1938	1939	1940	1941	1942	1943	1944	1945
経常費	小学校・国民学校	388	400	450	122	165	209	170	228	270
	高等女学校	50	53	61	66	76	82	124	136	158
	実業・工業・商業学校	20	26	30	39	42	46	65	98	129
	青年学校	16	16	27	28	35	42	87	22	10
	教育諸費	14		16	20	31	36	37	79	212
	その他	6	6	6	6	7	8	12	14	4
	計	494	501	591	282	355	424	495	578	784
臨時費	小学校・国民学校	9		43	191	8				
	高等女学校	12	16	17	16	1				
	実業・工業学校	3	2		10	1		57		
	教育費・営繕費・設備費	3			1	68	134	96	75	86
	県立工業学校敷地買収費						61	51	76	19
	計	27	18	59	219	78	195	204	151	105
	合計	521	519	650	501	433	619	699	729	889
	小学校・国民学校(%)	76.3	77.1	75.8	62.5	39.9	33.8	24.3	31.3	30.4
	高等女学校(%)	12.0	13.3	12.0	16.4	17.8	13.3	17.7	18.7	17.8
	実業･工業･商業学校(%)	4.4	5.4	4.7	9.8	9.8	7.5	17.5	13.4	14.5

出典：「決算表」（各年度）。
注：教育諸費（1944～45年度）は職員・使丁ほかの諸手当。

表４-12　小学校数・児童数

年度	小学校数			児童数	教員数	教員1人当り児童数	二部授業	
	尋常	尋常高等	合計				校数	学級数
1937	9	7	16	22,711	435	52.2	4	16
1938	9	7	16	23,630	445	53.1	7	40
1939	9	7	16	24,374	468	52.1	6	62
1940	9	7	16	24,574	472	52.1	7	92

出典：『横須賀市統計書』（各年度）、『神奈川県統計書』（各年度）。
注：教員数は本科・専科正教員、准教員、代用教員の合計。詳細は不明だが、二部授業学級数は表４-13とやや異なっている。

し、その処理は軍港都市の課題となったのである。汚物処理費は一九三〇年代前半には九～一〇万円であったが、当期には一五万円から三〇万円に倍増し、衛生費の七〇～八〇%を占めている（表４-14）。汚物処理費の内訳は、①汚物掃除、②屎尿清掃、③下水掃除の経費である。①汚物掃除は塵芥の収集・焼却処分の作業であり、三九年度には逸見・佐野・山崎の取扱場に作業員がそれ

表4-13　二部授業学級数

旧町村	小学校・国民学校	1937	1938	1939	1940	1941	1942	1943
横須賀	逸見		4	8	12	14	17	13
	諏訪					10	6	6
	汐入						11	12
豊島	鶴久保	4	4	4	12	10	13	13
	豊島		6	12		10	14	20
	山崎	2	4	8	14	16	20	14
	田戸		6	12	14	16	16	16
浦郷→田浦	浦郷	6	19	20	26		10	10
	田浦				4	4	7	8
	追浜						4	8
衣笠	池上	2	4	6	6			
	衣笠				6	10	19	10
久里浜	久里浜						4	3
浦賀	大津							11
	高坂							6
	鴨居							4
武山	武山							4
逗子	小坪							2
	逗子							15
	合計	14	47	70	94	90	141	175

出典：「事務報告書」（各年度）。

ぞれ二一名・二八名・一七名、焼却場に七名、計七三名が配置され、年間延べ二・五万人の作業量であった。同年度には自動車六台のうち一t車二台を廃車してシボレー、フォードの二t車二台を購入し「大ニ其陣容ヲ整ヘタ」が、ガソリン統制により木炭ガス装置三台により「運搬ノ万全」をはかった（事39、59）。自動車を延べ四万回、搬出用手車を同五・六万回使用し、一一〇八万t余の塵芥を搬出した。塵芥の一部は市民が直接焼却場に搬入している（事39、60）。

②屎尿処理は業者請負一・六万戸、戸別契約一〇〇〇余戸を除く一・七万戸について市が直接「汲取」を実施するものである。一九三九年度の総処理量は九・八万石で延べ二・三万人を要した。うち一・四万石余は農村へ還元されたが、大半は「海岸投棄」された（事39、60）。また、③下水掃除は下水道の清掃費である。①～③いずれも処理量が急増しており、経費は現場の作業員（雇員・傭人）の給与や自動車の配置、諸用具の配備・維持などであった。ほかに、市内幹線道路の「塵芥馬糞等」を常時「除去清掃」する道路掃除にも、作業員が配置された（事39、60）。

一九四一年度には、汚物清掃に要する人員は計一六二名、設備は自動車八台に増加し、また塵芥・屎尿の運

表4-14　衛生費　1937～45年度　（1,000円）

年度		1937	1938	1939	1940	1941	1942	1943	1944	1945
経常部	伝染病予防	5	5	7	5	5	7	17	12	36
	伝染病院・隔離病舎	14	15	21	24	23	23	25	37	49
	診療所			2	6	4	4	3	4	1
	病院費								15	12
	汚物処理	148	174	210	273	303	125	165	475	377
	体育関係					3	12	33	24	10
	その他								0	
	計	167	194	240	307	338	170	244	568	485
臨時部	伝染病予防	2		2						
	診療所			9						
	衛生施設ほか				59	70	121		2	
	体育関係			1	4					
	横須賀清掃会社交付金					18				
	汚物掃除費		2	6	27	20	1			
	計	2	2	17	89	109	122		2	
合計		169	196	257	397	447	292	244	571	485
	うち汚物処理(%)	87.5	88.5	81.6	68.8	67.8	42.9	67.9	83.3	77.7

出典：「決算書」（各年度）。
注：伝染病予防はトラホームを含む。汚物処理は汚物掃除・塵芥処理・屎尿清掃・下水掃除、体育関係は体位向上・小児保健所・健民費などの費用。

搬用具、発動機船、貯留槽などの設備を有した（表4-15）。三九年度に七三名であった塵芥処理作業員は、四一年には計九〇名に増加し、自動車も六台から八台に増えた。しかし横須賀の衛生問題はなお深刻であり、『神奈川新聞』（一九四一年一一月二七日）は、「横須賀市は東京市に次ぐ死産率を確保すると共に、腸チブス其他の伝染病流行地としても亦その名を知られてゐる非衛生的都市であるが、横須賀軍港所在地として軍事上の見地からも軽々に看過し得ない状態にある」と報じている（資Ⅲ86）。

社会事業・諸事業

一九三〇年代半ばに三万円前後であった社会事業費は、三七年以降も金額に大きな変化はなく、その過半が救護・救護所関係に支出された（表4-16）。二九年の救護法により、生活扶助・医療・助産・埋葬などの「救護」が実施され、また市立横須賀救護所が設けられ、医員・看護

表4-15　汚物掃除の人員・設備

1941年度	人員	監視吏員12、雇員2、運転手6、同助手6、塵芥夫66、汲取人32、溝渠浚渫夫7、塵芥積卸夫4、厨芥夫11、焼却夫9、道路掃除夫6、公共便所掃除夫1、合計162名
	設備	木炭自動車6台、ガソリン自動車2台、塵芥運搬車80台、屎尿運搬車60台、屎尿樽1500、塵芥籠200、汚泥運搬樽400、曳舟用発動機船1、橋脚炉2カ所、屎尿溜3か所
1943年度	人員	監視吏員13、主事補1、書記2、技手補1、雇員2、嘱託3、運転手11、同助手16、現場監督5、整備夫14、汲取夫89、塵芥夫87、溝渠夫5、合計249名
	設備	木炭自動車6台、ガソリン車自動車2台、石炭自動車15台、塵芥運搬車80台、屎尿運搬車（リヤカー）89台、屎尿桶2,800、塵芥篭200梱、汚泥運搬樽100、屎尿終末処分用発動機船1（請負人所有）、焼却炉4か所、屎尿貯留槽3か所
1944年度	人員	監視吏員15（うち田浦1、逗子1、浦賀1）、主事1、書記1、書記補1、技手補1、運転手4、嘱託3、事務補助1、現場監督2、整備傭人4、汲取傭人851、積下傭人81、塵芥傭人63、下水傭人84、合計152名
	設備	木炭自動車7台、ガソリン自動車2、石炭自動車14、塵芥運搬車80台、屎尿運搬リヤカー62台、屎尿桶1800、塵芥篭150、汚泥運搬樽100、塵芥中継所3か所、塵芥焼却場4か所、屎尿貯留槽3か所、傭人飯場4か所、自動車庫1棟

出典：「事務報告書」（各年度）。

婦が治療にあたった。そのほか、職業紹介所・隣保会館・託児所などの施設や、方面委員（のちの民生委員）や「窮民・罹災民」救助などの事業に支出されたが、戦時にも比較的少額にとどまっている。

その他の諸事業への支出も一九三七年度以降は一〇万円前後で変化に乏しい（表4-17）。最大の費目である修繕費は、市役所・小学校・高等女学校・工業学校・盲学校・屠場・火葬場・隣保会館・託児所・救護所・火の見櫓・屎尿取扱場・塵芥取扱場などに支出された。例えば三九年度には、小学校へ一・八万円、諸学校へ約二〇〇〇円が支出されている。[13] そのほか、火葬場・屠場・公園などの運営費、都市計画を担当する書記・技手の給与、測量・製図、調査などの経費であり、公金取扱は納税組合の奨励費と公金取扱銀行へ支払われた。また、臨時費の諸税・負担は横須賀市・浦賀町組合への負担金、補助費は、教育・官業・社会事業・在郷軍人会などへの補助である（「決算書」1938）。[14] このように支出は多様化したが、総額は一〇万円前後に停滞したのである。

警防費の増加

一九三〇年代半ばまでの警防費は、消防を中心に年間三～四万円の支出にとどまっていたが、戦争の長期化にともない三七年度以降経常部が、四一年度には臨時部も膨張し、三七～四〇年度には五～七万円であったが、四一年度には一六万円に急増した（表4-18）。四二年度以降と比較すればなお緩やかであるが、歳出全体の停滞傾向とは対照的である。

表4-16　社会事業　1937～45年度　（1,000円）

年度		1937	1938	1939	1940	1941	1942	1943	1944	1945
経常部	職業紹介所	5	2							
	隣保会館	5	5	3	3	3	3	3		
	託児所	4	4	5	5	6	7			
	住宅費							1		
	救護・救護所	19	20	21	25	30	30	36	38	33
	医療費　医療保護					3	6	8		
	厚生諸費　方面事業								2	
	社会事業	1	1	1	1	1	1	2		
	計	34	32	30	34	43	46	50	40	33
臨時部	職業紹介所設置負担金								2	
	隣保会館営繕費						3			
	戦時特設託児所費							4		
	計						3	4	2	
合計		34	32	30	34	43	50	54	42	33

出典：「決算書」（各年度）。

　日中戦争開戦直後の一九三七年九月、同年七月公布の防空法による防空演習がはじまり、同法の「普及徹底」が期された。同時に、研究会懇談会や防空展覧会が開催され、市薬剤師会は毒ガスの「認識」を広め、海軍指揮官は「防毒」「防火」「救護」を「実地指導」した。市内には五九の「防護隊」が組織され、一隊あたり六～二七円の防空施設補助費が交付されている（事37、99）。同年一一月には第二回の訓練があり、灯火管制のもとで、①広告・看板・装飾灯の消灯、②街路灯・門軒灯・その他屋外灯の消灯、③全灯火の警戒管制、管制下における就業訓練が実施された。また防護隊は講演と実地指導により演習目的の徹底をはかった（事37、99-100）。

　一九四一年八月には市役所に、「防空ノ高度運営ト市民

表4-17　その他諸事業　（1,000円）

	年度	1937	1938	1939	1940	1941	1942	1943	1944	1945
経常部	火葬場費	7	7	10	12	14	14	25	34	43
	勧業諸費	3	3	3	3	2	3	6	16	25
	公園費	2	2	2	2	2	1	1	1	1
	屠場費	3	3	3	4	4	3	4	4	5
	都市計画費	8	7	7	7	7	10	22	17	20
	地方振興費			1	4	16	23	67	99	161
	公金取扱費	6	6	6	6	7	10	12	26	20
	兵事諸費							11	18	2
	統計調査費								19	26
	住宅費・住宅管理費								2	1
	市民会館費								2	
	修繕費	22	27	31	32	35	28	32		
	補助費								37	17
	渡船場費							5		
	史蹟名勝天然記念物保存費	0	0	0	0	0	0	1	0	0
	海水浴場費	1	1					3		
	諸税及負担	1	1	1	1		0	0		
	計	52	57	64	71	89	92	189	274	322
臨時部	火葬場	4			2					
	勧業	0	0	0	0	1	0	1		
	諸税・負担	27	23	6	4	2	4	2		
	諸調査	2	2	10	15	5	4	29	0	
	国民精神総動員			600						
	編入町村諸費							12		
	都市計画				2	3	3	1	5	4
	農地調整				0	0	0	0		
	住宅関係						0	0	6	
	市民会館取り毀し								23	
	駐在所設置・移転								1	
	久里浜土地区画整理地内街路事業費負担金								110	
	補助費	10	10	14	13	13	14	38		
	その他	0	0	1			0	49	0	
	計	44	36	32	37	24	25	132	146	4
合計		96	93	95	108	113	117	321	420	326

出典：「決算表」（各年度）。

注：地方振興費は町内会、表彰、市町村吏員互助会への助成、諸調査は国勢調査ほか、労働統計・労務動態・農家・米麦消費世帯・町名地番整理・人口の諸調査。

表4-18　警備費・警防費・防空費

（1,000円）

	年度	1937	1938	1939	1940	1941	1942	1943	1944	1945
経常部	警備費・警防費	33	37	44	68	72	105	129	107	96
	給料・雑給	17	23	18	21	28	63	71	24	10
	需用費	16	13	18	32	28	25	30	34	39
	警防団諸費								32	45
	防空訓練費			7	15	15	17	27	14	2
	防空計画設定費・調査費							2	3	
	計	33	37	44	68	72	105	129	107	96
臨時部	警備費・警防費(1)	24	10	10	4	54	298	428	2,217	2,351
	建設費	3	4							
	需用費	21	5	10						
	防空費・防空本部費								225	50
	防空計画設定費				1	5				
	防空思想普及費				1					
	防空(設備)資材整備費				3	49	298	428	1,981	2,301
	緊急防衛費								11	
	防空仮設住宅建設費									1
	防空費	1	3							
	給料・雑給	0	1							
	需用費	1	2							
	設備費	0								
	緊急防衛費					32	104	22		
	警防費					21	99	19		
	救護費					11	5	3		
	特設消防署設置費負担金							111	3	
	計	25	13	10	4	86	402	560	2,220	2,351
合計		58	49	54	73	158	507	690	2,327	2,447

出典：「決算表」（各年度）。

注：(1)1944～45年度は、「警防費」のうちの「防空費」となっている。1944年度に「警防費」に組み入れられている疎開関係の支出は除いた。

防空指導ノ完璧ヲ期スル」ため防衛課が新設され、防空訓練の「育成」と防空設備の「整備促進」を担当した（事41、45）。さらに四月（七日間）・八月（一七日間）・九月（一〇日間）・一〇月（一〇日間）に鎮守府・県の指導による防空訓練、「隣組防火群」の講習会も実施された。

また同年度からは、防空関係の資材購入が急増している。同年度臨時部の防空設備資材整備費約五万円により、自動車ポンプ・小型ガソリンポンプ・小型腕用ポンプ用ホースが購入され、大型貯水槽・小型貯水槽が新設された。

(三) 特別会計

当期の特別会計は歳入・歳出とも、一般会計と同様に漸減傾向にあった（表4-19）。また、水道費・市立病院費の二特別会計は黒字を生み、水道費は一九三〇年（昭和五）前後から一般会計への繰入をはじめ当期には五〜八万円を、また市立病院費も三九年から一万円の繰入をはじめた。両会計の合計繰入額は五〜七万円に達し、これは土地交換事業費の損失に対する一般会計の繰入金四〜五万円を上回った（表4-20）。比較的規模の大きい水道費・市立病院費・震災救済事業費・土地交換事業費の四特別会計について、当期の特徴を検討する。

(1,000円)

屎尿清掃事業費		特別会計合計	
歳入	歳出	歳入	歳出
		3,073	2,983
		2,663	2,516
		1,938	1,772
		2,005	1,850
		1,877	1,734
397	379	2,354	2,185
423	423	2,568	2,473
		1,884	1,838
		2,992	2,173

水道費

海軍水道に依存していた市の水道事業は、人口の増加、海軍需要の拡大により、新たな水源が必要となった。夏期の送水減は恒常化し、また艦隊入港による断水もあった。このため一九三〇年代はじめに、主な水

表４-19　各特別会計歳入歳出合計　1937～45年度

年度	水道費		市立病院費		奨学基金		震災救済事業費		公益質舗費		土地交換事業費		自作農創設維持事業費	
	歳入	歳出	歳入	歳出	歳入	歳出	歳入	歳出	歳入	歳出	歳入	歳出	歳入	歳出
1937	553	532	159	150	2	1	903	903	137	78	1,318	1,318	0	0
1938	1,116	1,088	187	145	2	1	900	900	137	74	320	307	2	2
1939	555	537	233	169	2	1	907	907	142	79	99	78	0	0
1940	563	559	255	206	2	1	936	936	140	69	109	77	1	1
1941	607	574	259	257	2	1	760	760	133	62	115	78	1	1
1942	615	593	242	235	2	1	834	834	138	67	126	76	0	0
1943	666	666	560	553	2	1	689	689	134	66	91	74	2	2
1944	525	512	430	400	4	1	753	753	97	97	74	74	1	1
1945	1,510	989	738	442	4	0	741	740					1	1

出典：「決算書」（各年度）。

表４-20　一般会計・特別会計間の繰入金　（1,000円）

年度	特別→一般水道費	一般→特別 水道費	一般→特別 市立病院費	一般→特別 奨学金	計
1923		15		2	17
1924		20	10	1	31
1925			18	震災救済事業	18
1926			14		14
1927			16	3	19
1928			20	0	20
1929	3		20	0	20
1930	82		12	土地交換事業	12
1931	53		17		17
1932	75		20	48	68
1933	50		19	60	79

年度	特別→一般 水道費	特別→一般 市立病院費	計	一般→特別 市立病院費	一般→特別 土地交換事業費	計
1934	51		51	20	45	65
1935	50		50	5	45	50
1936	50		50	4	45	49
1937	50		50		40	40
1938	55		55		41	41
1939	67	10	77		50	50
1940	65	10	75		55	55
1941	65	10	75		60	60
1942	65	12	77		60	60

出典：横須賀市「軍港都市財政調書」（1942年６月）、13表。

源を、従来の海軍水道余水から神奈川県営水道の給水に転換することになった。三〇年代半ばには、県営水道分水の水量は、海軍水道余水の三倍に達している（資Ⅲ440）。

一九三六年から第二期拡張工事がはじまり（資Ⅲ441）、三六～三八年度には市債二三万円余が発行された。三六年に逸見ポンプ場が完成し、県営水道の揚水量は三五〇〇tから五〇〇〇tに増加した。その結果、「市が水道布設以来貰つてゐた海軍の水も、もう之からは貰はなくともタップリ足りるわけである」（資Ⅲ443）と『横浜貿易新報』（一九三六年八月八日）が報じたように、新たな水源が確保されることになった。三八年には鎮守府も、神奈川県・横須賀市と県営水道分水の契約を結んでおり、海軍も県営水道への依存を深めたのである（資Ⅲ444）。

当期の本特別会計歳入は、水道使用料・料金を主とし、それに給水工事収入と県の交付金を加え五五～五六万円で安定していた（表4-21）。なお、一九三八年度の市債は借換によるものである。歳出も、経常部は五～六万円の事務費、八～九万円の作業費が主な支出で一定している。また臨時部は市債償還の公債費が、借換を除き毎年一一～一二万円計上され、さらに県営水道の負担金が増加して一四～二一万円の支出となった。また、第二期水道拡張費などの支出も三六年度からはじまる。しかし特別会計は、毎年度経常部へ五～六万円の繰入を継続しており、三六年度までと同様に(15)、剰余金から水道事業拡張の経費を捻出し、かつ一部を一般会計へ繰り入れていたのである。

市立病院費

本特別会計は、戦時に使用料ほかの事業収入が一五万円から二〇万円に増加した（表4-22）。一九三九年度には「患者増加ニヨル病室ノ不足」を来して臨時病室を増築した（事39、153）。入院患者延数は年間二〇〇人ほど増加し

（1,000円）

歳出・臨時部											歳出合計（経常部・臨時部）
公債費			県営水道負担金	第2期水道拡張費	水道拡張調査費	一般経済繰入	作業費（給水工事）	水道費雑給	訴訟費	計	
元金償還	利子	計									
60	50	110	144	76		50			0	380	532
655	44	699	172	15	4	55			0	945	1,088
80	37	117	191	賠償金		67	9		3	386	537
86	34	120	205	20		65	7	0		412	559
89	30	120	211	15		65		10		427	574
96	26	123	220	14	3	65		12	管理委託費	436	593
200	22	222	252	0	7	0		15		496	666
105	18	122	173								512
109	21	130							8	8	989

助金は、1940～41年度は臨時家族手当補助、1942～43年度は金属類

表4-21　特別会計水道費　1937～45年度

年度	歳入 使用料・手数料	前年度より繰越金	市債	雑収入 不用品払代	預金利子	雑入	計	給水工費収入	県交付金	国庫支出	計	歳出・経常部 事務費	作業費 水道維持費	配水場費	ポンプ所費	給水費	計	雑支出	委託管理費	計
1937	401	26	59	9	0	3	13	54			553	55		3	5	86	95	1		151
1938	426	21	583	11	1	2	14	47	24		1,116	53		2	6	80	89	1		143
1939	459	28		0	1	3	4	37	27		555	55		3	9	82	95	1		151
1940	478	17		1	1	1	2	33	31	1	563	63		3	11	68	83	1		146
1941	508	4		0	1	2	3	44	46	0	607	69		4	15	58	77	1		147
1942	496	33		0	1	1	2	37	44	2	615	78		4	10	62	76	2		157
1943	508	22	100	0	1	1	2	30	3	1	666	101		5	11	50	66	2		169
1944	481	1	市費繰入			7	7	36	0		525	124			11	80	91			512
1945	809	13	15			33	33	300	24	315	1,510	152	39			108	141	6	552	982

出典：「決算書」（各年度）。
注：計にはその他を含む。1944年度の県営水道負担金、1944～45年度の公債費は経常部に移動している。国庫補特別回収費補助。

たが、患者の収容に「万全ヲ期シ得ザルヲ遺憾」として四〇年度にも病室増設を計画している（事40、187）。また医員に応召者を出し、看護婦も「事変下ニ於ケル人員不足」により欠員が生じたが、「全員協力ノ結果」で対応したという（事39、153～154）。当期の患者数は入院患者・外来患者ともに、臨時増築した三九年度に増加している。しかしどちらも、その後は実数・延べ数ともに頭打ちとなっており、病院の対応は限界に達していたといえよう（表4-23）。

歳入の増加と、給料・雑給、需用費などの歳出節減により黒字が生じた。市債は毎年一・五～三万円償還され、三九年度からは一万円を一般会計へ繰り入れている。特別会計は三六年度まで、一般会計から歳入補塡の繰入があったが（表4-20）、逆に一般会計への繰入が可能になったのである。また四一年度には三万円の病院維持基金が積み立てられた。特別会計は拡大傾向にあったが、病室増築のためのまとまった支出はなかった。修繕費のなかから経費を捻出して応急的に臨時病室を増設し、患者増に対応したのであろう。不充分な設備、不足する職員をフル稼働して一定の余剰を実現したのである。

震災救済事業費

本特別会計は、震災後の住宅対策として、総額三三五万円を借り入れて市民に住宅資金を供給し、また建築した住宅を売却する震災救済事業によるものである（表4-24）。歳入は貸付金の返済一八～二八万円、市営住宅の売払代約二万円であるが、貸付金・売却代の滞納の回収には「困難ナルモノ」があった。例えば一九三八年度決算では六七万円の「歳入欠陥」が生じており、これは次年度予算の繰上により補填された（事39、31）。歳出は市債償還に二〇～二七万円、および前年度繰上金の返済である。

（1,000円）

歳出（臨時部）							歳出計
公債費			積立金	一般経済繰入	雑給	計	
元金	利子	計					
	15	15				15	150
	15	15				15	145
	15	15		10		25	169
17	15	32		10	1	43	206
18	14	32	30	10	6	78	257
19	13	32		12	10	55	235
306	12	318			22	340	553
20	11	32					400
21	10	32					442

戦時には滞納整理が積極的に行われた。貸付金滞納者のうち「悪質ナル者」を、「強制的手段」によって整理したところ「極メテ良好ナル成績」をおさめたという（事40、47）。貸付金や建物売払代の滞納整理により公債の元利償還がすすみ、次年度繰上額は徐々に減額しており、四一年度決算は五七万円であった。

土地交換事業費

土地交換事業は、海軍提供用地と市側買収民有地の交換により、市側が海軍提供用地を売却し、民有地買収のため起債した市債を償還するものである。しかし、交換用地売却は計

表４-22　特別会計市立病院費　1937～45年度

年度	歳入					歳出（経常部）							
	使用料・占用料・手術料	市債	積立金繰入	前年度繰越金	計	市立病院費						設備改善費	計
						給料	雑給	患者費	需用費	修繕費	計		
1937	156				159	55	30	44	23	2	135		135
1938	175			9	187	37	28	42	21	3	130		130
1939	188			42	233	52	17	52	23	1	144		144
1940	189			64	255	55	22	54	26	7	164		164
1941	205			49	259	58	31	56	27	7	179		179
1942	234			2	242	58	35	63	23	1	180		180
1943	261	287		8	560	67	46	64	30	5	213		213
1944	376	市費繰入	30	7	430	77	102	0	158	10	347	18	400
1945	448	256		30	738	100	180	0	140	6	410		442

出典：「決算書」（各年度）。
注：計にはその他を含む。1944-45年度の公債費は経常部に移動している。積立金は病院維持基金積立金。

表４-23　市立横須賀病院の患者数　（人）

年度	1937	1938	1939	1940	1941	1942	1943	1944	1945
入院患者実数	1,599	1,659	1,811	1,695	1,517	1,658	1,576	1,545	1,174
同延べ人数	32,687	33,527	35,493	35,292	35,381	39,577	39,349	40,466	32,904
外来患者実数	10,909	12,347	14,000	13,619	13,954	16,651	19,082	19,170	12,769
同延べ人数	67,796	80,327	83,793	83,794	80,264	84,173	88,803	83,794	56,064

出典：「事務報告書」（各年度）。

画通りにはすすまず、毎年の土地売払代三〜四万円では歳入が不足し、市費繰入四〜六万円を加えて、毎年約七万円余の市債償還を行っていた（表4-25）。なお、土地売払代滞納者には「強制的手段」により処分を行っている（事40、47）。

一九三七年度には、三二年度に続いて新たに二三万円を次年度予算から繰り入れ、それまでの歳入欠陥を補塡して「予算面ヨリ見タル歳入欠陥ハ皆無」となった（事39、31）。この繰入は次年度に返済されるが、ほぼ同額の市債二二万六〇〇〇円が発行された。市費繰入による市債の償還は一九六六年まで継続する予定であった。

震災救済事業費・土地交換事業費の特別会計は、四一年度末になお、それぞれ九〇万円、一一六万円の未償還市

表4-24　特別会計震災救済事業費　1937～45年度

（1,000円）

年度	歳入									歳出（臨時部）						
	貸付金収入(返納金)	市費繰入金	建物売払代	雑収入 次年度歳入繰上	雑収入 雑入	雑収入 計	国庫補助	市債	計	給料・雑給・需用費	雑支出 前年度繰上金返却	雑支出 計	公債費 元金償還	公債費 利子	公債費 計	計
1937	179		20	686	17	703			903	7	681	682	147	66	213	903
1938	190		20	667	22	690			880	11	686	687	135	67	202	900
1939	209		24	657	16	674			907	9	667	668	165	65	230	907
1940	277		25	616	16	633			936	9	657	659	203	64	268	936
1941	165		8	572	15	587	0		760	11	616	617	73	57	130	760
1942	238		6	576	13	589	1		834	11	572	573	144	106	250	834
1943	55		4	624	4	630	0		689	9	576	576	59	45	104	689
1944	44	35	2	671	2	673	0		753	4	624	624	90	35	125	753
1945	24	35	11			1		670	741	0	671	671	52	18	69	740

出典：「決算書」（各年度）。

注：計にはその他を含む。国庫補助は「市町村吏員臨時手当補助」、「臨時家族手当補助」。

表4-25　特別会計土地交換事業費　1937～45年度

（1,000円）

年度	歳入										歳出（臨時部）							
	貸地料	市費繰入金	土地売払代	前年度より繰越金	雑収入 過年度諸収入	雑収入 次年度歳入繰上	雑収入 雑入	雑収入 計	市債	計	給料雑給需用費	諸税及負担	公債費 元金償還	公債費 利子	公債費 計	雑支出 前年度歳入繰上返却	雑支出 計	計
1937	3	40	25		1	230	0	232	1,018	1,318	2	2	1,089	50	1,141	173	173	1,318
1938	3	41	47		2		0	2	226	320	1	2	22	54	76	230	231	307
1939	3	50	32	11	0		2	3		99	1	1	23	52	76		0	78
1940	3	55	26	21			2	3		109	1	0	24	51	75		0	77
1941	3	60	17	31			1	2		115	2	0	25	50	73	0	0	78
1942	2	60	27	35			1	1		126	0	0	26	49	75	0	0	76
1943	1	30	10	50			0	1		91	0	0	28	46	74			76
1944		36	18				0	0		74			29	45	74			74

出典：「決算書」（各年度）。

注：計にはその他を含む。

債をかかえていた（表4－8）。償還は長期にわたるが、毎年度それぞれ二十数万円および七～八万円の元利返済が順調にすすんでおり、市当局は一九四〇年度の両特別会計に「極メテ良好ナル成績ヲ挙ゲ得タリ」との評価を下している（事40、47）。

第二節　太平洋戦争（一九四二～四五年度）

(一)　軍港都市への重点的補助

一九四二年の財政計画

一九四一年（昭和一六）末に太平洋戦争がはじまると、停滞していた市財政は翌四二年度から急膨張するが、これは、主に国庫補助の激増によるものであった。太平洋海域への戦線拡大は軍港の重要性を一層高め、市は軍港都市への重点的な補助を積極的に要求していく。

横須賀市の人口は、一九四二～四三年に戦前期のピークとなり三五万人を超えた。四三年四月には四町・二村と合併し、市域は大幅に拡張した。このとき逗子町も合併され五〇年まで編入された。同町の四〇年現住人口は二万四八九六人であり[16]、戦争末期の人口急増を加速した。四三年の人口三五万八五四七人から四〇年の逗子町の人口を除くと、三三万三六五一人となるが、同じ市域の三〇年代初頭の人口は一八万人であったから、一〇年間で八割以上増加したことになる。また戦時行政の拡大は市吏員数の増加をさらに促し、四二年には四四七名に達した。

一九四二年度から、主要な軍港都市に相応する諸設備を実現するため、軍港都市・海軍双方により助成金・

分与税の増額が計画された。横須賀市は四二年以降も、構造的財政難の打開を前提とする市内諸設備の整備を立案する。それが、同年六月二〇日付の「横須賀市財政概要」[17]、および同月の「軍港都市財政調書」[18]であった。

前者は、まず冒頭で横須賀市を「一大軍港要塞」、「我ガ無敵大海軍ノ母港且ツ大策源地」と位置づけたうえで、軍港都市の「特殊事情」に起因する「財政難」により、その「責務」を果たせず「苦慮困憊」していると記している。軍港都市としての重要性は六大都市に劣らないが、構造的な財政難により教育・衛生・社会事業などの事業が「手モ足モ出ザル状態」に陥り、「将来ニ関シ」て「絶望的」としているのである。ここに記された軍港都市の特殊事情は、他の軍港都市にも共通するものであり、二〇年代以来の課題はなお継続していたのである。

海軍経理部・内務省の調査

また、横須賀市が書類を作成した一九四二年六月には、横須賀海軍経理部も市財政に関する調査報告書[19]をまとめている。この報告書は、ほぼ横須賀市の主張に沿っており、市財政が「誠ニ貧弱」で海軍の期待に反し、軍港機能が「発揮不可能」であると結論づけている。また、「長期戦完遂」のため軍港都市横須賀の重要性が高まり人口増加は加速するが、大きく立ち遅れた上下水・教育・衛生・防空など諸施設の整備は、構造的な財政難のもとでは実現困難と認識している。すでに、海軍助成金は四〇年前後から急増し、軍港都市に対する国庫補助は拡大しつつあったが（表4-9）、市や海軍経理部は、戦時の軍港都市の膨張に応じた市財政の確立、つまり、財政難を克服し歳入を確保するため、さらなる国庫補助を要請したのである。

また内務省の意見書にも、一九四二年度末に成立した臨時軍事費予算追加による、軍港三市（横須賀・呉・佐世保）に対する施設補助が、軍港都市調査委員会により検討され、各市に対するまとまった額の補助交付が答申されている。[20]横須賀市の場合、答申された四三年度の三一一万円（実行計画額）・三八万円（緊急施設）の施設補助は、軍港関係特別国庫補助施設費（予算三四三万円）（後掲、表4-28）として予算措置され、軍港都市への重点的な国庫補助がはじまった。軍港都市に対する重点的な補助政策に、内務省も同意したのである。ただしこの意見書には、「本施設ノ実施ニ当リテハ相当多量ノ重要物質ヲ要スルモ、現下物資需給ノ状況ニ鑑ミ之ガ調達ハ極メテ困難ト認メラルルヲ以テ、軍部ニ於テ所要資材ノ配給ニ付特段ノ考慮ヲ払ハレタキコト[21]」と付記されている。戦時下において、予算の執行は資材・労力調達に左右されることになった。

（二）一般会計

（ア）歳入の構造

国庫補助の急増

一九四一年度（昭和一六）まで二〇〇万円前後で停滞していた歳入は、翌四二年度の四八九万円から四五年度の二八九六万円へ六倍近くに激増した。うち市税は一九九万円から三五三万円へ増加したが、歳入に占める割合は期初の五〇%台から四四～四五年の一〇%台に低下した（表4-4）。また、前期（三七～四一年度）に歳入の一〇%前後であった市債は、四四～四五年度にはやや増加して四〇〇万円に迫り、市税を上回るようになった。

ところで、当期（一九四二～四五年度）の歳入に最大の比重を占めたのは国・県の補助金であった。四一年度まで一五%前後の補助金は、四二年度以降は二〇～三〇%に増加し、四五年度には三六%となった。その大半は国庫補助であり、海軍助成金が増額され、また四三年度からは軍港都市を対象とする巨額の補助がはじまった。

市税の比重の低下、国庫補助の増加という傾向は全国各市にも共通するが、横須賀の場合、国庫補助の大きさが特徴である（表4-5）。軍港都市に対する重点的補助は一九四三年度決算から実現しているが、四三～四五年度予算をみると増額はより明瞭であり（表4-3）、呉・佐世保などにおいても同様の傾向が推測される。

ただし、資材・労力の不足により予算執行が難しくなり、一九四三～四四年度には予算・決算の乖離が拡がった。未執行予算の次年度繰越が急増することになり、太平洋戦争末期には数百万円が繰り越されている。市は懸案の国庫補助を獲得したものの、ほとんど執行できずに敗戦をむかえたのである。

市税・市債

一九四二年度から市税の増加が顕著になったが、歳入に占める割合は低下した。第一に、所得税・法人税を中心とする国税の増収により、四二年度から国税附加税が市税の四〇％以上を占めるようになった（表4-6）。四三年度には、国税の「飛躍的増収」により市役所や銀行窓口に納付者が「殺到」し、「大混雑」となった（事43、170）。第二に、同じく四二年度から地方分与税が三〇％台になり、中央経由の財源が拡大した。国税附加税と地方分与税は市税の七〇％以上を占めている。そのほか、独立税は、前期と同様に自転車税・給仕人雇傭税・犬税・軌道税などであり、当期には人口増加により三〇万円台から六〇万円台に大幅に増加し、構成比も一〇～二〇％に高めた。

次に、歳入に占める市債の割合は、一九四四年度二一％、四五年度一三％と高まった。戦争末期には、前期と異なり、国庫補助の増額とともに市債発行も増加し、四五年度には年度末未償還額が増加している（表4-8）。四二年四月の未償還額一〇〇六万円の内訳は、震災復旧関係四二二万円、震災救済事業（教育関係を含む）一一一万円、土地交換事業一一五万円、水道事業六五万円、教育関係五一万円、その他（失業応急事業・市立病院・住宅関係など）一二九万円である（表4-26）。また、財政整理・歳入欠陥補塡に一一四万円の未償還額があった。教育・衛生などの未償還額は減少したが、震災関係と土地交換事業、および損失補塡の市債未償還額は多額であり、その整理は戦争末期にも継続したのである。

重点的国庫補助の実現

表4-26　市債起債額・未償還額（1942年4月現在）

（1,000円）

		借入額	未償還額
教育	小学校関係	900	509
	盲学校債務継承	3	2
衛生	隔離病舎建築	26	20
	下水道改修	29	22
社会	託児所建築	24	17
一般	住宅	430	176
	店舗・店舗向住宅建設	296	124
	中小商工業者貸付資金	280	6
	農村及中小商工業関係元利支払	171	146
	失業応急事業	568	413
災害復旧		53	49
震災	小学校応急施設	508	455
	公立学校震災復旧施設	1,030	1,030
	学校以外震災復旧・震災応急	2,843	2,732
財政整理		935	843
歳入欠陥補塡		301	301
特別会計	水道拡張、公債償還・借替	1,134	647
	市立病院建築費旧債償還	350	315
	震災救済事業費旧債償還	456	456
	同　一時借入	650	650
	土地交換旧債償還・財政整理	1,244	1,149
	自作農創設維持事業費	1	1
	合計	12,232	10,062

出典：横須賀市「軍港都市財政調書」1942年6月。

一九三〇年代後半に三〇〇万円前後の補助金は、四一～四二年度に急増した。四三年度からは連年倍増を続けるが、その大半は国庫補助であった（表4-9）。当期の歳入に占める補助金は、全国各市で一七％を占めたが、横須賀市では二七％を超えており、最大の歳入費目となった（表4-5）。

この、一九四二年度以降の国庫補助額の急増は、四二年度は海軍助成金、四三～四五年度は

表4-27　主要国庫補助金　予算・決算　1943〜45年度　（1,000円）

年度	1943		1944		1945	
	予算	決算	予算	決算	予算	決算
補助金	2,508	2,280	6,811	4,495	10,740	8,566
臨時手当補助	51	34	50	40	54	184
臨時家族手当補助	40	16	36	24	92	110
戦時勤勉手当補助	38	16	42	19	33	24
勤続手当補助			10	5	22	15
特別賞与補助			59	31	37	20
臨時物価手当補助					168	196
給与改善費補助					147	208
特別臨時手当補助					18	17
工業学校費補助	8	8	8	18	4	4
青年学校費補助	9	10				
商業学校転換費補助			10			
金属類特別回収費補助	19	11				
資源回収費補助			19	13		
平作川改修事業費補助			100		198	228
救護費補助	19	10	9	10	7	7
母子保護費補助	10	8	9	8	7	5
軍港関係特別施設費補助	2,000	2,000	658		3,350	3,350
警防費補助	252	121	5,780	4,307	1,053	994
町内会整備費補助					89	89
防空実施従事者出動費補助	23	23				
学童集団疎開事業費補助					1,049	1,119
建物疎開事業費補助					4,339	1,947
進駐軍経費補助						24
小計	2,469	2,256	6,790	4,475	10,667	8,543
下付金						
海軍特別助成金	250	250	270	270	270	270
補給金					606	606
防空残土処理費補助						578
国税徴収交付金	71	90	63	67	62	87

出典：「決算書」（各年度）。
注：「補助金」は、その他を含む補助額の合計。

国庫補助金の増額による。例えば四三年度の国庫補助金（予算二五一万円・決算二二八万円）の内訳は吏員の諸手当、教育施設、金属回収・町内会関係などであり、戦時の諸事業、河川改修、軍港関係特別施設、警防費、学童集団疎開、建物疎開などに対する包括的な補助であった（「決算書」1943）。そのうち、軍港関係特別施設費補助は軍港都市を対象とするもので、予算・決算規模は二〇〇万円と巨額であり、二〇年代半ば以来の軍港都市の要請が実現したことを意味した（表4-27）。四三年度の「事務報告」は次のように、海軍の支援により懸案が実現し施設整備の諸事業が緒についたと評している。

本市多年ノ要望タリシ軍都緊急助成事業モ、〔四二年〕十二月二十一日海軍当局ノ御援助ニ依リ特別国庫補助金二百万円交付ノ指令ニ接シ、上水道・下水道・衛生・教育・道路施設等ノ画期的建設事業ノ実現ニ着手セリ（事43、1）

一九四三年度以降の補助の急増は、同年度から計画される諸事業の財源となった。ただしこの国庫補助は、予算通りには交付されなかった。四三年度には、軍港関係特別施設費補助二〇〇万円は全額交付され、ほかの費目もほぼ予算通りであった。しかし翌四四年度には、海軍特別助成金は全額交付されたが、他の補助金については六八一万円の予算に対し決算は四五〇万円（六六％）にとどまった。四五年度には一〇七四万円の予算に対し八五七万円（八〇％）に減額されている。特に戦争末期の四四年度の決算は、予算を大きく下回ったのである。

(イ) 歳出の構造

歳出の急増

一九四二年度（昭和一七）以降の一般会計歳出（経常費・臨時費）は、四四～四五年に向かって大きく変化する。比較的多額の費目をみると、まず事務量の増加と人件費の上昇により役所費は四二年度以降も増加を続け、四三年度には倍増して一〇〇万円（二〇％）を超えた（表4-10）。また警防費は前期から連年増加を続け、四二〜四三年度には歳出の一七％となり、四四〜四五年度には二〇％を超えた。さらに、疎開事業は四四〜四五年度最大の費目となり、四四年度三九四万円（三五％）、四五年度二四三万円（一九％）、両年度合計六三七万円は当期最大の費目である。戦局の悪化により空襲を想定した防空・疎開の経費が突出するようになり、四四〜四五年度には歳出の過半を占めたのである。

そのほか、教育費は漸増しているが、構成比は急減し、一九四四〜四五年度には六〜七％にまで低下した。四一年度まで増加した衛生費も、四四〜四五年度には比重が低下し、土木費・社会事業費、その他の諸事業についても同様であった。物価・賃銀の高騰により実質的な支出額は大幅に減少したといえる。

役所費

太平洋戦争開始直後の市役所事務量の増加について、一九四二年度の「事務報告」は、会計課の事務量の急増を次のように述べている。

大東亜戦争勃発以来、会計事務更ニ繁忙ヲ加ヘタリ、……銃後諸施設ハ各方面トモ一段ト激増シ、源泉課税ノ控除、臨時手当、家族手当、戦時特別手当等ノ諸給与ハ更ニ加ハリ、其他一般会計、各特別会計ノ経費支払事務ハ倍々激増ヲ来シタル外、入営兵ニ対スル入営及帰郷旅費ノ振替払ノ増加ト一般事務ノ繁雑シニ依リ、通信費ノ支出増加等ハ其ノ重ナルモノナリ（事42、189）

また、一九四三年四月の四町・二村との合併も事務量を増加させた。同年一〇月には「市制施行以来ノ大改革」により、総務・厚生・経済・土木・教育・防衛の六部のもとに二一課が置かれ、「益々輻輳」する行政事務の「能率的処理」がすすんだ。事務量・業務量の増加により役所費は増加し、四三年度に歳出の二四%を占めたのちも(表4-10)、比重はやや低下するが支出額は急増し、疎開事業費や警防費に並ぶようになる。

教育費の停滞

児童数の急増にもかかわらず教育費は停滞し、歳出に占める割合も二〇%から六~七%に急落した(表4-10)。前期より続く教育環境の劣化は、当期にはさらに深刻化したといえよう。二部授業学級数は、一九四二年にはさらに増加して一四一となり、六町村を合併した四三年には一七五となった(表4-13)。市中心部となる旧横須賀町・豊島町・田浦町に加えて、衣笠方面でも増加が目立っている。また四三年に合併した逗子・浦賀・武山地区でもすでに二部授業が実施されていた。しかし、深刻化した教室不足は、四四年度からの学童集団疎開により、いったんは隠蔽されることになる。

停滞する教育費支出のなかで、市立工業学校に対する支出は増額された。市立実業補習学校は一九三六年に市立実業学校となり、三九年四月には市立工業学校となった。卒業生は海軍工廠・航空技術廠など横須賀の海軍施設や近在の工場に就職している。四三年一〇月から男子商業学校は、工業・農業もしくは女子商業学校に転換することになった。市は私立横須賀商業学校を買収して市立とし、その敷地・校舎を拡充して市立工業学校を移転し、両校を合併させて四五年四月に市立工業学校を設立した(通687~690)。移転費は軍港関係特別国庫補助施設費から二八万円が支出された(後掲、表4-28)。県立工業学校敷地買収費と合わせて、戦争末期には工業教育への支出が増加したのである。

衛生費

戦時にも、横須賀の衛生状態は「外来ノ人士ヲシテ『横須賀ハ実ニ汚イ』ノ一言ヲ異口同音ニ発セシムル」といわれたように(22)、衛生施設は立ち遅れていた。先にみた横須賀海軍経理部の調査書類によれば、市内の衛生施設は「極メテ不備」で、特に屎尿処理施設は「機材・労力ノ不足」により「垂レ流シノ状況」にあった(23)。一九三八年の人口一万人あたり伝染病患者数は全国平均二四・四人、都市平均四〇・七人であるが、横須賀市は五六・六人であり、三九年八三・三人、四〇年九五・五人、四一年六〇・九人と都市平均を大きく上回っていた。横須賀市の伝染病発生は「遺憾ナカラ全国及各都市ニ比較シ遙カニ高度ノ数字ヲ示」しており、その原因は「主トシテ汚物処理ノ不完全ニ依ル」とされたように(24)、衛生施設の不備にあった。

衛生費は一九三〇年代半ばに増額され四一年度には四五万円（歳出の二〇%）となったが、四二～四三年度には急減している（表4-10）。これは同年度に、歳入出四〇万円規模の特別会計屎尿清掃事業費が設けられたことによる（表4-19）。屎尿処理は一部市営、一部業者請負であったが、四二年度に各町内会長を株主とする横須賀清掃株式会社が設立され、事業を委託して手数料を徴収し、特別会計を設けて「自給自足」することになった。しかし同社はまもなく解散してすべて市の直営事業となり、特別会計も廃された（事42、92）。特別会計分を加えた事業費は、四三～四四年頃をピークとして戦争末期に減少する。

衛生費の大半は前期同様に汚物掃除費であったが、伝染病対策にも数万円の支出があった。汚物掃除の人員と設備は、一九四三年度に人員が増員され石炭自動車が一五台配備されるなど陣容が充実したが、翌四四年度には人員・設備ともに後退している（表4-15）。当期には、人口増加に応じて処理量は急増したが、戦争末期には減少した。年間塵芥搬出量は四一年度一・一万t、四二年度一・二万t、四三年度二・八万t、四四年度一・一万tで（事41～44、「清掃」関係）、四三年度には市域拡張により排出戸数が前年度の二・八万戸から四・

五万戸に増加し搬出量も倍増したが、四四年度になると搬出量が激減したのである。

一九三九年度の屎尿処理量は九・八万石であったが、四一年度二五万石、四二年度三二万石、四三年度三四万石（農村還元二万石）、四四年度三三万石（同九万石）と推移した（同前）。四三年度には「時局下是ガ修理用資材購入意ノ如クナラズ、遺憾乍ラ本年ノ屎尿清掃ハ不円滑」（事43、148）、四四年度には「労務、資材ノ逼迫ニ依リ作業意ノ如ク進展セザルタメ、本年屎尿処理ハ不円滑」（事44、67）と報告されたように、資材・労力の欠乏により処理量は停滞した。また、食糧難の深刻化にともない農村への還元がすすめられ、四二年度に市は、三浦郡農会と屎尿の「輸送契約」を結んだ。しかし輸送用の「燃料不足」のため「遺憾ナガラ」成績は不振で、多くは「海洋投棄」された（事42、92）。屎尿の農村還元は「事情ノ許ス限リ是ヲ強行」したが、輸送の限界があり（事43、149）、四四年度には九万石に増加したが、なお処理量の二六％にとどまった。

戦時特別補助事業

国庫補助を財源として、一九四三年度から軍港関係特別施設費補助が、翌四四年度から海軍特別助成金施設補助がはじまり、多様な施設整備事業に多額の予算が付された（表4-28）。軍港関係特別施設費補助は、上下水道施設、国民学校新築・移転改築・増改築、市立工業学校移転・改築、消毒所・火葬場新設など、海軍特別助成金施設は国民学校校地拡張、高等女学校雨天体操場新築、工業学校銃器購入、屎尿処理設備、屎尿清掃処理施設、火葬場新設、共同便所新設、火葬炉増設、塵芥処理施設、火葬場復旧などに対する補助であり、教育・衛生・上下水道関係など広範な施設整備を対象とするものであった。これらの施設は、人口急増にもかかわらず財政の制約により整備が遅れていた懸案事項であり、先にみた四一年六月提出の八事業や、内務省意見書に記された委員会答申が、軍港都市を対象とする重点的な補助として実現したものといえよう。

しかし、数百万円におよぶ巨額の予算のほとんどは執行されずに繰り越された。すなわち、一九四三年度には三四三万円の予算に対し、決算額は二万円弱と一%にみたず、ほぼ全額が翌年度に繰り越された。予算未執行の理由は、資材入手の困難であった（表4-28、「決算書」1943）。翌四四年度には、巨額の繰越により軍港関係特別施設費の国庫補助額は、前年度の二〇〇万円から六六万円に激減し決算はゼロとなったが（表4-27）、海軍特別助成金施設費が新たに組まれ、合わせて五二三万円の予算となった。しかし、やはり決算は計八〇万円（予算の一五%）に過ぎず三八五万円が次年度に繰り越された。翌四五年度には、軍港関係特別施設費の交付額は三三五万円に増加し、六八一万円の予算が組まれたが、決算は一四一万円（二一%）にとどまった。総務部の調査によれば、四四年度の資材調達は、一部を除き困難となっていたのである。

本年度資材関係ニ付テハ、之ガ性質上戦局ノ苛烈ト共ニ益々其ノ用途ヲ軍需方面ニ充足セラルル関係上之ガ統制ノ強化セラレ、民需ヘノ割当ハ減少セラル、結果ト相成リ、加ヘテ労力需給ノ不足、運輸上ノ困難ハ交渉獲得ニ大ナル努力ヲ要シタルモ、防空関係資材並ニ決戦非常措置ニ基ク重要土木工事等ノ関係資材

越額　(1,000円)

1945年度				
予算額	決算額	翌年度繰越額	不用額	理由
6,244	1,320	4,796	129	
902	95	807	0	*2
607	51	556	0	*2
1,623	438	1,185	0	
228	35	192	0	*1
72		72		*1
75		75		*1
59		59		*1
49		49		*1
12		12		*1
54		54		*1
673	125	548	0	*1
49		49		*1
293	278	16	0	*1
60		60		*1
419		419		
214		214		*1
205		205		*1
2,693	735	1,830	128	*1
561	92	469	0	
105	3	102	0	
49	3	46	0	*5
38		38		*1
6		6		*3
12		12		*3
456	89	367	0	
319	54	265	0	*1
31		31		*1
10	1	9		*1
45	1	44		*1
52	34	18	0	*1
6,805	1,412	5,265	129	
	20.7	77.4		

ず、*4は用地費その他の繰越、

表4-28　軍港関係特別国庫補助施設費・海軍特別助成金施設費の予算・決算・繰

	1943年度					1944年度				
	予算額	決算額	翌年度繰越額	不用額	理由	予算額	決　算額	翌年度繰越額	不用額	理由
軍港関係特別国庫補助施設費	3,429	19	3,410	0		4,447	588	3,289	570	
第一期上水道施設費	500	4	496	0	*1	696	94	602	0	*2
第一期下水道施設費	500	3	497	0	*1	497	190	307	0	*2
教育施設費	1,816	13	1,803	0		1,803	206	1,028	570	
久里浜国民学校移転改築費	425	11	414	0	*1	414	88	228	98	*
田浦方面国民学校新築費	127	1	126	0	*1	126	6	72	48	*4
衣笠国民学校増築費	154	0	154	0	*1	154		75	79	*2
逸見国民学校増築費	59		59		*1	59	0	59	0	*4
池上国民学校増築費	222		222		*1	222	0	49	173	*2
田戸国民学校増築費	12		12		*1	12	0	12		*2
山崎国民学校増築費	54		54		*1	54	0	54		*2
武山国民学校増築費	203	0	203	0	*1	203	65	138	0	*4
沼間分教場増築費	220		220		*1	220		49	172	*2
市立工業学校移転改築費	340	1	339	0	*1	339	46	293	0	*
久木分教場増築費										
保健衛生施設費	250		250			250		250		
消毒所新設費	45		45		*1	45		45		*2
火葬場新設費	205		205		*1	205		205		*2
道路改修費	363	0	363	0	*1	1,200	98	1,102	0	*1
海軍特別助成金施設費						780	213	561	6	
教育費						135	30	105	0	
国民学校校地拡張費						79	30	49	0	*
第二高女校雨天体操場新築費						38		38		*3
教授用具購入費						6		6		*3
工業学校銃器其他購入費						12		12		*3
衛生費						645	183	456	6	
屎尿処理設備費						400	81	319	0	*2
屎尿清掃処理施設費						66	35	31		*3
火葬場新設費						55	55		1	
共同便所新設費						2	1		1	
休憩所並衛生施設費						12	7		5	*2
火葬炉増設費						10		10		*2
塵芥処理施設費						45		45		*3
火葬場復旧費						56	4	52	0	*2
合計	3,429	19	3,410	0		5,227	801	3,850	576	
執行比率(%)、繰越比率(%)		0.6	99.4				15.3	73.7		

出典:「決算書」(各年度)。

注:繰越の理由について、*は具体的な記載なし、*1は資材入手困難、*2は工事未了、*3は支出でき
*5は買収未了、と「決算書」に注記されている。

ニシテ、其ノ要望セル木材、石材、セメント、石灰、塗料、カーバイト、燃料、用具等大部分ノ品ヲ入手スルコトヲ得タリ（事44、8）

すなわち、教育施設費として一九四三年度から計上された久里浜国民学校移転改築費ほかの国民学校新築費・増築費は、そのほとんど総てが四四年度に繰り越されたが、四四年度にも若干の執行にとどまり、さらに四五年度に繰り越された。四五年度予算では下方修正して実施された工事もあるが、やはりほとんどは執行されず翌四六年度に繰り越されている。この間、学童集団疎開により校舎の増改築は不要となったが、連年二〇〇万円近い予算が先送りされた。また上下水道の施設費も、四三年度計一〇〇万円の予算は執行率一％未満、翌四四年度にも計一二〇万円の予算に対し二八万円（二四％）の決算、四五年度にも一五〇万円の予算に対し一五万円（一〇％）の決算にとどまった。

道路改修費は一九四三年度にはほとんど執行されず、四四年度に予算が一二〇万円に増額されたが、決算は一〇万円（八％）、翌四五年度も二六九万円の予算に七三万円（二七％）が執行されたに過ぎなかった。さらに、保健衛生施設費として計上された消毒所新設費・火葬場新設費計二五万円は、四三〜四五年度には全く執行されていない。

次に、海軍特別助成金施設費は一九四四年度七八万円の予算が組まれたが、決算は二一万円（二七％）であった。国民学校校地拡張、屎尿処理施設、および火葬場新設は執行されたが、七割以上が繰り越されている。翌四五年度には執行率が一六％に下がり、屎尿処理施設に計一四万円、火葬場復旧に三万円が使用されたほかは、ほとんど執行されていない。同様の理由で予算執行が困難となり、未執行のまま繰り越されものと考えられる。

このように、太平洋戦争末期に実現した軍港都市に対する重点的な国庫補助は、一九四五年度は敗戦により戦時の負担が解消され執行率がやや上がったが、資材・労力の深刻な欠乏により執行率はきわめて低く、立ち遅れた諸施設の整備には大きな限界があったといえよう。軍港都市の課題は、戦後に持ち越されたのである。

警防費

警防費は一九四二年度に五〇万円を超え、四四〜四五年度には急増して二〇〇万円を上回った（表4-18）。警防費に対する国庫補助は巨額で、四四年度四三一万円、四五年度九九万円が交付された（表4-27）。なお、四四年の警防費には疎開事業への補助も含まれている。主な支出は防空設備・資材の整備費であり、四三〜四五年度に計四七一万円と膨張する臨時部の大半を占めた。四三年度には小型ガソリン消防ポンプ、小型腕用ポンプ、防毒面、大型・小型貯水槽、防火改修工事などに支出された（「決算書」1943）。

ただし同年度の予算額一〇七万円に対し、決算は四三万円（予算の四〇％）にとどまり多くは翌年度に繰り越された。また四四年度には、三九二万円の予算に対し、ほぼ半額の一九八万円の決算となった。同年度には隣組用ポンプが整備されたが、「年度内支出不能ノモノ」があり次年度に繰り越されたからである。さらに、四三年度からの繰越予算で購入する予定の「市民用防毒面」は四四年度にも執行できず、一部はさらに四五年度に繰り越された（「決算書」1943〜44）。

警防費においても、一九四三〜四四年度には資材不足により予算執行が次第に困難になり、多額の予算が繰り越されたのである[25]。ただし空襲の脅威のもと、防空は教育・衛生・土木などとは異なる切迫した課題であり、執行率は比較的高かったといえる。

表4-29　疎開事業費　1944～45年度

（1,000円）

年度	1944	1945
人員疎開費	1,826	1
移転奨励費		1
建物疎開事業費	570	562
第2次建物疎開事業費	1	
学童集団疎開事業費	1,542	1,781
維持費	1,256	1,359
管理費	5	10
開設費	282	91
設備費		320
計	3,939	2,343

出典：「決算書」（1944～45年度）。

疎開事業費

一九四四～四五年に人員疎開と学童集団疎開が実施され、四四年度三九四万円（一般会計歳出の三五％）、四五年度二三四万円（同一九％）と、両年度ともに莫大な経費が支出された（表4-10）。四四年度の人員疎開費・移転奨励費は世帯に対する疎開奨励金で、転出世帯員五名以上に三〇〇円、四名以下に二〇〇円が交付された（通533、資Ⅲ97）。また建物疎開事業費は用地買収・土地借用の経費である。同年六月に臨時疎開課がおかれ、奨励金の交付、移転の指導・奨励、移転先の住宅斡旋や転入の規制などを担当した（事44、75）。また市内四か所に疎開指導所が開設され人員疎開の事務にあたった。

市内にある国民学校二八校のうち二七校が集団疎開を実施し、一九四四年八月に疎開先の愛甲郡・高座郡方面に出発した（通685～687）。四四年度の学童集団疎開の決算は一五四万円であるが、同年度には疎開関係歳出は「警防費」に含まれ、すでにみたように、国庫補助金四三一万円が「警防費補助」として交付されている。疎開関係費のうち最大の費目である維持費は、疎開地物件の借受料、教員の特殊勤務手当、作業員・寮母の給与などであり、一九四四年度一二六万円、四五年度一三六万円と巨額の経費が支出された（表4-29）。そのほか、管理費は学校長や市職員の視察・指導の手当、開設費は疎開先の造修費、物品の輸送費、設備費は防空壕の築造費である。

学童集団疎開により市内の児童数は急減し国民学校は統合された。統合後、校舎は軍・食糧営団・市役所などに転用され（事44、44）、また一九四五年五月には授業停止となり学校は実質的に解体する（通687）。

㈢　特別会計

一般会計は一九四一～四二年度（昭和一六～一七）から急膨張したが、特別会計は二〇〇万円～三〇〇万円のままであり、相対的な規模は急速に縮小した（表4-3）。また水道費・震災救済事業費・土地交換事業費などの財源となった市債の年度末未償還額は、当期も漸減傾向にあった。四二～四五年度において水道費では七〇万円から五〇万円へ、市立病院費では三一万円から二四万円へ、震災救済事業では七七万円から四九万円へ、土地交換事業では一一四万円から一〇七万円（四四年度）へ未償還額が減少した（表4-8）。また土地交換事業費は四五年度に廃されており、市債は一般会計に引き継がれたものと思われる（表4-19）。

なお一九四二～四三年度に特別会計屎尿清掃事業費が設けられ、四二年度歳入出四〇万円弱、四三年度四二万円の規模であった。屎尿汲取料・屎尿払下料・国庫補助金・市費繰入金を主な歳入とし、事務費・作業費・交付金（町内会へ）を支出した。特別会計は土地交換事業を上回り、市立病院費に匹敵する規模である。事業は横須賀清掃に委託されることになったが、すでにみたように同社は間もなく解散し特別会計も廃された。

水道費

人口増加による需要拡大は、水道事業のさらなる拡張を要請した。一九四三年の第三期拡張計画書概要によれば、水道拡張は「絶対不可避ノ緊急事業」であった。四三～四五年の三年間に、衣笠・久里浜方面、および既設水道域内の給水を円滑化する総額一五〇万円の第三期拡張計画が立てられるが、市の水道拡張は県営水道と「一体不離ノ関係」にあった（資Ⅲ446）。省線・東京急行（現・京浜急行電鉄）の久里浜延長により、衣笠・

久里浜方面は人口増が顕著になっていた。逸見配水池・池上配水池の建設、配水管の布設、加圧ポンプ所の新設という計画であるが、資材・労力の高騰に直面することになった（資Ⅲ447）。

当期の歳入をみると、年間五〇万円程度の水道使用料は、給水の拡大により一九四五年度には八〇万円に増加した。そのほか、事業の拡張により四五年度には給水工事費収入が三〇万円に増加し、また国庫交付金が三二万円ほど交付された（表4-21）。一般会計への繰入が四二年度で終わるのは、事業拡張にともなう事務費や県営水道負担金の増加によるものであろう。四五年度には市費の繰入も行われた。なお、四三年度の市債発行は、ほぼ同額の元金償還をともなう借換によるものである。

県営水道の分担金は最大の支出であり、一九四二年度二二万円、四三年度二五万円、四四年度一七万円と増加傾向にあった。なお、四五年度の委託管理費五五万円は、技師・技手・機関手、事務員、傭人への給与・賞与、動力料（県営水道施設各ポンプ所の電力料など）、給水工事費を主としており、四四年度までの県営水道負担金に相当する（「決算書」1945）。戦争末期にも、人口急増により水道事業の拡張がすすんだのである。

市立病院費

一九四二～四四年度において、市立横須賀病院の入院患者は実数・延べ数ともに変化はなく、病室はすでに飽和状態となっていたようである。また、外来患者の実数は増加したが延べ数に変化はなく、病院の対応も限界に達していたといえよう（表4-23）。

すなわち、医員・看護婦ほか応召による欠員が「極メテ多ク」、特に看護婦の欠員が「最モ甚シ」かったが、補充は「頗ル困難」であった。耳鼻咽喉科は医員の応召により休診となった（事44、87）。また一九四五年には「殆ンド防空救護作業ニ終始シ寧日ナク」という状態になり、医員・医員助手の応召も五名となった（事

45、88)。「終戦ニ因リ始メテ医療事業ノ趣旨ヲ復活挽回シ得」たのである(事45、87)。

特別会計は一九四二〜四三年度から膨張し(表4-22)、経常部の病院諸経費はほぼ倍増し、また歳入のうち使用料が増加した。ただし三九年度にはじまる一般会計への繰入一万余円は四二年度で終わり、その後はやや歳入不足となった。不足は四一年度に積み立てられた病院維持基金積立の取り崩しや市費繰入により補填された。なお同基金の利子一〇〇〇円ほどが毎年度歳入に加わっている(「決算書」各年度)。

震災救済事業費

一九四二年度以降も本特別会計は市債の償還を続け、公債費として四二年度二五万円、翌年度以降一〇万円前後を支出した(表4-24)。その財源は、債務者からの返済金(貸付金収入)、および四二〜四四年度の次年度予算繰入である。四二年度からは同繰入額が増加して歳入不足を補填し、次年度にいったん返却された。繰上金による歳入不足の補填は四四年度まで続き、四五年度に新たに市債六七万円が起債されている。

ところで一九四二年度の「事務報告」によれば、特別会計の住宅建築資金の滞納は、「最モ悪質」で、整理には「常ニ最善ノ努力」を要した(事42、65)。また四三年度の次年度繰上金五八万円は、「滞納整理金」による「収入」が少ないからと説明されている(事43、33)。貸付金滞納の整理は特別会計の課題であったが、「厳重ナル督促」にもかかわらず「回収困難」であり(事42、33)、財源は乏しかった。返済金は四三年度から急減し、同年度の次年度予算繰入は急増した。四四年度現在の滞納額は、住宅資金五一・九万円、公営住宅四・二万円であり、債務者・保証人の多くは「住所不明」で滞納額は「未ダ多額」であった(事44、13)。このため、四四年度からは三・五万円の市費繰入がはじまる。

おわりに

戦時の横須賀市財政について、一九三七年度（昭和一二）から四五年度までを二期に分けて検討したが、次の点を指摘できよう。第一に、戦争の長期化・拡大による軍港の膨張は、軍港都市の人口増加を加速した。海軍工廠職工や軍人など海軍関係者の急増は、軍港都市の構造的財政難を一層深刻化することになる。軍港都市に共通する課題は戦時にも継続したのである。四一年末には世帯数の五割、児童数の七割が海軍関係者となった。市民の担税力は低迷したままであったが、学齢児童数や塵芥・屎尿処理量の増加など教育や衛生に加えて、土木・社会事業など市行政の課題は山積した。

しかし、第二に、一九四一年頃までは緊縮方針が維持されて市債発行が抑えられ、市の財政規模は停滞した。軍港都市固有の構造的な財政難のもとで、二〇年代半ばから震災復興や土地交換事業による市債増発が公債費負担を増加させていたが、三〇年代半ばからは市債への依存度が低下し「健全化」がはかられたのである。

第三に、一九四二年度から市財政は、海軍助成金や国庫補助の増額により一転して急速に膨張しはじめた。その結果、戦争末期には警防費・疎開事業費が突出して最大の事業となる一方、教育・衛生・社会事業などの諸経費は圧迫された。戦局の悪化にともない、市の諸事業は後退を迫られ設備整備は立ち遅れることになった。

第四に、太平洋戦争の勃発は軍港の軍事的意義を高め、軍港都市整備の課題が客観化した。海軍は軍港の膨張にともなう軍港都市の一層の人口増加を想定し、教育・衛生・社会事業など都市諸施設の不備に対し重点的な国庫補助を計画する。これは、助成金の増額を要請する軍港都市側の認識に沿うものであった。

こうして、第五に、巨額の国庫補助が一九四三年からはじまり四四〜四五年度にはさらに増額された。横須賀市には全国各市を大きく上回る比重で国庫補助が交付された。ここに軍港都市の懸案が実現し、教育や衛生関係の設備新設・増設・修繕など広範な諸設備に予算が配分された。しかし戦局の悪化による資材・労力の不足は深刻化し、予算の執行は困難となった。予算の大半は執行されずに繰り越されたのである。

ただし戦時には、巨額の補助事業の大半は未執行に終わったが、予算が付され、また一部着手された事業は、戦後の軍転関係事業の出発点として位置づけることもできよう。一九四三〜四五年度に、突出した警防費・疎開事業費を除き、諸事業や設備整備に実際に支出された費目・金額（決算）のうち、三年度合計一〇万円前後以上のものは次の通りである。

すなわち、教育関係では、①小学校・国民学校六七万円・②高等女学校四二万円・③実業・工業・商業学校三五万円（表4-11）、④市立工業学校移転改築費三二万円・⑤武山国民学校増築費一九万円（表4-28）がある。①〜③は恒常的経費で支出は停滞的である。市立工業への支出が目だつが、小学校校舎増築に対するまった経費の支出は四三年新市域の武山国民学校だけであった。土木事業の歳出は計六九万円（表4-10）があったが、財政膨張のもとで支出は抑制された。衛生関係では、①汚物処理一〇二万円（表4-14）、②屎尿処理設備費・屎尿清掃処理施設費一七万円（表4-28）がある。①は経常費、②は国庫補助による事業であり、塵芥・屎尿処理は戦争末期にも一定程度維持され、処理施設に限り設備の拡充があった。その他、町内会などに支出された地方振興費三三万円（表4-17）、火葬場の新設費・同復旧費九万円（表4-28）がある。[26]特別会計では、水道事業の、①作業費三〇万円、②県営水道負担金（委託管理費）九八万円（表4-21）、市立病院患者費・需用費・修繕費四一万円（表4-22）がまとまった額の支出である。

このように一九四三〜四五年度には、教育（国民学校・市立工業）、衛生（塵芥・屎尿処理）、水道に対し事業や設備にそれぞれ計一〇〇万円を超える支出があり、土木、市立病院がそれに次いだ。急増する警防費・疎開事業費に圧迫されながらも、教育・衛生・土木や市立病院が最低限維持され、また屎尿処理などの施設整備に対し新たに予算措置され、また着工されるなど、戦後「平和産業港湾都市」へ転換する端緒を形成したのである[27]。

（1）本章は、本シリーズⅣ、第一章（大豆生田稔「軍港都市横須賀の財政―一九〇七〜一九三六年」『軍港都市史研究Ⅳ 横須賀編』清文堂、二〇一七年）に続く、戦時期を対象とする。戦時期の海軍助成金、基盤整備については、同第三章・第七章を参照。
（2）以下、横須賀市『新横須賀市史 通史編 近現代』（二〇一四年）とその該当部分を、本文中にこのように略記する。
（3）以下、横須賀市『新横須賀市史 資料編 近現代Ⅲ』（二〇一一年）とその該当資料番号を、本文中にこのように略記する。
（4）海軍助成金を検討した坂本忠次「海軍工廠都市における国庫助成金の成立―呉市の海軍助成金に関する書類をめぐって―」（『岡山大学経済学会雑誌』第一二巻第二号、一九八〇年九月）も、分析は戦時におよんでいない。
（5）以下、「横須賀市事務報告書」（以下、「事務報告」）の年度（西暦の下二桁）、該当部分（頁数など）を本文中にこのように略記する。
（6）総理府統計局『昭和15年国勢調査報告　第二巻』（一九六二年）。
（7）一九三七〜四一年度の「事務報告」には、同様に「極度ノ緊縮方針」（事38、33）、「極度ノ節約」（事39、30）、「極力緊縮節減」（事41、46）を余儀なくされたとある。
（8）前掲本シリーズⅣ、第一章。
（9）同前、表1-22。
（10）同前、表1-16。
（11）藤田武夫『現代日本地方財政史（上巻）』（日本評論社、一九七六年）、三〇〜三八頁。

(12) 表4-4によれば、一般会計では補助金が市債を上回っている。表4-5は、比較的市債の発行額が多い特別会計を含んでおり、補助金の比重は表4-4よりもやや低くなっている。
(13) 学校修繕経費として教育費のほか、この「修繕費」もあったが少額にとどまった。
(14) 各年度の「横須賀市歳入歳出決算書」を、本文中にこのように注記する。
(15) 前掲本シリーズⅣ、第一章、表1-28。
(16) 『神奈川県統計書』(一九四〇年版)三四頁。
(17) 横須賀市「横須賀市財政概要」一九四二年六月二〇日(資Ⅲ83)。
(18) 『軍港都市財政調書(横須賀市分)』、資Ⅲ83。
(19) 海軍経理部「横須賀市財政状況都市施設略説」(前掲『軍港都市財政調書(横須賀市分)』)。表紙に、「昭和十七年六月十六日参考トシテ横須賀海軍経理部国司部員ヨリ送附ヲ受ク」との書込がある。前掲本シリーズⅣ、第三章・第七章を参照。
(20) 「軍港都市施設補助ニ関スル内務省意見」(前掲『軍港都市財政調書(横須賀市分)』)。
(21) 同前。
(22) 前掲「横須賀市財政概要」。
(23) 前掲「横須賀市財政状況都市施設略説」。
(24) 前掲「軍港都市財政調書」第一三表(五)。
(25) なお、一九四五年度の防空資材関係の予算額二七七万円と同決算額二三〇万円の乖離は、敗戦により防空資材や設備が「不用」となったことによる(「決算書」1945)。
(26) なお、久里浜土地区画整理地内街路事業費負担金一一万円(表4-17)は不明である。
(27) 戦後の「軍転」については、前掲本シリーズⅣ、第七章を参照。

コラム

太平洋戦時下の横須賀視察

大豆生田稔

1 「横須賀市財政概要」と「軍港都市財政調書」

一九四二年（昭和一七）六月二〇日、横須賀市財政の調査のため政府関係者が市内の国民学校（田戸・逸見・久里浜）、日ノ出築港・屎尿処理場予定地を視察した。(1) 一行は内務省地方局長・地方局財政課長、大蔵省主計局長・予算課長・主税局事務官、海軍省経理局長・第一課長・兵備局長・軍務局第一課長であり、神奈川県総務部長、横須賀市長・助役・正副議長・顧問が同行した。

内務省・大蔵省・海軍省および神奈川県庁の高官が、市のトップとともに国民学校や市の施設予定地を巡回したのは、横須賀市財政の調査が目的であった。一九四三年度予算に二〇〇万円の補助が実現することが四二年一二月に決まるが、この視察もそのための準備であったと考えられる。太平洋戦争末期に市財政は急膨張をとげる。

ところで、すでに一九四一年六月に横須賀市は、海軍次官を委員長とし各軍港に分科会をおいて同年五月に設置された委員会に、「緊急事業」として次の八事業、および希望事項六項目の助成を要求している。八事業とその経費は、①上水道事業（一〇五二万円）・下水道工事（八四〇万円）、②教育施設（五一四万円）、③防空防火運動場緑地施設（四二七万円）、④横須賀築港（三七五万円）、⑤結核予防施設（一八四万円）、⑥道路及都市計画施設（五四六万円）、⑦火葬場改築（六二万円）、⑧汚物（塵芥）処置（二六万円）、であった（計三九八六万円）[2]。しかし、この委員会はその後、「切迫セル時局ノ推移」により「結論ニ達」しなかったため、その検討は翌四二年に持ち越されることになった。

横須賀市は四二年以降も、構造的な財政難を打開するため市内諸設備の整備を立案しているが、それをまとめたのが「横須賀市財政概要」（同年六月二〇日付）、および「軍港都市財政調書」（同月付）であった。そこには、「大軍港都市建設趣意書」（四一年六月付）が添付されている[3]。これらの書類は四二年六月二〇日付になっており、横須賀市財政調査一行への説明資料として作成されたものと考えられる。同書類の書込によれば鎮守府と内務省にも提出されたようである[4]。

ところで、「横須賀市財政概要」は横須賀市の税収を川崎市と比較している。一九四二年度歳入をみると、川崎六〇九万円に対し横須賀一三七万円と四倍半の格差があり、横須賀の経常費の不足は八〇～九〇万円と見積もられている。そのうえで、横須賀市の要請は次の五点にまとめられた。すなわち、①年額一四〇～一五〇万円の地方分与税の交付、②もしくは①と同額の財源の付与、③震災による負債の救済（東京・横浜とは「差別的」に取り扱われてきた）、④特別会計土地交換事業の欠損の補填、⑤町村合併への「援助斡旋」、である[5]。

さらに、この「軍港都市財政調書」には、軍港都市に共通する財政の「特殊事情[6]」として、次の一一点が列記されている。すなわち、①広大な軍の土地・建物に課税できない、②住民の大半が

「官業労働者」で担税力が「極メテ薄弱」、③海軍工廠・海軍諸官庁に納品する市外営業者に課税できない、④海軍共済組合購買所が商人を圧迫し、また同所にも課税できない、⑤「官業労働者」の学齢子女への「教育施設」の負担が巨額、[7]⑥「資力薄弱ナル労働者」の増加による財政の窮迫、⑦要塞地帯・軍港要港境域への民営工場誘致が困難、⑧軍港諸施設による海岸の利用制限、船舶の出入制限、⑨海陸軍「要地」に対する平時・戦時の「特別ノ出資」、⑩関東大震災の「創痍」、⑪東京・横浜による「各種業態ノ繁栄」の吸収、などの多様な事情である。これらは、一九二〇年代から続く軍港都市固有の問題であり、戦時下においてもなお深刻な課題として継続していたのである。

2 「横須賀市財政状況都市施設略説」(横須賀海軍経理部)

この視察の直前の六月一六日に、横須賀海軍経理部による「横須賀市財政状況都市施設略説[8]」という書類が横須賀市に送付された。市側は、同書類を参照しながら、先の「横須賀市財政概要」と「軍港都市財政調書」を二〇日付けで最終的に完成させたと思われる。

また、おそらく海軍経理部は、市がすでに提出した要望や諸資料を検討し、一六日付でこの書類を作成させたと考えられる。つまり、この書類は、市の主張に沿って作成されており、その冒頭には市財政が逼迫して軍港機能が制約されているとと述べているのである。

その理由として本書類は、①軍港が産業不振の「寒村僻地」にあり住民は「担税力極メテ低キ低額給料生活者ト夫レニ寄生スル小売業者」である、②軍港の膨張による人口増加が「益々市財政ニ重荷ヲ加」えている。③今後も海軍要員は「加速度的」に増加し、「昭和二十一年度末」(一九四六）には五八万五〇〇〇人となり、「将来益々憂慮」すべきである、④軍港機能の「全幅発揮」に必要な施設に対する市財政の現状は「極メテ悲観」的である、⑤市独自の「解決」は「到底困難」であり、「長期戦」の「完遂」のため早急に「特別措置」を講じ、市財政の「根本的基礎確立」が必要である、という五点をあげている。

さらにその根拠として、第一に横須賀の産業には「何等見ルヘキモノ」がなく、一九四一年（昭和一六）の産額九一二万円は人口数万の小都市レベルに過ぎず、呉二五〇〇万円、佐世保一三〇〇万円と比較しても「特ニ産業ノ振ハサル地」で、かつ人口一人当生産額は人口五万人以上都市のうち最下位である、第二に市民の担税力は「極メテ貧弱」で、同程度の人口の諸都市中「最下位」であり、呉・佐世保を除く他都市平均の五分の一以下である、第三に電気事業などの公営企業がなくその収入がない、第四に市債の未償還額が一〇二四万円にのぼり（震災関係七割、特定財源がないものが九割）、本年度公債費約五〇万円は歳出総額の一七％を占め新規起債が著しく制約されている、という諸事情をあげている。

さらに第五として、今後「国防ノ要請」により海軍要員が増加するが、その「収容」や「生活」の施設が「従来甚ダ不充分」で、「急速解決」を要する課題が「山積」しているとする。主な課題としては、まず、①衛生施設、特に「垂レ流シ」状態の屎尿処理に、一部「水洗式処理」と下水道の整備が急務で、また塵芥処理施設も「放置シ難」いとし、さらに、②人口急増に応じた上水道の「急速拡充」、結核療養所の「急設」、住宅の増改築、火葬場の「至急改善」、③国道・県道・市道の整備、商港の整備の「急速実施」、④将来の海軍要員増加による就学児童「激増」への対策、⑤「極メテ貧弱」な防空・防火設備の「完備」と「保健ノ見地」による運動場・緑地施設の「急施」、が列挙されている。これらの諸事業（上下水道拡充・下水道整備・教育施設・結核療養・汚物塵芥処理・防空防火運動緑地・道路・築港・火葬場）の経費は合計四〇〇〇万円におよび、また市の負担も五七〇万円と巨額であり、市の独力では、その実現は「到底困難」であった。

3　「軍港都市施設補助ニ関スル内務省意見」

軍港施設の拡張による軍港都市施設の充実と、その実現をはかる財政的支援の強化は、内務省も同様に認識していた。一九四三年六月に横須賀市が作成した「軍関係緊急特殊事業計画書」[9]には、「軍港都市施設補助ニ関スル内務省意見」が綴られており、この意見書のなかで、軍港三市に対する施設補助が検討されている。軍港都市調査委員会の答申によれば、実行計画額として計上されている補助額は、四三年度には横須賀三一一万円、呉三四八万円、佐世保三六九万円であった。

施設費の内訳は、横須賀市においては、水道拡張・下水道改良・久里浜国民学校営繕・田浦方面国民学校営繕・市立工業学校移転改築、呉市では第一期下水道施設・教育施設（辰川国民学校増築・大入国民学校移転改築・広国民学校新築）、佐世保市では相浦臨港道路工事・相浦臨港鉄道引込・相浦国民学校移転改築・比良国民学校新築・日野学校増築・木風学校増築・相浦上水道拡張工事であり、いずれも教育・道路・上下水道など都市の基本的施設の整備に要する経費であった[10]。横須賀・呉・佐世保の三軍港都市について、これらの経費を示したのが表1である。上下水道の施設や国民学校の移転・増改築、道路・鉄道などの港湾設備などに、重点的に施設費の予算計上が計画されたのである。

一九四二～四三年に作成された諸書類を紹介しながら、軍港都市の整備計画についてみてきた。

太平洋戦争末期になると、軍港設備の拡充とともに、軍港都市に対する補助額も急増することになり諸施設の整備が急がれた。しかし、資材や労力の調達が困難になるにしたがい、その多くは執行がむずかしくなった（第四章）。横須賀の場合にみられるように[11]、軍港都市の施設整備は、敗戦後、軍転の過程で本格化することになる。

表1　軍都施設費の内訳　（1,000円）

	事業名	総事業費	1943年度	1944年度	1945年度
横須賀市	水道拡張	1,500	500	500	500
	下水道改良	10,800	700	5,300	4,800
	久里浜国民学校営繕	779	779	−	−
	田浦方面国民学校営繕	771	771	−	−
	市立工業学校移転改築	358	358	−	−
	計	14,208	3,108	5,800	5,300
呉市	第一期下水道施設	17,000	2,000	7,300	7,700
	教育施設	1,477	1,477	−	−
	辰川国民学校増築	298	298	−	−
	大入国民学校移転改築	196	196	−	−
	広国民学校新設	983	983	−	−
	計	18,477	3,477	7,300	7,700
佐世保市	相浦臨港道路工事	1,196	598	598	−
	相浦臨港鉄道引込	225	112	113	−
	相浦国民学校移転改築	1,082	1,082	−	−
	比良国民学校新築	1,053	1,053	−	−
	日野学校増築	146	146	−	−
	木風学校増築	383	383	−	−
	相浦上水道拡張工事	1,492	316	588	588
	計	5,577	3,690	1,299	588

出典：「軍港都市施設補助ニ関スル内務省意見」（『軍港都市財政調書（横須賀市分）』。

（1）「事務報告書」（一九四三年度）一頁。
（2）横須賀市「軍港都市財政調書」（『軍港都市財政調書（横須賀市分）』）一九四二年六月、第十一、「横須賀軍港都市対策厚生事業概要」。同委員会と八事業については、本シリーズⅣ、第三章・第七章を参照。
（3）大軍港都市建設委員会「（秘）大軍港都市建設趣意書　大軍港都市建設委員会」一九四一年六月（資Ⅲ83）。横須賀市『新横須賀市史　資料編　近現代Ⅲ』（二〇一一年）と

その該当資料番号を、このように略記する。
(4) 『横須賀市史　通史編　近現代』(横須賀市、二〇〇四年)五二六～五二七頁。
(5) 「横須賀市史財政概要」(資Ⅲ83)。
(6) 前掲「軍港都市財政調書」、「十二、其ノ他財政上の特殊事情」。
(7) 前掲「軍港都市財政調書」によれば、四一年末現在、横須賀市四万二六五六世帯のうち海軍関係は五七%、児童総数二万六八八五人のうち海軍関係は七〇%を占めた。
(8) 前掲『軍港都市財政調書(横須賀市分)』。
(9) 同前。
(10) さらに、同委員会答申後の緊急計画(横須賀三八万円、呉三〇万円、佐世保二五万円)についても「交付方考慮セラレタキコト」とされている(同前)。
(11) 前掲本シリーズⅣ、第三章・第七章を参照。

第五章

フランスの軍港

(一七世紀～二〇世紀後半まで)

18 世紀のブレスト港 (Louis-Nicolas Van Blarenberghe)

(所蔵) Musée des beaux-arts de Brest

ジェラール・ル・ブエデク
訳　君塚弘恭

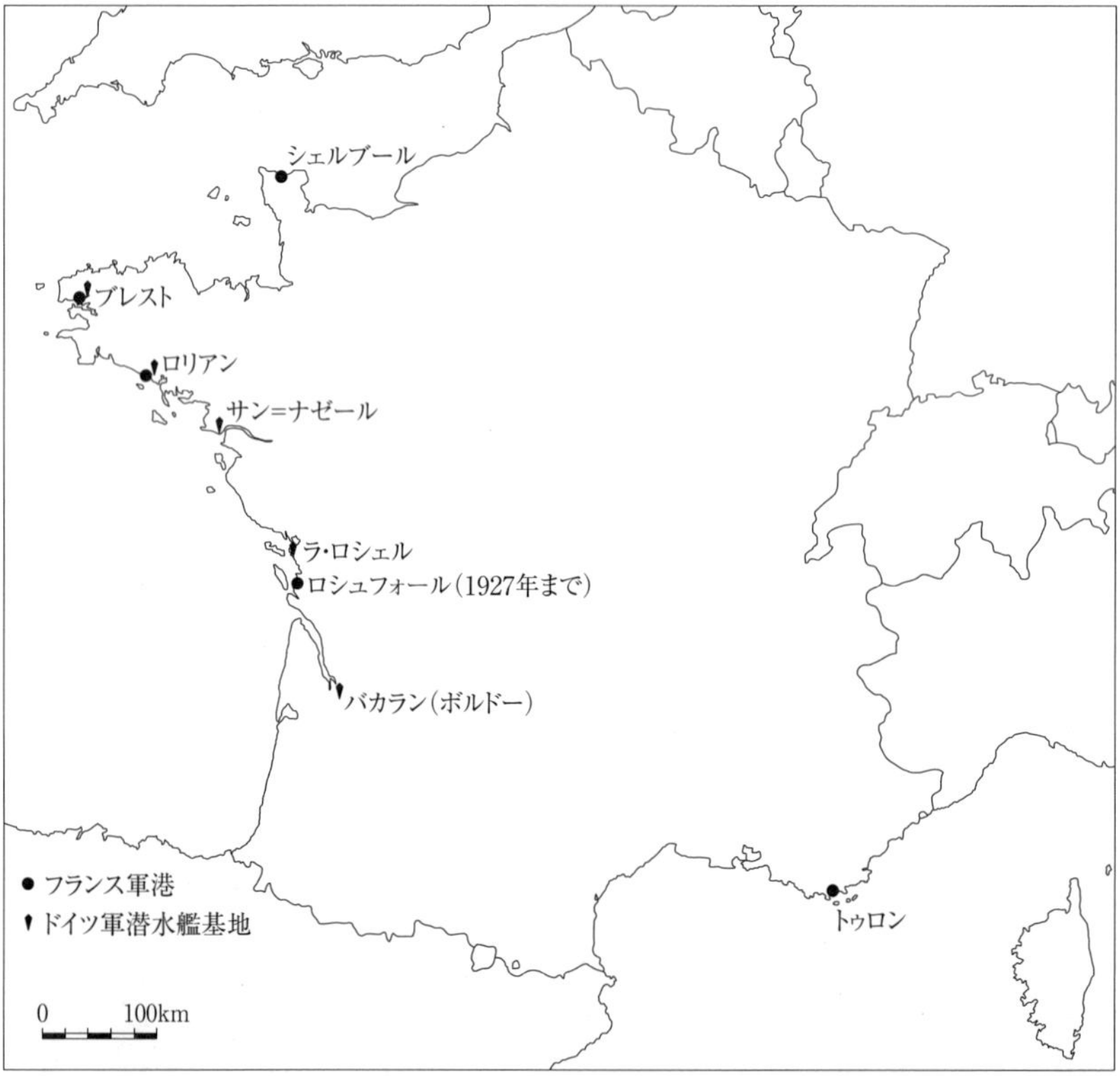
シェルブール
ブレスト
ロリアン
サン=ナゼール
ラ・ロシェル
ロシュフォール（1927年まで）
バカラン（ボルドー）
トゥロン
フランス軍港
ドイツ軍潜水艦基地
0
100km
フランス軍港

はじめに―軍港は海軍工廠（アルスナル）港である―

第二次世界大戦後、長い間、海軍は歴史研究者たちの間で評判の悪いものであった。その原因は、海軍指導者たちがペタンを支持する選択をし、一九四二年にトゥロンで海軍艦隊を破壊してしまったことである。ジャン・メイエールの貢献により、アカデミックな歴史研究者たちは再び海軍史に目を向けるようになった。[1]メイエールは、海軍史を社会経済史と結びつけ、一九八〇年から九〇年にかけて、若い博士課程の学生を海軍工廠港研究へと導いたのである。海軍と海軍工廠が、軍港について研究しようとする研究者にとって二つの主要な研究への入り口となった。[2]軍港というのは、戦時下でより可視化される。そして、現在では、軍港は外部での軍事行動に関する多様な任務を果たすようになり、海軍基地という表現が用いられているのである。

フランスにおいては、そもそも、軍港とは海軍工廠（アルスナル）港のことであった。一七八三年に出版された『海軍に関する百科事典 Encyclopédie méthodique marine』[3]の「海軍工廠」に関する次のような記述が示すように、軍港は、海軍工廠の構成要素の一つにすぎなかったのである。「海軍工廠は、政府が所有し、政府の船舶が停泊できる海港とそれを建造し、保管し、艤装し、艤装解除し、修理するために必要な全てを備えた施設である」。ところで、この一七八三年の『海軍に関する百科事典』による定義は、当時の軍港＝海軍工廠港という空間が持つ二つの性格をよく示している。第一の空間は、軍事産業に関わるものであり、倉庫、工場、造船施設がそれである。そこには、艤装や艤装解除に必要な資材や補給物資の保管に使われる建物、行政施設、海軍高官の居住、食事、健康に関わる施設がある。第二の空間は軍艦の出入りや航海に関わる空間、すなわち港である。船舶は一度進水すればそこでメンテナンスされ、艤装され、艤装解除される。

これまでに行われてきた軍港に関する研究をまとめると、大変コントラストに富んだものになる。アラン・ブレールのブレストに関する研究やマルティヌ・アセラのロシュフォールに関する研究に見られるように、一七、一八世紀については特に研究が多い。ジャン・ペテルのダンケルク、ル・アーヴル、トゥロンに関する著作をこれに加えなければならない。これに対し、二〇世紀は言うまでもなく、一九世紀は、軍港に関する研究史の中で、手薄な状態であった。ジェラール・ル・ブエデクのロリアン海軍工廠に関する研究は、現在のところ、孤立している。モリス・アギュロンのトゥロンに関する研究とイヴ・ル・ガロのブレストに関する研究があるけれども、それらはより社会史的なアプローチから行われた。ブレストのケースについては、マリ＝テレーズ・クロワトル＝ケレの研究は、なぜ海軍の活動が海における商業活動の展開と一致しないか理解する必要があることを示すだろう。いずれにせよ、二〇〇七年、GIS（フランスの海事史に関する学術グループ）の第一回会議において、私たちは海軍工廠港の研究が活発でないことを思い知らされなければならなかった。

しかし、ここ数年で状況は変わった。海軍工廠への物資供給は、近世海軍史、海軍工廠史研究を刷新するテーマの一つである。ダヴィッド・プルヴィエは、海軍をグローバル経済史の文脈で研究する方向付けを行った。近現代に関する軍港史研究の刷新は、ジャン・ド・プレヌフ、マルタン・モット、ジャン＝バティスト・ブリュノによってリードされ、政治史的アプローチ、軍事占領の側面、海軍工廠の防衛に注目して行われている。ところで、第二帝政から一九六〇年代までの海外フランス植民地の海軍基地や海軍工廠に関する研究を忘れてはならない。また、オリヴィエ・シャリーヌによって催されたアメリカ独立戦争に関する複数の国際会議とオリヴィエ・コルのアメリカ独立戦争期のブレスト基地に関する博士論文は戦時下の海軍工廠港が持つ別の側面を明らかにしたのである。一九八〇年代から、軍事費の削減、海軍全体の配置の見直し、より世界的に見れば、国家の役割の後退によって、海軍工廠港都市は、しばしば困難な転用プログラムの問題に直面した。こうした問題の中で、歴史的遺産への関心が、潜水艦基地や都市によって接収された旧海軍軍用地の転用に関する新しい研究の出発点となるのだ。

第一節　軍港の地理的配置

フランスの軍港の地理的配置は、ルイ一四世時代の海軍政策に起因する。フランスにおいて、一七世紀は沿岸に関する認識の転換点となった。リシュリューとコルベールにとって、沿岸ゾーンは、何よりもまず、防衛すべき前線であり、次に、海洋に進出する政策を支える地点であった。この国家による沿岸に対する新しい認識は沿岸部の軍事化によって表現され、それは、一方で上陸作戦に対抗するための軍事要塞によって、他方で、海軍工廠港によって行われた。

現代の軍港建設地に関する診断基準の原型は、基本的に、コルベールの時代に出来上がった。軍港となる港には、十分な水深、安全かつ出港するのが容易な広い停泊地を必要とした。また、良好な風向きや、一方で船倉や倉庫を置く土地、他方で船着き場やドックをつくる十分な広い土地があることも必要な条件であった。加えて、これらの条件は、戦略的（前提として英仏の対立関係）かつ経済的必然性に見合っていなければならなかった。

水深の問題により、軍港建設可能な用地は減ることになった。トゥロンとブレストの二か所の入り江が水深に関する条件を満たしたが、この二つの港は、造船資材の供給に必要な河川ネットワークから離れているという難点があった。地政学的に良く、後背地からうまく供給を受けられる河口付近の用地もあげられたが、長期間の使用に耐えられない可能性があった。リシュリューによって選ばれたブルアージュはサントンジュの泥地の中にすぐに埋まってしまった。結局のところ、地政学的な見地から、国家は、一六六五年、シャロント川沿いのロシュフォール付近に軍港を建設することを決めた。ポール＝ルイはこの決定の犠牲となった。この出来事は、建設用地に関する必要条件が必ずしも普遍的かつ通時的な価値を持っているわけではないことを印象づけさせた。英仏海峡においては、重い出費をしたにもかかわらず、ル・アーヴルが放棄された。これは、港湾整備の難しさのせいでもあるが、特に、一六九二年のラ・ウーグの海戦に敗れた後、英仏海峡がイギリスの勢力下となり、フランス海軍が撤退したためであった。

アンシャン・レジーム期において、地理的に見れば、フランスの軍港は不均等に配置されていた。地中海にトゥロンが、大西洋にブレストとロシュフォールが置かれた。大西洋沿岸の海軍施設は、一六七五年からロリアンのインド会社の工廠を統合することで強化された。実際に、一七七〇年に接収するまで、フランス海軍は、戦争のたびに、ロリアンの工廠施設に投資した。この軍港の配置は、一九世紀になると、シェルブールの建設によって補完された。その建設は、大きな堤防を築く必要があったので、当初ゆっくりと進められ、次に第二帝政期（一八五二～七〇年）に速められた。この軍港の地理的配置の再均衡化は、しかしながら、ロシュフォールとロリアンの役割を弱めることになった。その後、一九二七年のロシュフォール放棄を例外として、海軍工廠港の地理的配置は二〇世紀までは変わることはなく、それは二〇世紀後半になって調整されることになる。[19] ドイツ軍による潜水艦基地の建設は、ロリアン（ケロマン）とブレスト（ラニノン）の他に、サン＝ナゼール（大西洋横断会社の旧造船施設の上に築かれた）、ラ・パリス（ラ・ロシェル）とバカラン（ボルドー）で行われたが、それらは、第二次世界大戦後におけるフランス軍港の配置を変化させることはなかったのである。

しかし、フランスは、植民地帝国として、一八八〇年代と一九六〇年代の間、海外植民地において海軍基地ネットワークをつくり、維持していたことを忘れてはならない。北アフリカ（アルジェ、ビゼルト、メール＝エ

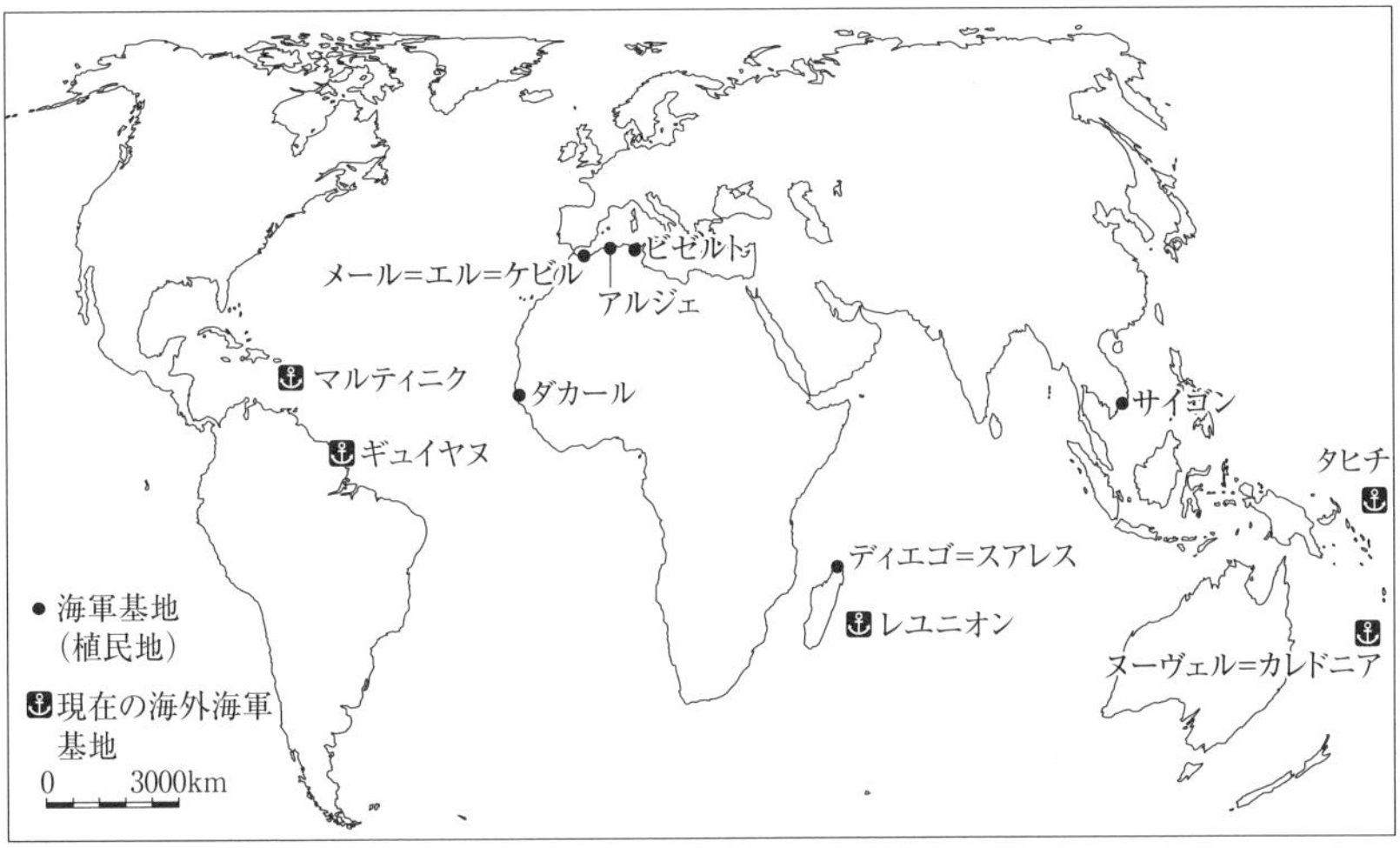

図2　海外植民地・海外県軍港

ル=ケビル）、西アフリカにおけるダカール（セネガル）、インド洋のマダガスカル（ディエゴ=スアレス）、仏領インドシナのサイゴン（現・ホーチミン）がそれである。フランス海軍は、今日なお、ギュイヤヌ、マルティニク、ヌーベル=カレドニア、タヒチ、レユニオンに基地を置いている[20]。

第二節　軍艦の建造

軍艦の建造は原則として海軍工廠で行われたが、例外も認められ、それは軍港と海軍工廠が分かれるまで続く。艦隊建造の一部を私的造船業者に任せる二重モデルを採用したイギリスとは逆に、フランスの選択は、軍艦の建造を排他的に国家の工廠で行うというもので、私的造船業者への発注は例外に留まった。それは、七年戦争（一七五六～六三年）の末期と特にアメリカ独立戦争のことであった。再建に迫られたフランス海軍は、バイヨンヌ、ボルドー、パンブフ、インドレ、ナントの民間業者に軍艦の建造を委託したのである。このうち、バイヨンヌは、アドゥール川右岸にコルベールによって王立工廠がつくられたが、発展しなかった港湾都市である。一七九三年から一八〇五年にかけて、戦争でイギリス軍にブレストが封鎖されたことにより、これらの商業港が特に利用されることとなった。

海軍工廠の生産力のなさへの批判と個人造船業者への援助という国家の政策を背景として、とりわけ第二帝政期から、トゥロンに近いラ・セイヌとラ・シオタ、あるいはグランヴィル、ル・アーヴル、ボルドー、ナント、サン＝ナゼールの民間造船業者に軍艦が発注されるようになった。一九六一年まで、DCAN（軍艦の建造および装備に関する部局）は海軍工廠港におけるフランス海軍のための組織であった。一九六一年、DCANとフランス海軍は分かれ、次に、一九九一年には、DCANは外部の市場へ開かれた株式会社となった。これにより、サン＝ナゼールのSTXやコンカルノのピリウの造船業者のような民間企業と海軍工廠との間の注文は良い評判を得られるようになった。

しかし、軍港の構成要素と海軍工廠との間には古くから緊張関係があった。各海軍工廠港の間には常に序列があった。大西洋艦隊の寄港地であるブレストと地中海艦隊の寄港地であるトゥロンは、この序列の頂点に位置する二つの大きな軍港であった。この二つの港は、建造と艤装の機能を併せ持ち、またそこには、軍事行動に従事する艦隊が停泊できる広い入り江もある。

第二帝政下で英仏海峡のシェルブールが整備された後、ロリアンとロシュフォールは、ある意味「好まれぬもの」となった。この二つの港に対する批判は明白であった。総合的に軍港としての機能を果たせなくなった場所は、二次的な役割しか持てなくなったのである。立地と港へのアクセスの難しさは、ロシュフォールについて繰り返される非難の一部だった。ロリアンは、もはや、インド会社施設を相続した国家が、産業荒廃地を作ってしまうという問題を解決できないがゆえに存在しているにすぎなかった。国家は、これらの港が任務を果たせるように投資までしなければならなかったのである。批判は、シェルブールが建設され、トゥロン、ブレスト、シェルブールによる軍港の地理的再配置が行われるとそれ以前より強くなった。
普仏戦争（一八七〇～七一年）と第一次世界大戦（一九一四～一八年）の戦争が終わると、ロリアンを民営化せよという主張、あるいは、ロシュフォールとロリアンの軍港を閉鎖せよという主張が繰り返された。一九一四年までは、私掠活動に対抗するために海軍工廠全体を動員する必要があり、そのことがこの二つの軍港を存続させていたにすぎなかった。ロシュフォールとロリアンは、単なる艦隊受け入れ港としての地位に格下げされた。しかし、ロリアンは新造艦の工廠になることができた。海軍は、ロリアンに修理ドック（フランスで三番目）と装甲艦を進水させるに十分な施設を建設することを決定し、それらは一九二〇年に完成した。こうして、海軍は、一九二七年にロシュフォールを閉鎖し、中級クラスの艦船建造に特化させることでロリアンの存続を保証した。ロリアンは、快速軍艦、今日で言う海上護衛艦の港となった。[21]
一九二七年、フランス本国の軍港ネットワークは、ブレスト、トゥロン、シェルブールによって独占された。シェルブールは、一八九八年以来、潜水艦建造に特化した工廠を備えた。[22] ロリアンは、一九二〇年に民営化が計画されたけれども、一九三九年に海軍工廠港としての地位が再認知されて海事監督庁が置かれるまで、小規模あるいは中規模クラスの艦船建造工場でしかなかった。両大戦間期については、ビゼルトとサイゴンの海軍基地を忘れてはならない。第二次世界大戦（一九三九～四五年）の直後、冷戦体制下において、この四つの海軍工廠港から成る軍港の配置は全く変わらなかった。[23] この構造は、ブレストとロリアンのドイツ軍から引き継いだ潜水艦基地によって、五つの海外基地（メール・エル・ケビール、ビゼルト、ダカール、ディエゴ・スアレス、タヒチのパペテ）によって強化された。海軍工廠港は、常に、海軍軍需産業ネットワークを陸に持っていた。たとえば、インドレ（エンジン）、ルエル（大砲、大型部品）、サン＝トロペ（魚雷）、ゲリニ（鎖や碇）である。

最近の六〇年のうちに、軍港の地理的再配置は起こった。一九六二年までに、トゥロンは、北アフリカ植民地の独立に伴う戦争やスエズ危機の中で、より地中海における役割を大きくした。新たな原子力戦略と結びついて海軍力が再び大西洋側に集中したことは、ブレストにとって好意的に好ましいものになるだろう。(24) 一九六四年、ブレストは二隻の航空母艦フォッシュとクレマンソーを中心に編成された大西洋艦隊の港となった。そして、ロング島(ブレスト停泊地に位置する島)に、シェルブールで建造された原子力潜水艦を受け入れるだろう。シェルブールは、戦間期に外洋で活動する第一世代の潜水艦を建造した港であり、SNLE(潜水艦発射弾道ミサイル搭載潜水艦)を建造できる唯一の港でもある。一九七五年と中東における緊張関係の後、航空母艦と大型艦船が送られる港としてブレストとトゥロンの間で海軍力の再均衡が行われた。しかし、ブレストは、一九八七年と一九九四年の間に、新たに航空母艦シャルル＝ド＝ゴールを建造し、戦略海洋部隊の作戦司令部となった。ただし、この戦略海洋部隊は、四隻の原子力潜水艦により構成されるが、これらの船籍はトゥロン港であり、トゥロンはシャルル＝ド＝ゴールを受け入れている。また、戦略海洋部隊に所属している対空防御フリゲート艦、対潜水艦フリゲート艦、ステルス艦は、一九九〇年代に軍港としての地位を失ったロリアンで建造されたのである。

民間の任務をも課せられた軍港の配置は、結局のところ、一八五〇年代以来構想されてきたように、次の三つの防衛基地まで減らされた。それは、二〇一一年において言われているところによれば、一つの海洋面につき一つ、すなわち、シェルブール(北海と英仏海峡)、ブレスト—ロリアン(大西洋)、トゥロン(地中海)である。だが実際には、ブレストとトゥロンが二大フランス海軍工廠港となった。それは、海外領土の五つの海軍基地とラン・ビウエ(ロリアン)のような空軍基地を過小評価してはならないとしてもそうなのである。

第三節　艦船の技術的変化と軍港

一七世紀半ばから展開する海戦革命の結果、火力兵器の発展は近世における軍艦隊の発展を示す指標となったのである。戦列方式の採用により、類似した力を持つ敵に抵抗できる強力に武装された艦船が必要となり、フランスは、コルベールの下で、「軍拡競争」に突入したのである。軍艦のメンテナンスの問題は、戦時同様に平時でも、海軍の責任者たちに強く求められた。船底や船体の修理、改造はコストを上昇させ、船にかかる初期費用を二倍にすることもあった。一八世紀半ばからメンテナンスが計画的に行われるようになった。船体ドックにおける工廠設備や資材のストックは予測される国家の要求を満足させるために不可欠であった。建築資材の規格化は、個々に異なる船で構成された艦隊から類型化された艦隊への段階的な移行に貢献した。軍艦の規格化が実現したのは一八世紀末であった。艦隊の画一化は、三つの艦船モデルを適用することで達成された。すなわち、一七八二年の大砲を七四門搭載した型、一七八六年の一一八門搭載した型、一七八七年の八〇門搭載した型である。

一八一五年から一九一四年の一世紀で、軍艦は驚くほど変形した。スクリュー推進技術の習得により、一八四二年から蒸気軍艦への道が開かれた。クリミア戦争（一八五三〜五六年）が発明の触媒となった。また、スクリューの使用は決定的なものとなった。新たな大砲と木製船体に装備される装甲の開発競争は激しさを増し、一八五八年に建造されたデュピュイ＝ド＝ロームのグロワール号は、これらの発明の集大成であり、最初の木製装甲艦となった(25)。鉄製の船体と鋼鉄製装甲の使用は、大砲と装甲に関する開発競争を新たな局面に導いた。また、この装甲の発展は艦隊戦の戦法を問い直すことになった。すなわち衝角（ラム）戦術が戦列方式に代わって用いられるようになったのである。この戦術の変化は、艦船の構造に三つの変化をもたらした。火砲威力の向上により、船腹の大砲に代わり砲塔を船の中央に設置する砲塔式が導入された。これは、その後一八九一年に導入されたカネー方式の砲塔により継承された。装甲板は、マジェンタ以降、船の活動部位（救命具、機械、船倉、大砲）にのみ維持された。その代わり、装甲板は二〇cmから五五cmまで厚くなった。マジェンタやソルフェリーノのような装甲艦は、体当たり攻撃を仕掛けるための衝角を装備していた。

ところで、フランスにおける鋼鉄装甲艦の普及の遅れと木造装甲艦を放棄することに対する抵抗について強調しておかなくてはならない。鋼鉄装甲艦のプロトタイプとなったクーローヌ号の建造は、一八五八年にロリアンで着工されたが、最初の鋼鉄戦艦は、一八七二年まで建造されなかった。鋼鉄装甲艦がより普及するには、一八七六年を待たなくてはならなかったのである。一八八〇年代初めまで鋼鉄装甲艦の建造は続いたが、「ジューヌ・エコール」の新しい戦略思想がしばしばこの鋼鉄装甲艦の建造を邪魔し、それを遅らせた(26)。その結果、鋼鉄装甲艦が任務についた時、それはすでに時代遅れの船となっていた。イギリス海軍軍人フィッシャーのドレッドノート革命によって、鋼鉄装甲艦は格下げされることになったからである。そして、このドレッドノート革命の結果、建造される戦艦の大きさは、一万八〇〇〇～二万tから二万八〇〇〇～三万tまで、インフレーション的に増大した。一九〇九年のプログラムとクールベ号の建造とともに、フランス海軍工廠はドレッドノート型の軍艦を多数建造することに成功した。

一八六〇年と一八七〇年代から、海軍工廠はもはや軍艦の組立工場でしかなくなっていた。装備の近代化は、規格化部品によるプレハブ工法のような軍艦の建造過程において見られるようになり、それと前後して、特に艤装における積み込み技術の発達につながっていった。原子力エンジン革命と積み込み技術の革命的発達は、完全に、造船のデータとそれにかかる費用を変えた。造船のための建物にはじまり、造船と艤装技術施設が岸壁にならんだ。武器の威力と正確性の向上によって、かつて装甲板と呼ばれたものは今や価値のないものになってしまったのである[27]。

一八世紀においても、一九世紀同様に、ドックと船倉のインフラストラクチャーは重視されていた。その代わり、軍需工場のインフラストラクチャーは一九世紀からより重要になった。トゥロンのヴォーヴァンドック、ロシュフォールにおける古い施設と二重ドック、ブレストにおけるトゥルランドックとポンタニウ・ドリヴィエ、ショケ・ド・ランデュの三つの施設は、一七世紀と一八世紀に建てられた。シェルブールには、第一帝政の末期に最初の修理ドックができた。第二次復古王政期（一八一五〜三〇年）に、ブレストが持つポテンシャルは強化され、ロリアンには最初の軍港施設がつくられることになった。七月王政期（一八三〇〜四八年）には唯一トゥロンの海軍工廠が二つのドックから恩恵を受けていた。第二帝政期に大きな変化が訪れた。艦船の変化の衝撃、修理ドックの利用の多様化と増大により、新しい一四のドックを建設する計画が実行されたのである。装甲艦の登場により、艦船の新しい寸法にドックをあわせつつ、新しい建物をつくらなければならなかった。

アンシャン・レジーム期において、船倉は、しばしば、シンプルなものに留まっていた。段階的に、海軍工廠は固定され、より改良された船倉を持つようになった。一七世紀と一八世紀の工業施設においては、帆船用ロープ類製作施設が最も目につく作業場であった。一九世紀の新しい艦船の建造は、溶鉱炉、鋳物工場、金物製作所、蒸気エンジンや鉄船の作業場の確立によって可能になったのである。しかし、道具の機械化と技術の導入は、伝統的な作業場を含む全ての作業場において行われた。

海軍工廠施設の変化は、軍事産業空間の合理化を伴った。この合理化はロリアンとトゥロンで顕著だったが、シェルブールがそのモデルとなった。しかし、施設を拡大させるにあたり、各海軍工廠は、建設スペースの不足や新しい土地を整備する難しさといった問題に苦しめられることとなった。

各海軍工廠港の拡大は、その立地状況によって、それぞれ異なる方法で行われた。トゥロンは、潮汐につかない錨地にある例である。まず一六世紀と一七世紀に古いドックが建てられ、一八世紀に、ヴォーヴァンの二つのドックが増設され、海軍工廠施設は全体として西方向へ拡張された。一九世紀、船倉と帆用資材置き場がムリヨンの東側に建設された後、カスティノーとミシエッシの整備が行われ、海軍工廠施設は再び西方向へ向かって広げられた。シャロント川沿いに建設されたロシュフォールでは、もともと商業用であった古い設備を放棄して川の右岸に沿って設備を下流方向へ広げる選択が行われた。ラ・ガルデットに帆用資材置き場を掘ったことを例外として、海軍は、完全に左岸を無視した。ロリアンでは、海軍工廠施設の拡張は、スコルフ川右岸の北側、プレの干拓地、スコルフ左岸で展開された。シェルブールは、ほぼ水上に建設されたモデルである。ブレストでは、新しい海軍工廠施設の拡張が、まず、ペンフェルト・リアスにおいて、リアス右岸上流に位置するプラトー・デ・カプサンで行われた。しかし、ペンフェルト・リアス両岸で土地不足になると、一九一四年、ラニノンに、二つの大きな造船施設を設置するための錨地が整備された。その後さらに、軍産複合体はロング島、ケレルン半島、ケリュオン小湾を獲得し、そこに海軍工廠施設を整備したのである。(28)

造船施設に比べて、艦船の発着に関連する施設は目につきづらいものとなったが、その代わりに、港に出入りする艦船の動きそのものが港に別の景観を与える。というのも、軍港は巨大な駐船場だからである。艦船の移動は、港湾活動監督局（Direction des mouvements du port）次いで港湾監督局（Direction du port）の作業員たちにゆだねられた。監督官は、サーヴィス船と牽引船を提供することによって、全ての艦船の移動について責任を持つ。すなわち、それらの艦船の進水、ドックへの出入り、港や錨地の中、錨地と港との間での移動の責任を持ったのである。彼らは、こうして、艤装解除された艦船の係留をとりまとめ、係留地の不足の困難を伴う修理や艤装を行った。その作業は浮き橋と突堤に関する補助役職を必要とした。錨地に停泊した艦船の運営は、もっと簡単ではなかった。一九世紀において、船舶は、三つの碇で固定された浮き橋による係留設備に沿って停泊した。係留の碇が頑丈に固定された係留設備のチェーンの中に入り、時にトラブルとなったのである。

第四節　戦時下の港

一七世紀の半ばから、イギリスとの対抗関係の中で、海の戦線は戦略的に最も重要な場所となり、軍港は、一番に標的となった。軍港において、艦隊の帰還は、しばしば、伝染病と同義語となった。たとえば、一七五七年一一月、チフスに汚染されたデュボワ・ド・ラモットの艦隊がカナダから戻った時、それはチフスが流行する原因となった。チフスはブレストの港と都市を越えて地域内に広がり、一万人、記録者によっては二万から二万五〇〇〇人とも言われる死者を出したのである。

イギリスの戦略は、ブリテン島へのフランス軍による全ての上陸作戦を阻止することに向けられた。それは、砲撃や全ての艦隊停泊地、艦船建造業者や軍事活動基地に従事できる人や資源のある場所を襲撃することによって行われた。イギリス海軍はフランスの軍事的に重要な場所を攻め落とすために様々な種類の作戦行動を行った。一六九四年、クロゾン半島はブレスト攻撃を最終目的としてカマレに上陸を試みる英蘭艦隊によって攻撃された。これは失敗したが、一七四六年、レストック提督率いる五四隻の艦隊が十月一日と二日にプルデュ海岸に上陸し、インド会社の港であったロリアンの前に陸上基地をつくった。港を出られないようフランス艦隊を邪魔するために、イギリス軍は、ブレストの手前イロワーズ海からロリアン前のベル＝イルとキブロン湾を経て、ロシュフォールの前にあるエクス島とレ島まで海上封鎖をする作戦を考えたのである。この作戦において、島々は重要な存在となり、ベル＝イルは、一七六一年から一七六二年までイギリスに占領された。この「第二次英仏百年戦争（一六八八〜一八一五年）」の脅威のもとで、フランスの主要な港の要塞化が行われた。

イギリスによる海上封鎖の戦略は、フランス革命戦争（一七九二〜一八〇二年）とナポレオン戦争（一八〇三〜一五年）の間、大西洋の軍港だけでなく一七九三年にトゥロンに対しても使われた。フッド提督は四隻の大型軍艦と八隻の快速軍艦を率いて、九隻の大型軍艦を破壊し、造船用木材のストックを焼き払ったのである。一八一五年から一九四〇年まで、軍港は、ほとんど直接攻撃の脅威にさらされることはなくなった。大西洋側の港に上陸した外国人部隊は、アメリカ軍だけであった。一九一七年六月二一日、サン＝ナゼールは物資と人を受け取るための第一基地となった。最初のサミー（アメリカ軍の愛称）は、一九一七年六月二六日に上陸した。海軍工廠港は、すぐに戦争の準備をすることができた。戦争が別の戦線で展開し、イギリスとの友好的な協約は港の住民に戦争の危険を忘れさせた。一九一七年にドイツ軍が潜水艦戦争をはじめた時、シェルブール港は、潜水艦建造港としてフランスの港の最前線であった。シェルブールは、また、イギリス軍とアメリカ軍を受け入れる国際軍事基地となった。大型船が入港することができたので、軍港だけが補給港や石油港の役割を果たした。アメリカ軍が母国へ戦没者の遺体を送ったのは、シェルブールからであった。

一九四〇年、ドイツ軍の侵攻とともに全てが変化した。(29) 一九四〇年六月のフランスの軍事的敗北から一週間で、ドイツ軍は英仏海峡から大西洋沿岸の港を占領することに成功した。フランス海軍は、反対に、緊急に軍港から避難しなくてはならなかった。イギリス上空とドーバー海峡の制空権獲得に失敗した後、戦況を打開しようとドイツ軍のとった解決策は、アメリカ軍の補給路を断つために大西洋で潜水艦による戦闘を行うことであった。この港の占領と潜水艦基地の建設により、ドイツ海軍は連合軍の護送船襲撃にUボートを発進させられるようになった。ブレストとロリアンの軍港は、英米軍の爆撃の標的となった。ヴィシー政権がフランス艦隊を連合軍に組み入れることを拒否したことで、イギリス軍は、メール・エル・ケビールのアルジェリア基地を爆撃した(30)。一九四二年一一月二七日、ドイツ軍による自由ゾーンへの侵攻の後、フランス人提督は、トゥロン港において、三隻の戦艦、七隻の巡洋艦、一二隻の潜水艦、二九隻の魚雷、爆雷艇を含む九〇隻の艦船を破壊することを決めた。これが、当時世界第四位だった海軍の終わりであった。

ところで、軍港は、何よりもまず、海軍力のための道具である。しかし、そのプロフィールは戦時下で変化する。国際的な紛争危機や海上戦争、植民地への派兵は、海軍工廠港にとって劇的に忙しい時期となる。造船とメンテナンスに加えて、多くの艤装、艦船の出航と帰港、これらの艦船のメンテナンスが行われる。軍事作戦行動はしばしば部隊の輸送を伴うから、軍港には、驚くべき数の徴発された商船が集中し、軍港はそれを管理しなければならない。

ブレストは、アメリカ独立戦争（一七七八～八二年）時、フランス海軍の最も重要な港であった。海軍工廠の役割は、もはや、単に作戦に従事する艦隊を新造するだけに留まらなかった。まず、海軍が作戦行動能力を維持できるように艦船を管理しなければならなかった。ブレスト港は、九〇〇隻の軍艦と部隊、物資輸送艦を艤装し、同様にその艤装解除も保証した。結果的に、工業スペースと航海に関するスペースは海軍の軍事行動に関わるもので埋め尽くされてしまった。艦船の新造は、ブレスト海軍工廠の活動全体の三分の一でしかなくなっていた。ロシュフォール、ロリアンとトゥロンの海軍工廠が別のユニットの建造を行い、それは、ロリアンとロシュフォールで準備された部隊輸送商船で運ばれた。ブレストには、艦隊を準備し、帰還部隊の艤装解除をする技術的手段と人的手段が備わっていた。ブレストの造船業者の半分が出港する艦船の修理に動員された。

一八三〇年五月にアルジェリア征服部隊がアルジェに上陸するが、その輸送船を含む艦隊はトゥロンから出港した。トゥロンの錨地が百隻くらいの軍艦と三万人の部隊、馬や大砲を運ぶために傭われた五七二隻の商船によって埋め尽くされた様子を想像してみるとよいだろう。

軍港における造船、進水、艤装のリズムは、戦時下で大きく加速した。一八五三年から一八五五年のクリミア戦争時のロリアンでは、一八五四年に、一三隻の艦船の新造が企画され、それは、機帆船からスクリュー装甲艦やスクリュー輸送船であった。同じ年、ドックに保管された五隻の艦船が進水し、一八五五年七月までに三九隻が艤装された。フランス第四位の海軍工廠港でしかなかったロリアンは、しばしば部隊輸送船の艤装に従事した。これは、すでにアメリカ独立戦争の時にみられたことであり、一八四〇年の第一次東方危機時、次にクリミア戦争時に、一八五九年のイタリア統一戦争時に、一八七〇年の普仏戦争時に、そして、一八六三年から一八六六年のメキシコ戦争時の場合でもそうであった。一九五六年にスエズ危機が勃発した時、第一にキプロス島に向かう艦船が集結した軍港はトゥロンであった[31]。一九五六年八月三日から、特にシュルクーフ、ジャン・バール、ジョルジュ・レイゲとともに地中海艦隊は出港準備を整え、貨物船や輸送船、石油タンカーが一万tの物資と三千人の人員を輸送した。その後、中東とアフリカでの危機、インド洋での危機（海賊）に直面して、作戦行動を行う軍艦隊の大部分がトゥロン港に集中していった。トゥロンには、航空母艦シャルル・ド・ゴール、三隻の BPC（指揮・戦力投射艦）であるミストラル、トネール、ディスミュド、六隻の原子力潜水艦、一二隻の対空防衛フリゲート艦、対空護衛艦、潜水艦、ステルス艦が集っている。

一七世紀から一八世紀における海上戦のために行われた私掠活動は、平時には軍港として機能していない商業港を軍港に変えた。戦時において、もはや平時のような商業活動が展開できない状況下で、商業港の貿易商

=艤装業者にとって、私掠船の艤装は利益を得るための手段であった。これは、サン＝マロやダンケルクなどの英仏海峡の港、スペインへの入り口であるバイヨンヌで特に活発に行われた。「ポナンの港（大西洋沿岸港）」、特にロリアンでは、私掠活動の結果拿捕した船舶や積荷の決算が行われた。英仏海峡の私掠業者たちは、彼らの獲得物をこれらの港へ持ち込むことにより慎重だった。アメリカ独立戦争期に、艤装はジョン＝ポール・ジョーンズのアメリカ私掠艦隊を除き皆無だったにもかかわらず、ロリアンでは一二二隻の拿捕船が売られた。

特にルイ一四世治世末期のフランス王国は、民間の艤装業者による私掠活動を援助し、私掠船と軍艦隊を組み合わせた作戦行動を行った。ブレストは、私掠活動を行うポンティ艦隊の基地となった。この艦隊は、一七の部隊と五千人以上の兵士からなり、一六九七年、メキシコ湾でカルタヘナ港の強襲をした。しかし、他方で、フランス海軍は、フランス商船隊をイギリスの私掠船から守るために、そしてボルドーやナントとアンティル諸島との交通を維持するために、軍艦による護送船団を組織しなくてはならなかった。こうして、ロシュフォールでは、アメリカ独立戦争時、エルミオンヌ（ラ・ファイエットをアメリカに輸送したのはこの船である）を指揮するルヴァスール・ド・ラトゥーシュが、エクス島付近でアンティル諸島へ向かう前に再組織化された商船団の護送の任についた。今日、アフリカのギニア湾やインド洋のアフリカ側あるいはアジア側では海賊が再流行しており、フランス海軍は、これらのゾーンに駐留し、パトロールをする艦船を艤装しているのである(32)。

第五節　軍港都市

軍港都市では、戦争は歓迎すべきことだった。というのも、これらの都市の発展にとって、平和は戦争より好ましくないものだったからである。「戦争は、(軍港)都市が栄える唯一の時である。諸地方が戦争の災いのもとで苦しんでいる一方で、ブレストは、そこで絶え間なく行われる軍艦の艤装に関わる群衆によって美化され、豊かになっている」。この分析は一七八四年一〇月にブレストの土木技術士であったベルナールによってされたものだが、これは、ブレスト以外の海軍工廠港についても言えるだろう。そして、戦争に依存していることにより、海軍工廠港の経済活動は非常にぎこちないものとなった。戦争の準備段階では、装備と船舶建造が計画的に行われ、海上での戦闘が始まると緊急に船舶建造が必要となった。軍艦の進水と艤装の時は軍港都市経済の好景気局面であった。ブレストが対イギリスのフランス海軍基地となったとき、その海軍工廠は、一六九二年に三〇〇〇人、一七七六年に四七〇〇人、アメリカ独立戦争期に約一万人の港湾労働者を雇った。同じ時期、ロシュフォールは四〇〇〇人以上の港湾労働者を雇っていた。ロリアンは、もっと控えめで、三〇〇〇人を越える港湾労働者を雇ったことはなかった。一九世紀と二〇世紀の前半になると、ブレストの港湾労働者は五〇〇〇人から八〇〇〇人を推移し、ロリアンでは、三〇〇〇人と四五〇〇人の間を推移した。

しかし、同時に、軍港は必然的に軍隊の駐屯地となり、徒刑場ともなったことを忘れてはならない。一九世紀、兵舎の人員数は、工廠で働く労働者の数に匹敵した。国際的な危機の時代、工廠の人員と乗組員数および兵員数は、ロリアンで一万人、ブレストで三万人を数えた。二〇一一年、海軍は、それぞれの基地で軍人および民間人あわせて四万一〇〇〇人を雇っているが、そのうち五四%はブレストとロリアンに配置されていた。

一七四八年にマルセイユのガレー船徒刑が廃止された後、海軍工廠港は、海軍工廠＝徒刑場へと変わった。実際に、海軍は一七四八年からマルセイユの徒刑囚をそれぞれ別の工廠へと配置した。かつて「ガレー船を漕ぐ罪」に処せられた犯罪者は「海軍工廠＝徒刑場に送られる罪」に処せられることになったのである。明らかに、海軍は、徒刑囚たちの中に、安価でとりわけ常に動員可能な労働力を自由に使える可能性を見たのだ。徒刑囚たちは、まず、造船部門（特にそれはアメリカ独立戦争期において）と港への船の出入りに関する作業場に配置された。一九世紀には軍港のインフラストラクチャーのための大きな土木事業が始まったけれど、彼らが港湾建設部門に配置されたのは、造船部門と船の出入りに関する仕事の次にであった。海軍の徒刑場は一九世紀の半ばに徐々に閉鎖された。

労働者、船乗り、軍隊の殺到とともに人口が増えた後、軍港にとって、戦争の終わりは「困難な状態への回帰」を意味した。ブレストの工廠における人員数は軍事的な国際情勢に左右された。その数は、一八六九年に六九五〇人（一八七〇年の普仏戦争開戦前）、一八七二年に五八五〇人、次に六〇〇〇人と七〇〇〇人の間を推移し、一八九八年のファショダ危機の時に七四〇〇人を数え、次に、一九〇四年に英仏協商が結ばれると六〇〇〇人を下回った。

ロシュフォールやロリアンのような軍港から生まれた都市では、ブレストやトゥロンでよりも、海軍工廠の壁を背にしていることが慣例として残った。ロリアン市とラネステル市の起源は、まずインド会社の工廠施設で、次にフランス海軍の工廠施設となったことである。一九四〇年のロリアンでは、工廠施設の壁から一〇〇mくらいのところに位置するロピタル通りで、市庁舎、リセ、中央警察署、貯蓄銀行、民事裁判所、労働組合センター、映画館、慈善団体事務所、市立図書館、卸売市場、かつて病院だった場所にある社会保険団地が、都市の心臓部をめぐり争い続けていた。また、スコルフ河左岸に沿って海軍工廠が空間的に拡大し、一九〇九

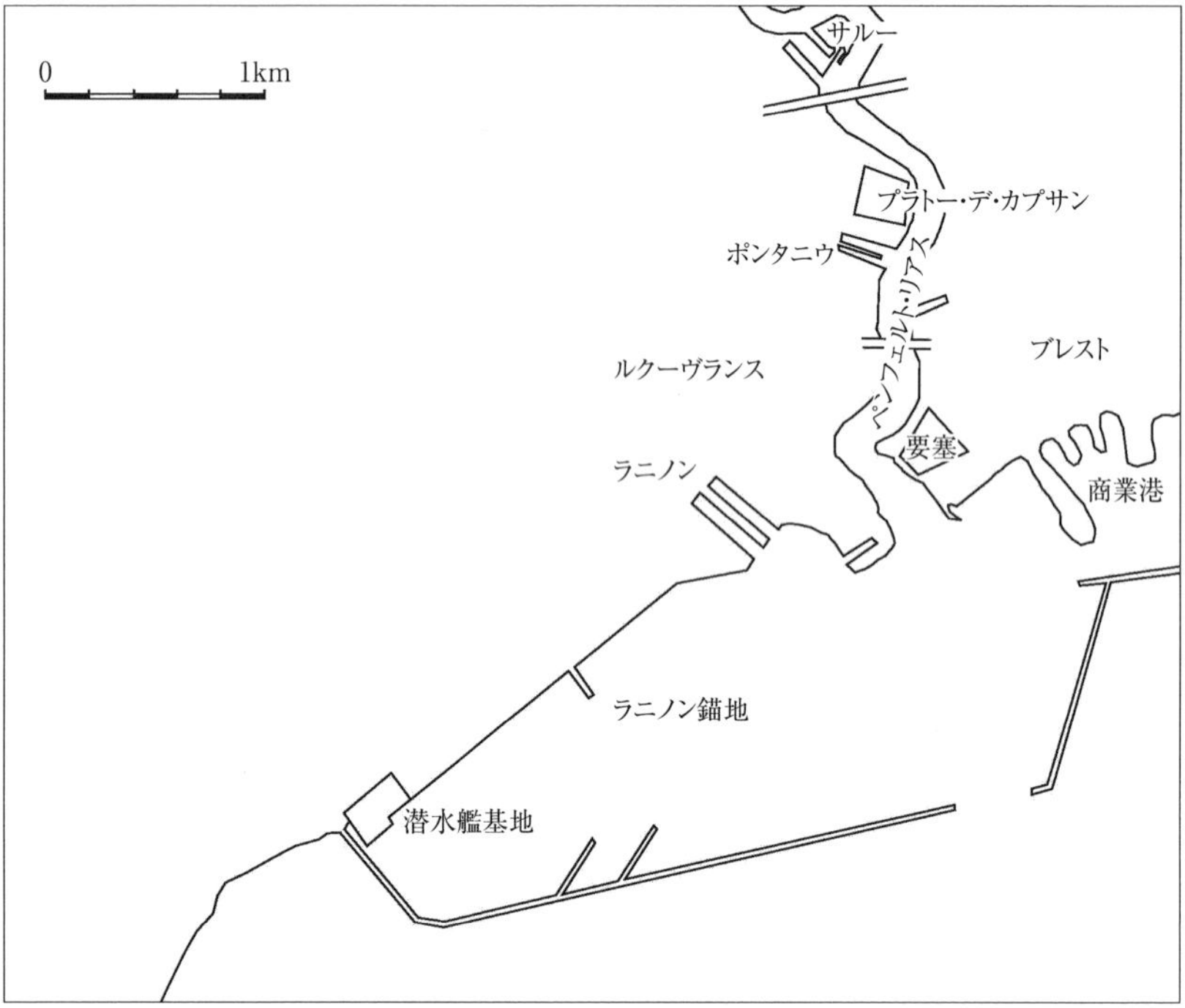

図3　ブレスト海軍基地・海軍工廠

年、ラネステル市が生まれた。第二帝政下における海軍工廠の急速な建設は、シェルブール市とその軍港との間のつながりを強化したのである。

工業施設と港湾施設は地元の人々が沿岸部に近づく機会を減らした。インフラストラクチャーは空間の巨大な消費者だった。トゥロンでは、一六から一七世紀の古いドック建設以降、施設の拡張が西方向に行われ、一九世紀になると、新しい施設が東へ向かって拡張させられた後、カスティニョーとミシッシーの建設とともに再び西方へ向かって拡大した。ロシュフォールでは、海軍がシャロント川の右岸、主な施設の下流にしか軍港を展開させない選択をした。シェルブールはほとんど水上に建設された軍港モデルである。ブレストでは、ペンフェルト・リアスにおいて、新しいインフラストラクチャーの拡張が特に右岸、プラトー・デ・カプサンとサルーで行われた。ペンフェルト・リアス両岸とラニノン錨地沿岸に軍事施設を広げられなくなると、ブレスト錨地とロング島に戦略原子力潜水艦基地が建設され、六隻の原子力潜水艦のメンテナンスがそこで行われることになった。ロリアンでは、海軍工廠施設の発展は、まず、スコルフ川右岸で行われ、徐々に左岸にまで広げられていった。しかし、ケロマンの通常動力潜水艦基地の閉鎖とその軍港の格下げは海軍のテリトリーを減らした。たとえ、軍事的機能が、特に外部での軍事作戦や新しいタイプの海賊に対して使われる「フォルフュスコ」の戦闘員と海軍陸戦隊員基地のような場所で再発見されたとしてもそうなのである。これらの港の空間は本当に閉鎖された世界へと変わった。これらは、港が存在している都市から分離された世界であり、この分離は囲いの壁によって具体化されている。窃盗犯罪との戦い、アルコールによる犯罪の抑止と防止、遅刻者や欠席者、外国人侵入者や今日ではテロリストの探索といった理由から、海軍は労働者と全ての人々の出入りを管理しているのである。

（1） M. Acerra, J. Meyer, *Marines et Révolution*, Ouest-France, 1988. M. Acerra, J. Meyer, *Histoire de la Marine française des origines à nos jours*, Rennes, Ouest-France, 1994.

（2） H.E. Jenkins, *Histoire de la Marine française*, Albin Michel, 1977. Ph. Masson, *Histoire de la Marine, Tome 1 : L'ère de la voile, Tome 2 : De la vapeur à l'atome*, Lavauzelle, 1992（2e édit）. M. Battesti, *La Marine au XIXe siècle, interventions extérieures colonies*, Du May, 1993. *Id., La Marine de Napoléon III*, Service Historique de la Marine, 1998.

（3） H.-S. Vial Du Clairbois, É.-N. Blondeau, *Encyclopédie méthodique. Marine, dédiée et présentée a monseigneur le maréchal de Castries, ministre et secrétaire d'État au département de la marine, &c.*, Paris, chez Panckoucke, 3 tomes, 1783-1787.

（4） A. Boulaire, *Brest et la marine royale de 1660 à 1790*, thèse d'état, Paris IV, 1988, inédite.

（5） M. Acerra, *Rochefort et la construction navale française, 1661-1815*, Librairie de l'Inde, 1994.

（6） D. Dessert, *La Royale*, Paris, Fayard, 1996. M. Acerra, A. Zysberg, *L'essor des marines de guerre européennes, 1680-1780*, Sedes, 1997.

（7） J. Peter, *Vauban et Toulon, histoire de la construction d'un port-arsenal sous Louis XIV*, Économica, 1994. *Id.*, *Le port et l'arsenal du Havre sous Louis XIV*, Économica, 1995.

（8） G. Le Bouëdec, *Le port et l'arsenal de Lorient, de la compagnie des Indes à la Marine cuirassée, une reconversion réussie (XVIIIe — XIXe siècles)*, librairie de l'Inde, 1994. *Id.*, 《L'évolution des arsenaux au XIXe siècle》, *Modernisation de la marine au XIXe siècle*, Rochefort sur mer, 1998, p.59-70. *Id.*, 《L'État et les ports bretons de Brest et de Lorient de Colbert au XXe siècle》, G. Nicolas, *La Construction de l'Identité régionale : les exemples de la Saxe et de la Bretagne XVIIIe-XXe siècles*, PUR 2001, p. 43-54. *Id.*, 《Les mutations techniques des arsenaux bretons au XIXe siècle》, C. Geslin, *La vie industrielle en Bretagne, une mémoire à conserver*, PUR, 2001, pp. 95-106.

（9） G. Le Bouëdec, 《La recherche internationale en histoire maritime : essai d'évaluation : Mise en perspectives, ambitions et limites》, introduction aux actes du colloque international du GIS d'histoire maritime organisé à l'UBS, les 15-17 novembre 2007, *Revue d'Histoire maritime*, n° 10-11, Presses Universitaires de la Sorbonne, mai 2010. pp. 7-16.

（10） M. Agulhon, *Toulon de 1815 à 1851, une ville ancienne au temps du socialisme utopique*, Mouton, 1970. *Id.*, *Histoire de Toulon*, Privat, 1980.

（11） Y. Le Gallo, *Étude sur la Marine et l'officier de Marine. Brest et sa bourgeoisie sous la Monarchie de juillet*, Presses Universitaires de France, 1968.

（12） M. T. Cloître-Quere, *Brest et la Mer*, Centre de recherche bretonne et celtique, Université de Bretagne Occidentale, 1992. *Id.* (dir.), *Histoire de Brest*, CRBC, Université de Brest, 2000.

（13） COLLECTIF, *La recherche en Histoire maritime, essai d'évaluation*, n° 10 et 11, Presses Universitaires de Paris Sorbonne, 2010.

（14） D. Plouviez, *De la terre à la mer, la construction navale militaire française et ses réseaux économiques au XVIIIe siècle*, Thèse, Université de Nantes, 2009.

（15） J. B. Bruneau, J. Martinant de Préneuf, M. Motte, 《Marine État et Politique》, *Revue d'Histoire maritime*, Presses Universitaires de Paris Sorbonne, N° 14, 2013.

(16) J. Martinant de Préneuf, E. Grove, A. Lambert, (dir), *Entre Terre et mer, l'occupation militaire des espaces maritimes et littoraux*, Économica, 2014.

(17) G. Lecuiller, *Les fortifications de la rade de Brest, Défense d'une ville*, Presses Universitaires de Rennes, 2011.

(18) O. Corre, *Brest, Base du Ponant : structure, organisation, montée en puissance pur la guerre d'Amérique*, Thèse, Université de Rennes 2, 2003. *Id.*, 《Brest pendant la guerre d'indépendance》, dans O. Chaline, *Les Marines de guerre pendant la guerre d'indépendance*, Presses universitaires de Paris Sorbonne, janvier 2013, pp.243-264.

(19) G. Le Bouëdec, S. Llinares, 《Les arsenaux face aux enjeux géostratégiques atlantiques (XVIIe-XIXesiècle》, *Enquêtes et documents : Enjeux maritimes des conflits européens* (*XVIe-XIXe siècle*), CRHMA, Ouest Edition, 2002, pp. 149-167.

(20) Comité pour l'histoire de l'armement, *Les bases et arsenaux français d'Outre-mer du second Empire à nos Jours*, Direction Générale de l'Armement, Lavauzelle, 2002.

(21) G. Le Bouëdec, 《Résistances et continuités de 1805 à 1940》 dans A. Cabantous, A. Lespagnol, F. Péron, *La France, la terre et la mer*, Fayard, 2005, pp. 563-603.

(22) M. Nee-Pillet, *Arsenal et activités associées : Les industries militaires à Cherbourg 1900-1939*, Université de Caen, 2008.

(23) F. Bozo, *La France et l'OTAN, de la guerre froide au nouvel ordre Européen*, Masson, 1991.

(24) P. Boureille, *La Marine française et le fait nucléaire*, Thèse, Université de Paris 1, 2008.

(25) COLLECTIF, *Marine et technique au XIXe siècle*, Service Historique de la Marine, 1987.

(26) M. Motte, *Une Éducation géostratégique*, Économica, 2004.

(27) Ph. Masson, M. Battesti, *Du Dreadnought au Nucléaire*, Lavauzelle, 1988.

(28) Le Bouëdec, 《L'évolution des arsenaux au XIXe siècle》. *Id.*, 《L'État et les ports bretons de Brest et de Lorient de Colbert au XXe siècle》, G. Nicolas, *La Construction de l'Identité régionale : les exemples de la Saxe et de la Bretagne XVIIIe-XXe siècles*, PUR, 2001, pp. 43-54. *Id.*, 《Les mutations techniques des arsenaux bretons au XIXe siècle》, C. Geslin, *La vie industrielle en Bretagne, une mémoire à conserver*, PUR, 2001, pp.95-106.

(29) Ph. Masson, *La Marine française et la guerre, 1939-1945*, Tallandier, 1991.

(30) H. Coutau-Begarie, C. Huan, *Mer-El-Kébir*, Economica, 1994.

(31) Ph. Masson, *La crise de Suez* (*Novembre 1956-avril 1957*), Service Historique de la Marine, 1986.

(32) M. Augeron (dir), *La piraterie au fil de l'Histoire*, Presses Universitaires de Paris Sorbonne, 2014. G. Buti, Ph. Hrodej, 《Dossier Course, Piraterie et économies littorales (XVe-XXIe siècles》, *Revue d'Histoire maritime*, n° 17, Presses Universitaires de Paris Sorbonne, 2013 pp.3-268.

コラム

南洋群島の海軍「基地」
―トラック諸島夏島の根拠地建設―

高村聰史

戦前日本の委任統治領であった南洋群島（現・ミクロネシア共和国・パラオ共和国・マーシャル諸島共和国）のトラック諸島（現・チューク諸島）は、日本海軍の泊地であったと同時にラバウル方面を結ぶ中継拠点であり、重要な「基地」でもあった（海軍が利用する港を、島に住む邦人や島民らは一般的に「軍港」「基地」と表現していた）。とはいえ国際連盟規約（ヴェルサイユ条約前半）「地域内ニ陸海軍根拠地又ハ築城ヲ建設スルコトヲ得ス」（第四条）との軍備制限条項により軍事化は厳しく制限されており、このため海軍は南洋興発株式会社に請け負わせて道路や港湾施設、商業用飛行場の建設を行なっていたとされた[1]。ただ国際連盟脱退以前に日本が南洋群島の軍事化を進めた形跡はなく、実際は国際情勢の悪化を契機に一九三九年（昭和一四）頃から本格的に軍事化が進められている[2]。何をもって「軍事化」とするか判断は難しいが、一二二年（大正一一）四月以降南洋群島委任統治区域の海面は、南洋海軍区として横須賀鎮守府の管轄下に置かれており（勅令第一三四号）、何らかの形で海軍の関与があったであろうことは説明するまでもない。

ところで委任統治領（南洋群島）は、マリアナ・カロリン・マーシャルの諸島で構成され、サイパン・パラオ・ヤップ・トラック・ポナペ・ヤルートの六支庁に分けられて日本に統治された。とりわけトラック支庁の島々は世界最大規模の堡礁に囲まれており、同支庁舎は礁内東部中央に位置する夏島（現・デュブロンまたはトノアス島）に置かれた。トラック諸島の総面積は一三二㎢と小さいが、その中でも夏島はサイパン島の五％にも満たない約九㎢程度の小さな島であった(3)。当時日本がこのような島を同支庁の中心に据えたのは、第一次世界大戦の占領期に置かれた臨時南洋群島防備隊司令部と、その後の軍政庁に由来する。南洋群島全体の中間に位置し、広大な環礁は軍艦の泊地としては絶好の地理的環境をつくりだしていたからである。しかし国際連盟規約締結により、日本は一九二一年に司令部から民政部を独立させてパラオに移し、翌二二年三月には群島から臨時防備隊を撤退させたため、以降しばらくの間、海軍拠点としての公的なスタンスは消滅することになる。

委任統治時代のトラック諸島の特徴は、島民人口が他支庁と比べて圧倒的に多かったことである。南洋群島全島で五万人前後の島民中、一万五〇〇〇人以上がトラック支庁で生活しており、島民人口調査が始められた一九二〇年から三九年まで大きな変動はみられていない。これに対し邦人は民政部移行を前後して減少傾向を辿るが、三〇年以降今度は夏島の邦人人口が急増する(4)。この背景には群島の「太宗」とされた鰹漁業の発展があり、これに伴い鰹節の生産量が急増すると、南洋興発株式会社による港湾開発も相まって二八年以降トラック島は鰹節の最大移出港となり、生産量もパラオに次いで多くなった(5)。ところが海軍の根拠地建設が始まると、鰹節漁業の漁港から「軍港」＝基地への転換が進む。このような構造的変化は島内の邦人の水産業者がトラックからパラオに移行していく状況からも読みとれる。またトラック支庁の公学校は統治初期より春島や冬島に置かれていたから、夏島は完全に「軍港」に特化された島であったといえよう。

ただ海軍は一九三六年に海軍内部でサイパンやパラオに航空拠点の建設を決定したが[6]、対米作戦準備に力点が置かれたため実際の基地整備はほとんど進んでいなかった[7]。南洋群島西端のパラオ諸島でもアラカベサン島を海軍水上機基地に、マラカル島を泊地（「軍港」）へと区別化が図られたが、一方で島嶼防衛上、肝心な防御施設の構築も全く進んでいなかった。

この状況で一九三九年一一月には南洋群島周辺の調査と防衛のために第四艦隊（内南洋部隊）が新たに編制され、さらに四一年一二月に日米が開戦すると、第四艦隊の根拠地であったトラック諸島の軍事化が加速し、四二年八月に連合艦隊の前進根拠地となった。隣の春島にも飛行場が建設されたのもその頃である。開戦直前に南洋庁国語編修書記として南洋群島をまわっていた作家の中島敦は、「夏島は、人夫等の多い騒々しい街で大嫌いだ」と妻宛ての手紙（四一年一〇月）に記しており、当時海軍が大慌てで拠点建設を進めていたことがよくわかる[8]。

開戦後の一九四二年には、横須賀鎮守府から横須賀の料亭「小松」（パイン）へ南方出店の提案があり、同年トラック諸島夏島で「トラック・パイン」を開業している。「飛行場や病院もあり、一番設備がととのっていました。景色のいい所でしてね、波打ち際にマングローブの並木がずっと続いていて、夕方など、本当に素敵でした」と山本直枝女将は語っているが、到着当時は住む家はおろか防空壕もなく、「アンペラ（アンペラの草の茎で編んだ筵）の上で寝る有様でした。水も不自由で、飲み水といったら、ボウフラの湧くような水で、飲み水にも不自由する有様」とインフラの未整備さを根拠地隊司令官に訴えている[9]。また最良の泊地であったトラック環礁も、戦時となると

米海軍任務部隊の攻撃を受ける夏島
所蔵：米国立公文書館　提供：横須賀市史編さん係

環礁が邪魔して艦艇の自由な行動を阻害した。港湾施設や燃料庫、兵舎の建設等、第四根拠地隊、第四工作部により夏島及び周辺島嶼での基地化が急速に進められたが、制海権を奪われた海路からの資材輸送は程なくして滞った。

　このように施設の拡充と同時平行で陣地構築と防空壕建設が進められる中、一九四四年二月一七日から一八日にかけて、トラック諸島を米海軍第五八任務部隊が襲撃した。同空襲で多くの艦船とともに、多数の民間人を載せた商船や輸送船までもが撃沈され、多くの犠牲者を出した。備蓄燃料タンクも破壊され一万七〇〇〇トンが流失、「トラック・パイン」でも六人の死者を出して、基地は機能不全に陥り、同年七月には

「絶対国防圏」外へ弾き出されることとなった。後に「真珠湾攻撃の復讐」「逆パールハーバー」とまで揶揄された空襲であったが、港湾施設の多くが破壊されたため、戦後ミクロネシアを信託統治領としたアメリカは、旧司令部が置かれた夏島をデュブロン島と改称し、行政機能を全て隣りのモエン島（旧春島）に移転させて現在に至っている。

旧トラック諸島の環礁は、現在では日本の沈船をめぐる世界的なダイビングスポットとなってしまった。夏島には旧海軍の陸上施設が今も僅かに残されてはいるが、その多くは熱帯植物が繁茂する私有地となっている。

（1）佐伯康子「海軍の南進と南洋興発（一九二〇年～一九三六年）―南洋群島委任統治から『国策の基準』迄―」（慶應義塾大学『法学研究』第六五巻　第二号、一九九二年）。

（2）Mark R. Peattie *"NANYO—The Rise and Fall of the Japanese in Micronesia 1885-1945"*, University of Hawaii Press, 1992.

（3）南洋庁長官官房『南洋庁施政十年史』（一九三二年）。

（4）南洋庁長官官房調査課『第八回　南洋庁統計年鑑』（一九四〇年三月）。

（5）南洋庁官房調査課『第一回南洋庁統計年鑑』（一九三三年六月）。南洋群島の鰹節生産については高村聰史「南洋群島における鰹節製造業―南洋節排撃と内地節製造業者」（『日本歴史』六一八号、一九九九年一一月）を参照。

（6）草鹿龍之介『一海軍士官の半世紀』（光和堂、一九八五年）二六一頁。

（7）小磯隆広「一九三〇年代後半における日本海軍の対米・対英作戦戦略―南洋群島と海南島を中心に―」（『軍事史学』第四九巻第四号、通巻一九六号、二〇一四年三月）。

（8）「中島たか宛書簡―昭和一六年一〇月一一日」（『中島敦全集』筑摩書房、第一巻、一九七六年）。

（9）外山三郎『錨とパイン』（静山社、一九八三年）、二四〇～二四一頁。料亭「小松」については本シリーズ『軍港都市史研究Ⅳ　横須賀編』（清文堂出版、二〇一七年）のコラム（横須賀の料亭「小松」）を参照。

第六章

ドイツの軍港都市キールの近現代

—ハンザ都市・軍港都市・港湾都市—

キールの第二次世界大戦後復興を牽引したホヴァルツヴェルケ・ドイツ造船所
（撮影）谷澤毅

谷澤　毅

地図：キール湾
作成：谷澤毅

はじめに

キールはドイツ連邦共和国、シュレスヴィヒ・ホルシュタイン州の州都であり、ユトランド半島東側のバルト海から内陸部に一〇㎞ほど穿たれたキール湾（キーラー・フィヨルド）の奥に位置する。現在のキール市の面積は約一一八㎢、人口は約二四万三〇〇〇人（二〇一四年）である。キール市内はこれといった観光名所を欠くので、日本からここを訪れる観光客は少ないであろうが、ドイツ革命の発端となった一九一八年の海軍水兵の反乱がここを舞台としたことから、キールの名は我が国でも海軍が置かれた軍港都市として知られる。

ところで、ドイツという国は、ほかのヨーロッパ主要国と比べると陸上国家としての色彩が強い。イギリスやフランス、スペインやイタリアなどといった西側のヨーロッパ諸国と比較すれば、ドイツは中欧に位置しているだけに海と接する部分は多くない。軍事的に見ても、かつてのプロイセンの時代、ドイツは軍事大国であるとのイメージを植えつけた一連の軍備増強、軍制改革の対象となったのは、まずは陸軍であり、近代的な海軍の創設は一九世紀も中頃（一八四八年）にまでずれ込んだ。それゆえ、ドイツでは近代的な軍港の建設も遅れ、バルト海側の港湾都市キールが軍港に指定されたのはドイツ統一（一八七一年）の前夜、一八六五年になってからのことである。

軍港となってからのキールは、国粋的な風潮を背景として急速な発展を見せた。市域の拡大と並行して人口の増加を実現し、都市は大きく躍進した。港湾都市ゆえに海運業を中心とした商業も伸びを見せた。とはいえ、海軍の存在により人びとの経済活動や社会生活に課せられた制約も大きかった。とりわけ二度の世界大戦に際しての敗戦は、戦争に翻弄される軍港都市の体質を市民に痛感させることになった。

キールに関する我が国でのこれまでの研究について、少し触れておこう。軍港という観点からキールを取り上げた成果としては、第一次世界大戦末期の水兵の反乱を扱った三宅立の研究があるが[1]、軍港都市という観点からキールを扱った研究は、筆者が日本の佐世保との比較を試みた小著が挙げられるくらいではなかろうか[2]。ドイツの軍隊はこれまでもしばしば研究の対象とされてきたが、陸軍中心であるとの観はやはり否めない。最近の成果としては、『ドイツ史と戦争―「軍事史」と「戦争史」』と『19世紀ドイツの軍隊・国家・社会』が挙げられるものの[3]、前者では全一三章のうち海軍に関するものは二つの章に限られ、軍港および軍港都市に関する記述は含まれていない。後者でも、軍港と軍港都市に関する記述は見当たらず、内容も一九世紀に限られている。ドイツ海軍に関しては、一般向けの書籍として『ドイツ海軍入門』が刊行されているが[4]、記述の大部分は艦船の紹介からなり、キールおよび軍港一般に関する記述はほとんど見当たらない。

以下、本章で取り上げるのは、軍港に指定されてから第二次世界大戦後に至るまでのキールの社会経済史である。キールの経済の歩みを概観するとともに、商港としてのキール港の役割を浮き彫りとしていきたい。軍港都市は海軍を発展の基盤とすることから、経済は軍需に依存するのが一般的である。キールの場合、それは具体的には造船業の発展となって現れた。また、軍港が置かれる前からキールは港湾都市であり、その港は貿易港であった。軍港と商港が並存することにより、キール港は海軍により制約を受けた。そのような制約のもと、同港は商港としてどのようにして港湾施設を拡充し、どの程度の発展を見せたのか、この点についても検討してみることにしたい。

以下、まず第一節で中世のハンザ同盟の時代にまでさかのぼり、ハンザ都市というキールのもう一つの顔に光を当てる。次いで、第二節で軍港都市としてのキール発展の足跡を追い、第三節で軍港都市ゆえにキールが経験することになった二度の敗戦を社会経済史的側面から検討する。そして、第四節で海軍の存在を念頭に置きながら、港湾施設や取扱貨物量の変遷などの面から商港としてのキール港の足跡と機能の一端を明らかにする。このような手順で、日本と同様に後発先進国として急速な近代化を遂げたドイツの軍港都市の一端を考察していきたい。

第一節　ハンザ都市から軍港都市へ

まずは、キールが軍港となるまでの足跡を簡単に辿っておきたい。

軍港都市となってからのキールの歴史はそれほど長いものではない。しかし、都市としてのキールの歴史ははるか中世のハンザ同盟の時代にまでさかのぼる。すなわち、一二四二年、キールは封建領主であるホルシュタイン伯ヨハン一世により都市法としてリューベック法とともに土地を授与され、都市となったという。制度の面から見た中世都市キールの成立事情はすべて明らかとなっているわけではないが、実態面から見れば、この頃キールはすでに都市としての内実は具えていたと考えられている。一三世紀後半のキールの人口はおよそ一五〇〇～二〇〇〇人と推測され、このうち市民権を有していたのは三〇〇人ほどであった。遠隔地商業に従事する商人をはじめ、靴屋やパン屋、肉屋や仕立屋、鍛冶屋などの手工業者が存在し、貨幣鋳造権も与えられていた(5)。

中世のキールはハンザ都市であった。ハンザとは、外地での商業活動のために権益の確保とその維持・拡大を目的として、おもに北ドイツの商人や都市により形成された連合体であり、日本では「ハンザ同盟」、ドイツ本国では「ドイツ・ハンザ」と称される。その存続期間は、ハンザの中心都市リューベックの誕生から一七世紀の最後のハンザ総会までの約五〇〇年間に渡る。中世後期の一時期（一四世紀後半～一五世紀）、ハンザは北方ヨーロッパにおいて強大な商業勢力へと成長した。ハンザの存続期を通じて、キールは常にハンザに属していたというわけではないが、ハンザの一都市であったということからは、キールが早くから外地へと進出する貿易商人を有する港湾都市として自らを位置づけていたことがわかる。軍港となるはるか以前、キールはまずは貿易港（商港）として歩みを開始したのである。

キールのハンザ加盟は、ハンザがまだ組織として明確な形をなしていない一二八四年のこととされる。この年、リューベックやハンブルク、ロストックなど、ハンザの主要都市が中心となって通商面での安全確保のために同盟が結成された。キールもこれに参加したのである。その後、キールはハンザが最盛期を迎える契機となったデンマーク戦争（一三六一～七〇年）にも参戦し、兵士を派遣したものの、領主であるホルシュタインのアドルフ七世がデンマーク支持の姿勢を見せたことから、この戦争への積極的な関与をやめてしまう。この点が問題視されたのであろう、デンマーク戦争自体はハンザ側の勝利をもって終了したものの、キールは一時的とはいえハンザ特権に与ることができなくなってしまった(6)。

ハンザ商業の発展に刺激されてキールも一四世紀に繁栄期を迎えたとはいえ、商業や海運の表舞台に登場したわけではなかった。例えば、ポンド税という戦費調達のための臨時税について見ると、一三六二年のキールの徴収額（四二マルク一二シリング）はロストックと比べてその四分の一、コルベルクというハンザの小都市と比べてもその半分程度でしかなかった。港湾都市とはいえ、またハンザ都市であるとはいえ中世キールの取引規模は、リューベックやハンブルクといった周辺の大貿易港と比べればはるかに小さく(7)、地方港としての性格が強かった。ハンザ都市としてのキールは、いわば「発展し得なかったハンザ都市」（verhinderte Hansestadt）だったのである(8)。

近世も同じような状態が続いたが、注目されるのは一六六五年の大学設立である。軍港都市となる以前に、キールは大学都市となっていたのである。一八世紀後半になると、キールにもようやく発展の兆しがうかがえるようになった。すなわち、コペンハーゲン・キール間の定期航路の開設（一七八〇年ごろ）やシュレスヴィヒ・ホルシュタイン運河の完成（一七八四年）、貯蓄銀行の設立（一七九六年）などの出来事が続いた。一九世紀に入ると人口の伸びも目立つようになり、一七八一年から一八三五年までの約五〇年間でキールの人口は、五三七九人から一万一六二二人へと二倍強の増加を見せた。

一八六四年、シュレスヴィヒ・ホルシュタイン両公国の帰属をめぐってドイツ（プロイセン）はデンマークと戦火を交え、プロイセン側の勝利に終わった。その結果、キールが属するホルシュタインはデンマークの支配の下を離れ、まずはプロイセン・オーストリア同盟の共同統治の下に、やがてオーストリアの単独統治の下に置かれ、さらに、プロイセン・オーストリア戦争（普墺戦争：一八六六年）を経て戦勝国であるプロイセンに帰属することになった。一八七一年にドイツ帝国が成立すると、キールは北海側のヴィルヘルムスハーフェンとともに帝国軍港（Reichskriegshafen）に指定され、以後新興国ドイツの軍港都市として歩んでいくことになる。

とはいえ、キールはすでに一八七一年の時点で軍港であった。プロイセンは一八四八年の海軍創設以来、基地をダンツィヒ（現・グダニスク）に置いていたが、普墺戦争前年の一八六五年にビスマルクの指示に基づき、国王ヴィルヘルム一世がキールへの移転を命じていたのである。(9)

キールが移転先に選ばれたのは、やはり軍港にふさわしい地形的な条件を考慮してのことであった。水深が十分確保され、フィヨルドと呼ぶに値する細長い湾の奥に位置するキールは、艦船の停泊に適した天然の良港である。それゆえ、ほかの候補地より少ない費用で開発される見込みがあり、当時の総司令官でプロイセン海軍の創設にも尽力したアーダルベルト親王（プロイセン王フリードリヒ・ヴィルヘルム三世の甥）も、キールを強く推奨したという。一八六七年には、プロイセンを中心とする北ドイツ連邦の艦隊基地に改めて指定された。キール市側が、海軍基地のキール移転に際して積極的に誘致を持ちかけたということはなかったようであるが、新生ドイツの帝国軍港に指定された一八七一年、キール市商業会議所は年次報告の中で、ここキールが近いうちにドイツ・バルト海海域の海軍拠点、大要塞へと変貌を遂げていくであろうことを予測している。こうして、商港と軍港との共存が始まった。

以上素描したように、軍港都市に先んじてキールはまずはハンザ都市としての属性を帯びていたのであり、規模は小さいとはいえ商港として機能していた。組織としてのハンザは一七世紀後半には完全に衰退し、北ドイツの商業都市を束ねていた広域的とはいえ緩やかな組織は自然消滅することになった。だが、ハンザに関する記憶は完全に忘れ去られていったのではない。

ドイツ海軍が設立されたのは、上述のようにプロイセン時代の一八四八年のことであり、強力な陸軍と比べればその伝統は浅く、兵力も十分なものではなかった(10)。しかし、皇帝ヴィルヘルム二世の時代、世界帝国を目指すドイツは対外政策推進のために海上世界での権力構築に力を入れるようになり、ドイツは海軍の拡大期を迎えることとなった。大艦隊の創設のためには膨大な予算が必要であり、そのためには世論喚起が欠かせない。

そこで海軍は、「ドイツ艦隊協会」のような大衆団体の設立を後押ししたほか、過去のドイツ民族による海外進出の事例を記憶の底からよみがえらせようとした。そこで注目されるようになったのがハンザの存在である。ハンザに関しては、ドイツ統一と同年（一八七一年）に専門学会である「ハンザ史学会」が立ち上げられ、学術面からの研究も進みつつあった。これに艦隊増強を目指す海軍によるプロパガンダも加わりハンザ同盟の時代が「再発見」され、過去のドイツ民族による海外での輝かしい活動にあらためて光が当てられていく。かくして、海軍の歴史の浅さはハンザの歴史的な記憶によって補われていった。おそらく、かつてのハンザの栄光は、海軍にとっては今後ありうべきドイツの海上勢力を思い描いていく際の指針ともなったことであろう。このような背景のもと、ドイツ海軍はティルピッツを帝国海軍省長官に任命し、第一次（一八九八年）、第二次（一九〇〇年）の艦隊法を相次いで成立させ、海軍勢力の拡大に邁進していったのである。(11)

第二節　軍港都市としての発展

プロイセン海軍のキール移設が決定した際（一八六五年）、海軍関連施設が集積する地区としてまず予定されたのは、旧市街から見て北側のキール湾西岸一帯である。海軍移転とともに、まずは湾西岸のブルンスヴィク、デュステルンブローク地区に海軍の物資補給廠が建設され、湾の出口に近い西岸フリードリヒスオルトには大砲の製造工廠が建設された。しかし、外敵からの攻撃の可能性がより少ないキール湾のさらに奥、東岸地区の開発が進むと補給廠は東岸のガールデン、エラーベク地区に移設され、造船工廠（Werft）として設備の拡充が図られていく。西岸の大砲製造工廠は、魚雷の重要性が増したことから一八九一年に魚雷工廠（Torpedowerkstatt）へと役割を転換し、施設を拡大していった。

さて、東岸の造船工廠では、一八七九年に造船関連の施設は一応完成したものの、艦船の大型化や作業規模の拡大により施設はすぐに手狭となってしまった。そこで、海軍は湾の北に向けて開発を進めて北部工廠とし、キール湾奥の東側は造船関連施設が集積する一帯へと変貌を遂げていった。そこで作業に従事する労働者の数も、ヴィルヘルム二世の艦隊増強期を経て増え続け、その数は一八八〇年が二九九二人、一九〇六年が六九二八人、第一次世界大戦開戦前後の時期（一九一四年七月）には一万四〇〇〇人以上に達した。これだけの数の労働者が、外部から中をうかがうことができないように高い塀で囲われた海軍の造船工廠で作業に従事していた。湾西岸の魚雷工廠でも、第一次世界大戦終結の一九一八年には五〇〇〇人を超える人々が働く場となった[12]。

海軍工廠を中心としたキール湾奥の東岸では、民営の造船所による開発も進んだ。キール湾の一番奥にはゲルマニア造船所が位置したが、キール最大のこの民営の造船所は一九〇二年に鉄鋼会社のクルップに買収され、のちに兵器の製造で名をなす同社の艦船建造のための造船所となる。一九一八年には、従業員は一万人を超えるまでとなった（一万〇五〇七人）。海軍工廠の北側エラーベク地区では、ホヴァルト造船所が操業しており、ここの従業員は一九一四年の時点で約三〇〇〇人であった。すなわち第一次世界大戦時には、キール湾東岸の海軍工廠と二つの民営の造船所だけで二万七〇〇〇人以上の人々の雇用が確保されていたことになる。これは、当時のキールの人口（一九一四年：約二二万五〇〇〇人、一九一八年：約二四万三〇〇〇人）の一〇％を上回る。

海軍の刻印は、造船施設が集積する湾東岸以外の地区にもほどこされていく。とりわけ市北部のブルンスヴィク、デュステルンブローク地区は、プロイセン海軍の補給廠が置かれてから海軍に関係する施設が集積する地区となった。帝国幕僚司令部（Stab der Kaiserlichen Kommandantur）や海軍基地本部（Stab der Marinestation）、海軍大隊（Seebataillon）、水兵のための兵舎や海軍病院、軍裁判所、留置所、海軍大学や海軍兵学校といった教育機関などが、この地区およびその周辺に設けられていった。海軍諸施設の周辺には士官向けの住宅が建設された。デュステルンブロークは、そのような宅地として開発されるが、ここの森はまた市民が好んで散策するレクリエーションの場でもあり、サマーハウスや飲食店が多く見られるようになった[13]。デュステルンブロークの森は、現在も高級住宅地として知られる。一八九三年にさらに北のヴィク地区がキール市に併合されると、ここも大規模な兵舎が連なる兵営地区となった。

海軍は、これら施設の建設のためにキール市の意向を十分には考慮せずに用地の買収を進めた。軍港となってから四年後の一八六九年、早くもキール市は、キール港が自治体の運営する港（Kommunalhafen）であり、利用上の主導権は市側にあると宣言した。しかし、一八八三年に制定された帝国軍港法は、海軍側の都合が都市のそれに優先することを決定付けてしまう。さらにキール市は、一八九三年に湾西岸北部のヴィク地区に新たな商港を建設する計画を海軍に提案した。しかし、海軍側はこれを拒否したのでキール市は訴訟に持ち込んだものの、これはキール市側の敗訴に終わってしまった（一九〇四年）[14]。

軍事関連施設の整備、基幹産業としての造船業の発達とともに、キールは人口を増していった。そのおおよその推移を辿れば、一八〇〇年の時点で約七〇〇〇人と推定されるキールの人口は、ドイツ統一の一八七一年にはその四倍以上の三万一七六四人に達していた。人口の伸びは一九世紀末になるとさらに加速し、一九〇〇年の人口は一〇万七九七七人となった。かねてより見られた商工業の発展という要因に加えて軍港都市となったことによる軍事的な要因も、この増加を後押ししたと見てよいだろう。艦隊法の制定は、経済状況の如何にかかわらずに艦隊を建造していくことを可能とし、キールは多くの労働者が集中する都市となった。後述する周辺自治体の合併が進んだことも、人口増加に寄与した。第一次世界大戦が終了する一九一八年、市民の数は二四万三一三九人と一つの頂点に達した。

キールの人口動向に見られた特徴として、ほかのドイツ都市と比べて人口増加のテンポが速かったことと、人びとの出入りが激しく、毎年人口の二〇％ほどが入れ替わっていたという点が挙げられる。艦船の建造を中心とした造船業の発展は、多くの労働者をキールに引き寄せた。軍港都市キールの発展のかなりの部分は、仕事を求めて単身で周辺からやってきた男性の「よそ者」によって支えられたと見てよいだろう。男女間の人口差を見ると、女性の比率が低く、極端な場合には男女間で八％もの開きがあった（男性五四％：女性四六％）。「男手」を必要とする仕事場が多かったことから、働く女性の割合が低いという特徴もあった。一九〇七年の例を見ると、この年女性全体に占める就業者の割合はドイツ全体で三二・一％であったのに対して、キールではわずか一九・六％に過ぎなかった。

軍港都市となってからのキールは、周辺自治体（ゲマインデ）の吸収・合併も積極的に推進した。もともとの市域が狭かったので、それがのちの都市発展にとって差し障りとなることが懸念されたからである。最も早くキールに吸収されたゲマインデは北部のブルンスヴィク（Brunswik：一八六九年）であり、その後も軍と関係する施設が集まってくる北部では、デュステルンブローク（Düsternbrook：一八七三年）やヴィク（Wik：一八九三年）、プロイェンスドルフ（Projensdorf：一九〇九年）などの自治体が、また海軍工廠をはじめ大規模な造船所が立ち並ぶキール湾東岸ではガールデン・オスト（Gaarden-Ost：一九〇一年）やヴェリングドルフ（Wellingdorf：一九一〇年）、エラーベク（Ellerbek：一九一〇年）などの自治体がキールに併合されていった。軍港機能の拡充という観点から、市域は拡大を続けた。

以上のような軍港都市としての発展を伴いながら、キールはまずは最初の世界大戦へと突き進んでいったのである。

第三節　二度の敗戦経験と経済

(一)　最初の戦後

第一次世界大戦においてドイツは敗北した。敗戦が軍港都市キールにどのような影響を与えたか、それを端的に示すのは人口の変化である。順調な伸びを見せていたキールの人口は、敗戦となる一九一八年には二四万三一三九人にまで達した。しかし、その翌年には二〇万五三三〇人にまで減少してしまう(15)。ヴェルサイユ条約の調印（一九一九年）により、ドイツはかろうじて海軍の解体こそ免れたものの、艦船の保有を含む海軍規模の大幅な縮小を命じられたことにより、海軍関係者や造船をはじめとする軍需関連産業に従事していた人びとの大量解雇が実施された。人員整理により多くの労働者がキールを後にした結果、その影響がまずは人口の減少というかたちで現れたのである。しかし、それでも市内の失業者数は減らなかった。一九一九年一月の時点で一万人ほどであった失業者は、一九二二年から二三年にドイツを襲ったハイパーインフレーションの時期を経て、一九二六年には一万六〇〇〇人台へとむしろ増えてしまった。その後もキールの経済は十分に復調することはなく、一九二〇年代末には世界大恐慌を迎えることになる。

敗戦は、当然のこととはいえ、これまでの軍需依存体質に対する疑念をキール市当局ならびに市民に抱かせる契機となった。都市経済が造船をはじめとする軍需に関係する産業に一面的に依存している状況は、かねてより認識されてきたとはいえ、それが特に問題視されるようなことはなかった。一九世紀後半のキールを代表する海運業者の一人であったアウグスト・ザルトリのように、キールが軍港都市として本格的に発展する前から偏った経済発展の方向性に警鐘を鳴らしていた有識者もいた。とはいえ、大方の産業関係者は海軍と造船所があるからこそ各商店や事業所が売り上げを伸ばし、雇用が確保されている現状をむしろ肯定的に受け止めていたのである。(16)

だが敗戦後、軍需の停止が都市経済に与えた混乱と市況の低迷は、海軍への依存体質からの脱却と軍需とは無縁の平和産業構築の必要性を多くの市民に痛感させる契機となった。一例として、基幹産業である造船業界の動きを見てみよう。キールの造船業界は、海軍規模が大幅に縮小されたことにより、軍需から民需へと供給先の転換を図ることになった。すなわち、民間からの商船の受注や修理を積極的に受け入れることとし、鉄道車両など造船以外の製造業へも乗り出そうとしたのである。こうした造船業界の試みは、戦後のドイツ海運業界の再建の動きと重なり、またマルク安による外国からの受注増加の好影響もあったため、海軍からの受注の減少をある程度補うことにはなった。しかし、世界大恐慌の到来により結局は苦境を脱することはできなかった。

各造船所の対応を見れば、まず海軍の造船工廠は一九二五年に民営化され、ドイチェ・ヴェルケ・キール(DWK)社に生まれ変わり、貨物船やタンカーなど民間向け船舶の受注を通じて業績回復を図った。とはいえ、世界恐慌時には政府からの支援を仰ぎ、人員削減を敢行せざるを得なかった。ゲルマニア造船所に対しては、景況の悪化に際して親会社のクルップが手を差し伸べた。ホヴァルト造船所は、戦後いち早く商船の建造に着手したものの、長期化したストライキの影響などもあり、一九二六年に一度経営を破綻させてしまう。(17)その後、再出発を図り、事業を再度軌道に乗せることに成功する。ちなみに、第二次世界大戦後のキールの造船業界を牽引していくのは、このホヴァルト社である。

就業者数の分布状況から、第一次世界大戦後のキールの経済のおおよその構造を確認しておこう。表6-1

は、産業部門（大分類）ごとに見た一九二五年のキールの就業者に関する統計である。最多を占めたのは工業・手工業部門であり、全就業者の三九・二％に当たる四万二六七二人がこの部門で職を得ていた。やはり、造船業が含まれる工業・手工業部門の比率が最も高い。ヴァイマール期のキールでは、数にして約三万七〇〇〇人、率にして全就業者の一七％もの人びとが造船業により生計を立てていたとの指摘もある。[18] この年（一九二五年）は、第一次世界大戦終了後の海軍縮小期に相当する。にもかかわらず、同年、被扶養者を含めて工業・手工業部門で生計を立てていたキール市民の合計数は九万四四三一人、表に掲げられている市民全体の四四・一％に達していた。次いで商業・交通部門が多く、就業数のみを見れば二万三〇七一人（二一・二％）、管理部門の一万五一三三人（一三・九％）と続く。両大戦間期の平時においても、キールの経済の中心はやはり造船を中心とした工業部門にあったのである。

表６－１　キール市の経済構造(1)―職業別人口分布からみた―（1925年）

就業部門(大分類)	就業者数(%)		被扶養者を含めた数(%)	
農業部門	1,342	(1.2)	2,478	(1.2)
工業・手工業部門	42,672	(39.2)	94,431	(44.1)
商業・交通部門	23,071	(21.2)	46,026	(21.5)
管理部門(Verwaltung)	15,133	(13.9)	30,327	(14.2)
保険・衛生部門	2,907	(2.7)	5,129	(2.4)
家事労働部門	7,300	(6.7)	8,636	(4.0)
無職	16,381	(15.1)	26,854	(12,6)
合計	108,806	(100.0)	213,881	(100.0)

出典：Anton Zottmann, Kiel. S. 18.

戦後は、港を取り巻く状況も変化した。もともとキール港は、軍港となる以前は商港であった。しかし、帝国軍港に指定されて以来、重視されてきたのはもっぱら軍港としての役割である。敗戦を契機に軍需依存体質を振り払い、キールが産業港湾都市として平時での安定した発展を望むのであれば、商港としての施設の拡充と貿易規模の拡大が不可欠であった。

だが、商港として十分な発展を見せる間もなく、キール港は将来に向けた構想を、はからずも修正するよう余儀なくされてしまう。一九三三年、ヒトラー率いるナチスが政権を掌握すると、キールはふたたび帝国軍港に指定され、戦後策定した経済計画、すなわち造船以外の多様な産業の発展とキール港の商港化といった計画は意図せずして白紙に戻されてしまった。

軍事志向が強いヒトラー政権のもと、ドイツでは軍需を中心に景気の浮揚が図られていく。実際、国民総支出に占める国防軍支出の割合は一九三三年から三八年にかけて四％から五〇％にまで増えた[19]。キールでも、軍需中心の経済運営体制が復活し、造船各社は、艦船受注の増大を受けて操業規模を拡大させていった。労働者もふたたびキールに集まってくるようになり、市の人口は一九三三年末から第二次世界大戦海戦直前の三八年八月にかけて五万人増加し、二六万五四四三人となった。失業者数も減少し、ナチス政権成立直前の一九三二年一二月末に三万四五六三人を数えたその数は、五年後の三七年九月末にはわずか一二一八人にまで減少した。キール経済は、好戦的な国家体制のもとでまさに息を吹き返したのである[20]。

しかし一方で、勢力を盛り返した海軍が発言力を増していくと、キール港の位置づけや今後の港湾政策に多大な影響を与えていくようになった。市内では、多くの土地が海軍により軍用地として接収され、そのほかの土地・建物、道路の利用に際しても、海軍の都合が優先された。かくして、キール港を商港として発展させ、さらにその周辺を工業用地にして多面的に産業を発展させていこうとした当初の方針は、変更を迫られてしまう。キールは再び海軍のための産業都市となり、港全体がふたたび軍事色に強く染め上げられていったのである[21]。

ナチス体制期のキールの経済構造はどのようなものだっただろうか。表6-2は、第二次世界大戦前年の一九三八年について、就業者を産業部門ごとにまとめたものである。最多を占めたのは、やはり造船業を含む工業・手工業部門であり、五万九二二八人は率にして五〇・一％と全就業者の半数に達していた。両大戦間期の一九二五年と比べて、人数で一万五〇〇〇人以上、比率で一〇ポイント以上も上昇していたことがわかる。次に多かったのは公私あわせた事務部門（Dienstleistung：一九二五年の項目では管理〈Verwaltung〉）であり、人数にして二万一八四七人、率にして一八・五%を占めた。この部門も、一九二五年の場合と比べて人数で六〇〇〇人以上、比率で四ポイントを上回る上昇を見せ、同年の三位から三八年の二位へと商業・交通部門を上回る就業者数がこの部門で従事するようになった。この上昇は、海軍を中心とする軍事・軍政機関における事務職員の増加を反映したものであると考えられる。事務部門と入れ代わって三位となった商業・交通部門は、一九二五年と比べて就業者数を二万三〇七一人から一万九六九四人に、全体に占める比率を二一・二%から一六・六%へと低下させた。再度軍需への依存の度合を高めてしまったキール経済の特徴が、ここに現れていると言ってよいだろう。

造船業では、艦船の建造を中心に事業が営まれ、民間企業から受注した船舶の建造が後回しにされていった。造船以外の製造業を見ても、やはり軍需・造船に関係する企業の操業拡大が目立ち、信号・通信システムや電気系統の開発・製造に携わる企業は、新工場を建設して需要の拡大に応じた。

(二) 二度目の戦後

二度目の世界大戦では、ドイツ自体が戦場となった。海軍のかなめであるキールもイギリス空軍により繰り返し空爆を受け、海軍施設や造船所のみならず広く市街地の各所に被害は及んだ。損傷を受けた建物は一万八五六〇

表6－2　キール市の経済構造(2)―職業別人口分布からみた―（1938年）

就業部門（大分類）	就業者数	(%)	男性の就業者	(%)	女性の就業者	(%)
農業部門	9,040	(7.6)	6,576	(7.7)	2,464	(7.4)
工業・手工業部門	59,228	(50.1)	52,580	(61.8)	6,638	(20.0)
商業・交通部門	19,694	(16.6)	10,826	(12.7)	8,868	(26.7)
公・私事務部門	21,847	(18.5)	15,127	(17.8)	6,720	(20.3)
家事労働部門	8,518	(7.2)	28	(0.0)	8,490	(25.6)
合計	118,327	(100.0)	85,137	(100.0)	33,180	(100.0)

出典：Anton Zottmann, Kiel. S. 21.
注：原表（Bericht des Arbeitsamts Kiel）にある誤りは、ゾトマンに従ってそのままとしている。

棟、これはキール市の建物全体の七五％に相当する。さらに、敗戦後のドイツでは連合軍によるデモンタージュ（解体）がドイツの脱軍事・非武装化を目的として実施され、キールでは湾東岸の造船所の集積地区がその対象となった。これまで、およそ三万人の労働者が働き、それにより一〇万人ほどの市民を養っていたとされる、キールにとって生存基盤ともいえる一帯が、徹底的に破壊・解体されていった。かくして、キール市内には全壊、半壊した各種建造物とともに各所で瓦礫の山が連なることになった。なお、キールの戦後処理と都市の再開発に対しては、一九四六年に上級市長に選出されたアンドレアス・ガイクが見事な指導力を発揮していくことになるが、ガイク自身は市長在任中の一九五四年に命を失ってしまう。

二度目の敗戦に際しての人口減少は、前回の敗戦時（一九一八年）よりもはなはだしかった。大戦中の一九四三年にキールの人口は三〇万六五〇〇人と最多を記録したものの、その後空襲が激化したことから多くの市民は疎開や移住を余儀なくされ、終戦時の人口は一五万七五〇〇人とピーク時の半分近くにまで減少した。ただし回復は早く、翌四六年には二〇万台を取り戻し二一万三九一六人となった。回復が早かった理由の一つに、キールが東西プロイセンやポンメルンなどの旧ドイツ領から逃れてきた故郷喪失同胞難民の受入れ窓口となったことが挙げられる。多くの同胞難民がキールに滞在したことに加え、海軍と造船所の主要施設が解体・閉鎖されたことから、キール市は難民の援護とともに失業者の救済という大きな問題を突きつけられることになった。一九四八年初頭の失業率は、まだ二・五％という低い水準にあったものの、同年末には一〇・一％に上昇する。翌年は二一・六％とさらに悪化し、一九五一年末には率にして二二・九％、およそ二万五〇〇〇人もの失業者を抱えるまでとなった。[22] 東西に分かれた後の西ドイツが経済成長期を迎えるまでのあいだ、キールも都市レベルで幾多もの問題を抱えていたのである。

脱ナチ化に際してキールが直面した課題は、脱軍事化、なかんずく造船業を中心とする軍需産業の平和産業への転換であった。最初の世界大戦での敗戦後、多くのキール市民は軍需中心のこれまでの一面的な発展を批判的なまなざしを持って振り返り、平和産業の構築とキール港の商港としての発展に向けて決意を新たにしたはずであった。しかし、敗戦後に痛感した教訓や反省が十分生かされる間もなくナチス政権が誕生し、国政の転換によりキールはまたもや海軍・造船中心の都市経済構造に復帰してしまったのだった。この「単一構造」(Monostruktur)とも表現される近代のキールが継承してきた経済構造が、戦後、世界経済研究所(キール大学)の研究員であるアントン・ゾトマンをはじめとする学者やジャーナリストたちによりあらためて問題点として提示され、批判されていく。例えば、一九五〇年一一月一九日付の『ツァイト』紙は、当時西ドイツ全体での失業率が八%であるのに対してキールのそれが二二%にも達していることに触れた上で、キールは経済の「多足類」(Tausendfüßler)となるべきであり、一本足にのみ立脚するのであってはならないと書く[23]。産業の多面的な発展の必要性が、このような喩えで強調されているのである。

キールの経済は全体的に海軍への依存度が高いという特徴を持ち、とりわけ艦船の受注をばねとして造船業だけが肥大化した「単一構造」といわれる経済を形づくってきた。では、二度目の敗戦の後、キールの経済はどのような変化を見せたであろうか。

第二次世界大戦後、これまでキールの産業の中心に位置した造船業界は大きく再編されていくことになった。主要造船所の一つであったゲルマニア造船所は、空襲による被害が甚大であったことからキール湾東岸のデモンタージュとともに、結局は廃業を余儀なくされてしまう。のちにその跡地はホヴァルト造船所(現・HDW)の敷地となった。DWK(ドイチェ・ヴェルケ・キール)社の施設のうち、フリードリヒスオルトにあった工場は一九四八年に設立されたMak(Maschinenbau Kiel)社に引き継がれ、鉄道車両の工場となった。湾東岸にある造船所は、デモンタージュの対象となったとはいえ、戦後しばらくしてから操業を再開することができた。しかし、一九五三年に二つのドックがホヴァルト造船社に買収され、五五年には会社全体がホヴァルト社に吸収・合併されることになった。

戦後、キールの造船業界の中心に位置するようになったのは、このホヴァルト社である。同社のキール造船所は湾東岸に位置していたとはいえ、デモンタージュの対象とはならず、存続が認められた。これは、同造船所の所長（Direktor）であったアドルフ・ヴェストファルの功績に帰される。彼は造船所を解体から守っただけでなく、ノルウェーやソ連など諸外国との良好な関係を通じて外国からも受注を取り付け、ホヴァルト社を発展させていった[24]。二〇世紀の「海運王」といわれたアリストテレス・オナシスとの関係もあった。一九四九年に、オナシスはタンカーを捕鯨船に改造するようホヴァルト社に依頼した。また、豪華ヨットとして知られる彼の「クリスティーナ」をフリゲート艦から改造したのも同社の造船所であり、その出来ばえに満足したオナシスは、ホヴァルト社の重要な顧客となった。一九五〇年一〇月には、初代西独大統領のテオドール・ホイスがホヴァルト社を訪問している。一九五〇年代後半に、同社は一万三〇〇〇人以上の労働者を擁するまでに操業規模を拡大させた[25]。一九六七年、ホヴァルト社はハンブルク・ドイツ造船所と合併してホヴァルツヴェルケ・ドイツ造船所（Howartswerke-Deutsche Werft：HDW）と社名を変更し、さらに二〇〇五年にティッセン・クルップ造船所の傘下に入った。

戦後、キールでは破壊された湾東岸地域をはじめ、一時各地で新事業の立ち上げが相次いだ。以前からある企業も含め、上述のMak社やカメラ製造のツァイス・イコン、音響探査機・オーディオ機器のElac社、靴下製造のTillyなどの企業が戦後キールの都市経済を支えた。

漁業も発展した。戦後、産業の多面的な発展の必要性を訴えるなかで、ガイク上級市長が実現可能と目される事業の筆頭に挙げたのは、遠洋漁業である。かくして、その発展に力が注がれるとともに海産物市場を運営する会社も設立され、キールは一時、シュレスヴィヒ・ホルシュタイン州の遠洋漁業の基地となった。一九六〇年には、ハンブルク、クックスハーフェン、ブレーマーハーフェンに次ぐ国内第四位の水揚げを誇る漁港となった[26]。産業の多様化に向けた動きが確かにあったのである。

しかし、デモンタージュの後、様々な産業を誘致するはずであったキール湾東岸は、ホヴァルト社を中心に、ふたたび造船業を中心とした産業集積地域が復活した。製造業のなかで、さらにはキールの都市経済全体にとって、造船業はふたたび牽引車のような役割を担っていくことになった。例えば、「奇跡の経済成長」の開始期である一九五四年の場合、生産額の面から見た製造業の最大部門はむろん造船業であり、その額一億六〇六〇万マルクは製造業全体の三九・六％、二位の食品部門の一七・四％を二倍以上も上回っていた。また、就業者数の面から見た場合、製造業のなかの最大部門はやはり造船業であり、就業者数の約一万人は全体の三四・七％を占め、二位の機械部門は六一〇〇人（一一・一％）であった[27]。

大まかな産業区分で見れば、戦後経済成長が続くなかで最多の就業者数を占めるようになったのはサービス業であり、造船業を含む製造業ではない[28]。しかし、製造業のなかで占める大きな位置に加え、キール湾東岸にそびえ立つクレーンなど巨大な造船関連施設が作り出す港の景観を眼にすれば、なおも造船業こそがキールを代表する産業であることが見て取れる。二度の敗戦経験を経て、造船業を基幹産業とするキール経済の体質は受け継がれたと見てよさそうである。

第四節　商港としてのキール港

海軍の存在は、工業面では艦船の建造・修繕を通じて港湾都市キールを造船都市へと導いた。では、港湾自体への海軍の影響はどのようなものであっただろうか。

これまでの考察で示されたように、近代のキールは軍港機能と商港機能とを併せ持つ港湾都市であった。しかし、大方の場合は海軍の論理が優先され、海軍により課せられた制約のもと、キール港は商港（貿易港）としてその潜在的な可能性を十分発揮させることはできなかった。であるとすれば、そのような制約のもと、キール港では商港基盤の確保のためにいかなる対応がなされ、商港機能の充実が図られたのであろうか。また軍港と商港、両機能が並存するなかでキール港にはどれだけの船舶（商船）が寄港し、ここでどれだけの貨物がやり取りされていたのであろうか。以下では、あらためて二〇世紀初頭にまでさかのぼり、これらの点について具体的に検討してみることにしたい。

(一) 商港機能の整備

フィヨルド型の湾の奥に位置するキール港は、軍港としては恵まれた立地条件の下にあった。しかし、フィヨルド型の湾にありがちな欠点があったことも見過ごすことはできない。それは、水深が十分であるとはいえ湾の奥では水域が狭く、しかも港の周辺に十分な平地がないという問題である。利用可能な土地が限られるなかで海軍が優先され、軍港機能が拡充されていった結果、キール港一帯では商船の係留や貨物の積換えと保管、さらには工場建設のための土地の確保が一層難しくなった。工業も含めた市の産業発展にとっては不都合な問題を徐々に抱えていくようになったのである。

海軍優先の時代風潮のもと、あえて商港施設を拡充しようとしたキール市は、すでに述べたように、二〇世紀への世紀転換期に湾西岸のヴィク地区に新港の建設を計画したが、これは海軍の反対にあい中止となっていた（第二節）。当初、キール市は新港の建設をあえて裁判に訴えてでも実現するつもりでいた。そこで、一八九八年に裁判が開始され、やがてヴィク地区の港のみならず、キール湾全体の水域と臨海地区の所属や利用さえもがこの裁判で問われるようになった。一九〇四年まで続いた、このいわゆる「港湾訴訟」(Hafenprozess)の第一審で、シュレスヴィヒ・ホルシュタイン州立高等裁判所はキール側勝訴の判決を下したが、第二審の同州立高等裁判所の判決は逆転し、キール側の敗訴となった。さらにキールは帝国裁判所への上告を試みようとしたものの、資金不足のためにそれは断念せざるを得なかったという。[29] 艦隊政策の推進に力を入れる海軍の発言力の強大化を背景として、キールでは軍事以外での港の利用はほとんど不可能と言ってよい状態となったのである。

さて、第一次世界大戦での敗戦の後、当時のキール市の港湾局長は戦後復興計画として工業基盤の整備・多様化やキール港と海運の発展など幾つかの重点項目を掲げた。これにより、北海・バルト海運河周辺での港湾開発が再び脚光を浴びていくことになる。食糧不足の解消のためにキール湾奥の内港(Binnenhafen)地域以外でも、新たな船舶係留地区や穀物サイロの設置などが求められるようになった。そこで、あらためてキール湾西岸の北部ヴィク地区周辺で次の三つの港、すなわち、ヴィク自由港、フォスブローク港、そして北港(ノルトハーフェン)の建設計画が浮上することになった。

平和の到来が軍縮の気運を高め、海軍の発言力が弱まると、キール市はかつて海軍が石炭貯蔵地として利用していたヴィク地区の敷地に改めて注目するようになった。まずはここに、かつて実現に至らなかった新港を建設し、北海・バルト海運河の出口のすぐ南という立地条件を生かして大西洋とバルト海を結ぶ積換え拠点にしようと考えたのである。そこで、キール市は海軍にこの新港建設計画を改めて投げかけ、購入も視野に入れて折衝に臨んだ。その結果、一九二〇年に海軍の土地を二〇年間借り受けることでなんとか合意を取り付けることができた。早くもその四年後、南北二つのそれぞれ三〇〇mの埠頭を有するヴィク自由港(Wiker

Freihafen）がここに開港した。運河北方のフォスブローク地区でも、キール湾に沿って港の建設が進み、こちらはフォスブローク港と呼ばれた。十分な土地（一〇〇ha）が確保されたことから、ここでは工業の発展が期待された。さらに、ヴィク地区の北海・バルト海運河内の南岸にはノルトハーフェンが建設され、穀物サイロや貨物輸送のための引込み線の建設も進んだ。以下、三つの港湾建設プロジェクトのなかからノルトハーフェン（北港）の建設について素描してみたい。

ノルトハーフェンは、第一次世界大戦前にヴィク新港の建設が海軍によって拒否された際、その代わりとなる港として構想された。建設が予定されていた水域一帯では、すでに第一次大戦のさなかに浚渫工事が行われていたらしいが、戦後は上述のヴィク自由港の建設を優先させるために工事が中断していたという。しかし、同自由港建設のために海軍から借り受けることができた土地は十分な広さがなく、貨物の貯蔵施設や工場の建設は難しかった。それゆえ、大型穀物サイロの建設も可能なノルトハーフェンの建設予定地が、再び脚光を浴びることとなった。

一九二一年三月から二二年五月までのわずか一四か月の短い工期でノルトハーフェンは、さしあたり利用可能となった。建設当初、船舶接岸のための岸壁は長さ一五〇m、水深は七mほどであったが、一九二四年には長さは四七〇m、水深は八・三mへと改良が施され、その後も施設拡充のための工事が繰り返されていく。港の周辺では、近代的な設備を備えた大規模な穀物貯蔵倉庫やサイロ、鉄道輸送のための引込み線の建設も進められ、早くも一九二四年の段階でノルトハーフェンでの穀物・飼料取扱量は一二万tに達した。ノルトハーフェンにはこれらの施設を生かすことで、大西洋とバルト海を結ぶ積換え港として発展していくことが期待されたのである。

第一次世界大戦後、キールではノルトハーフェンをはじめとする新港の建設が進み、改めて港湾都市として再出発する体制が整えられていった。だが、一九三三年にナチスが政権を掌握した段階で、上記三つの新港は、期待された能力を十分発揮できる段階にまでは、まだ達していなかった。すなわち、ヴィク自由港は後背地に恵まれなかったうえに、賃貸期間など契約時に海軍から課せられていた制約ゆえに不十分にしか発展せず、フォスブローク港では工期そのものが終了していなかった。三港のなかで最も成功したのはノルトハーフェンであったが、それでも港湾施設の充実の度合と比べれば、取扱貨物量はそれに見合う規模にまでは達していないと評価された。海軍の発言権が再び増していくなか、キール市が二〇年契約で海軍から借り受けることができたヴィク自由港の土地は、「特別な合意」のもと、港湾施設とともにふたたび海軍に接収されてしまい、フォスブローク地区に確保されていた土地は空軍に売却されてしまった。好戦的な政権のもと、一地方自治体だけで軍部の圧力をかわすことは、もはや不可能であった。戦時体制の構築に向けてキールでは穀物の備蓄が進められ、ノルトハーフェンのサイロだけでなく、体育館や講堂などの公共施設も穀物貯蔵庫として利用された(30)。

言うまでもなく、二度目の大戦はキールの商港機能に深刻な影響を与えた。一九三九年九月一日の開戦に伴い、キール港への船舶の入港は大幅に制限されるようになり、バルト海には機雷が敷設されていった。軍港ゆえにほかのどの港よりも空襲の可能性が高いキール港への寄港を、あえて避けた船舶も多かったと思われる。港湾設備の維持・整備に振り向けられるべき財源も大幅に縮小され、キール港では稼動不能のクレーンが増えていった。浚渫作業もストップし、本来であれば七〜八・五mの水深が確保されるべき航路一帯でも五〜六m程度の深さしかないような状況となった。断続的な空襲の結果、キール湾全体では二四二の瓦礫の山ができ、これが船舶の通行の妨げとなった。

結局、終戦までにキール湾奥の本来の商港(内港)地区では、合計で一九六〇mあった船舶係留岸壁のうち六九〇ｍが破壊され、貨物貯蔵施設は一万七八〇四㎡のうち一万四〇〇〇㎡以上が破壊された。湾東岸の造船業集積地区は、すでに述べたように徹底的なデモンタージュが施された。ノルトハーフェンでは、船舶係留岸壁の被害はそれほどではなかったものの、貨物貯蔵施設やサイロの被害が大きく、新旧あるおもなサイロのうち旧サイロは利用できなくなってしまった。戦後、シェールハーフェン（Scheerhafen）と呼ばれるようになったキール自由港地区も被害はそれほど大きくはなかったが、海軍施設に近いことから、敗戦後まずは、イギリス海軍（進駐軍）がここを利用していくことになる。[31]

そのイギリス海軍の管理下に置かれていたキール港は、一九四七年九月からCCG（Control Commission Germany：ドイツ統治委員会）が管理責任を担うことになり、実質的にはキール市が港を管轄することとなった。シェールハーフェンとその南の軍港（ティルピッツ港）、それにフォスブローク港は、当面は英国海軍の直接管理下に置かれたとはいえ、商港としてのキール港は、これでとりあえずは復活を果たすことになった。被害が比較的少なかったノルトハーフェンでも復旧作業が進み、港の周辺に再び倉庫や工場が立ち並ぶようになった。

一九四九年、英国軍の占領下にあったシェールハーフェンは、まずはその南半分（南埠頭）が連邦政府に返還され、一九五四年に連邦上級財政管理局を通じてキール市に一〇年間貸し出されることになった。商港機能の充実に力を入れていたキール市は、湾の東側もばら荷貨物（Massengut）の積換え地として利用する計画を立てたものの、破壊の度合いがはなはだしかったので、この地区の商港としての利用は当分望めない状態にあった。それゆえ、北海・バルト海運河に近く、水深も一一ｍにまで達するシェールハーフェンに対する期待は大きかった。ノルトハーフェンもフル稼働の状態が続いた。一九五七年には、シェールハーフェンの北半分（北埠頭）の返還も実現し、こちらのほうも南埠頭と同様、連邦との一〇年間の賃貸契約によりキール市に貸し出されることになった。これにより、南埠頭は小口扱い貨物（Stückgut）を、北埠頭はばら荷貨物を扱うことになり、それぞれの役割分担が決まった。この後もキール市側は、さらに両埠頭に関する契約期間の延長と、更新時期の一致を連邦政府に働きかけていくことになる(32)。

軍港となってからのキール港では、湾西岸の北部を中心に、おおよそ以上のような経過をたどりながら商港機能の整備が図られていったのである。

(二) 港の利用状況

次に、実際にキール港を舞台とした交易の規模について見てみたい。帝国軍港への指定以降、ここでは軍港機能が優先されるようになったとはいえ、キール港は商港でもあり続けた。交易の規模は、長期的に見れば増加傾向にあったといえるが、短期的な変動も目立った。例えば、一八九五年に北海・バルト海運河が開通した際、キール港では貨物取扱量の増加が期待されていたにもかかわらず、実際には一時的とはいえ減少してしまったことがあった。バルト海・北海運河が北海・大西洋とバルト海諸港との直通航海を容易にし、キール港を通過する航路を生み出してしまったからである(33)。

表6-3では、一九〇〇年から一九三七年にかけてのキール港における貨物取扱量と寄港船舶数を五年ごとにまとめている。まず、表に記載されていない年度も含めておおよその貨物取扱量の推移を見たい。表からは最初の大戦期に向けて取扱量が減っているような印象を受けるが、一九〇一年には総取扱量（輸出入の合計）が八二万〇一五六t、〇六年には八一万一二八〇tと八〇万tを超え、変動は大きい。戦争の影響も大きく、一九一〇年から戦争中の一五年にかけて総取扱量は六一万六四二八tから一二万三三七二tへと四分の一以下に減少している。その後も落ち込みは続き、戦後も直ちには回復を見せず、一九二〇年の取扱量は七万一六九

表6−3　キール港の貨物取扱量と寄港船舶数

年度	貨物取扱量（t）			寄港船舶数(隻)		
	輸　入	輸　出	合　計	入　港	出　港	合　計
1900	683,953	67,073	751,026	5,983	5,978	11,961
1905	666,886	68,763	735,649	6,676	6,699	13,375
1910	537,240	79,188	616,428	5,978	5,995	11,973
1915	80,190	43,182	123,372	1,245	-	-
1920	45,570	26,125	71,695	1,682	1,630	3,312
1925	450,535	80,416	530,951	3,911	3,928	7,839
1930	630,245	115,814	746,059	5,433	5,432	10,865
1935	498,279	64,156	562,535	5,072	4,952	10,124
1937	693,939	63,324	757,263	5,293	5,159	10,452

出典：Anton Zottmann, Kiel. S. 40-41, 43.

五t、翌二一年は六万六六五一tとさらに悪化する。一九二二年から急速に上昇していくものの、変動はやはり大きいままである。

寄港船舶数（出入港数合計）を見れば、表では示されていない年度も含めて一九〇〇年から第一次世界大戦までの期間でおよそ一万一九〇〇隻から一万四八〇〇隻までの変動幅があった。第一次世界大戦の影響はやはり大きく、一九一四年以降は一万隻台を下回り、一九一八年は最低の二〇七四隻となる。戦後、寄港総数は増加し、一九二七年に一万隻台（一万一〇九一隻）を回復するものの、その後伸びは停滞する(34)。

ナチス政権が誕生すると、キール港の貨物取扱量はあらためて増加を見せ、一九三三年から三七年にかけて五〇万四七三二tから七五万七二六三tと少なからぬ伸びを見せた。ただし、寄港船舶の総数は、一九三五年が一万〇一二四隻、三七年が一万〇四五二隻と微増を見せたすぎない。しかし、貨物の取扱量の増加は、キール港がこれまで抱えてきた貿易構造上の欠点をより目立つものとしてしまった。それは、輸入に比べて輸出がはるかに少ないという問題である(35)。例えば、一九三〇年のキール港の貨物取扱量は、第一次世界大戦後初めて七〇万tを超えたものの（七四万六〇五九t）、内訳は輸入が六三万〇二四五tであるのに対して輸出は一一万五八一四tに過ぎなかった。ナチス体制期になるとこの不均衡はさらに拡大し、一九三七年の場合、輸入が六九万三九三九t、輸出はわずか六万三三二四tでしかなかった。この時期の貨物取扱量の伸びはもっぱら輸入の増加によるもので、輸出はむしろ減少していたのである。

ただし、寄港船舶数からは輸出入のこのようなアンバランスは見て取ることはできない。例えば、上と同じく一九三〇年と三七年を取り上げれば、一九三〇年の入港船舶数は五四三三隻、出港船舶数は五四三二隻、三七年は入港数が五二九三隻、出港数が五一五九隻であり、ほとんど差がない。同じ船舶が入港し、出港するので入港船舶全体の積載力と出港船舶全体のそれはほぼ同じとなる。違いは、出港する船舶の貨物積載量、つまり帰り荷の少なさとなって現れるだけである。

なぜこのような極端な輸入超過の傾向が続いたのであろうか。その最大の理由としては、やはりキール港周辺及びその後背地における造船以外の工業の未発達が挙げられるだろう。キール港からおもに輸出されたのは、せいぜい食糧、嗜好品とわずかな鉄・鉄鋼くらいであり、逆に船舶とりわけ艦船の運航に必要な燃料や造船資材である鉄・鉄鋼、木材、それに食糧が大量に輸入された。取扱貨物のなかで最多を占めたのは燃料で、取扱総量の過半を占めることが多かった[36]。艦船の動力源である燃料や糧秣と見なしうる貨物の輸入が多かったことから、キール港では貿易も軍需の影響下にあったことがわかる。第一次世界大戦後のキールでは、輸出増大をも視野に入れて産業の多様化が検討されるようになったとはいえ、状況が改善される前に再度軍需主導の経済が築かれていったのである。

ちなみに、ドイツのほかのバルト海の主要港と比べても、キール港の輸出入の不均衡は目立っていた。おおよその値をゾトマンに従って示せば、例えば一九三七年の場合、シュテッティン港では輸入が四八七万三〇〇〇t、輸出が三四五万八〇〇〇t、ケーニヒスベルク（現・カリーニングラード）港では輸入が二八一万三〇〇〇t、輸出が八七万六〇〇〇t、リューベック港では輸入が一三六万二〇〇〇t、輸出が六三万三〇〇〇tであったのに対し、キール港では輸入が五六万九〇〇〇t、輸出は六万九〇〇〇tでしかなかった[37]。いずれの港も輸入超過で、特にケーニヒスベルクでは差が大きかったとはいえ、キールの不均衡はそれをさらに上回るものであった。さらに言えば、これら主要港の中で、キール港の貨物取扱量が最も少なかった。軍港であることにより商港としての利用が制約されていたであろうことが、ここからもうかがえる。

二度目の戦後の混乱期を経て、キール港の貨物取扱量は経済成長期の到来とともにまた増加を見せた。輸出入あわせた取扱量は、一九五〇年の段階では約五六万九〇〇〇tとまだ戦前の一九三七年の水準（七五万七二六三t）には達していなかったものの、一九五九年には輸出入合計で一〇〇万tの大台を超えるまでとなった。さらに、一九六〇年代後半には二〇〇万tを超え、オイルショックの影響が及ぶ直前の一九七三年には三〇〇万tを超えた（三〇七万五〇一〇t）。しかし、高度経済成長期に突入したとはいえ、キール港ではなおも輸入と比べて輸出が極端に少ない状況が続いた。年度によっては輸出が輸入の十分の一程度しかないこともあり、例えば、一九五七年は輸入が約八六万九〇〇〇tであったのに対して輸入は約八万四〇〇〇t、一九六三年も輸入が一一四万四〇五二tに対して輸出は一一万七九六九tとまさしく桁が違った。その後、こうした不均衡は徐々に解消されていき、例えば、一九七五年には輸入と輸出の比は二・二：一にまで縮まった。しかし、港周辺では産業誘致のための土地が相変わらず不足し、輸出向け貨物が十分集まらないという課題が残された。なお、戦後のおもな取扱貨物としては、時期により増減はあるものの、石炭や石油、穀物、飼料、砂・石材などが挙げられる(38)。

第二次世界大戦後、非武装化され脱ナチ化を遂げたドイツにおいてキール港は商港として再出発をはたした。輸出入のアンバランスなど先送りされた課題もあったとはいえ、キール港は取扱貨物量の増大からもうかがえるように、貿易港として順調な歩みを再開させたといってよさそうである。しかし、戦時体制からの脱却が図られたとはいえ、キールは純粋な商港となったわけではない。西ドイツでは、一九五六年に連邦海軍が誕生していた。

おわりに

上でも述べたように、シェールハーフェンでは南埠頭に続き、北埠頭もドイツ（西独）に返還されることになり、あらためてキール市に貸与されることになった。キール市側は、両埠頭をばら荷貨物と小口貨物の積換え地として活用していく方針を立て、北埠頭については一九八三年までの賃貸契約が実現したことから、先に借り受けていた南埠頭についても、最初の契約の期限（一九六四年）が近づくと、契約期間の延長を国に働きかけていった。南埠頭の契約延長はなかなか実現されなかったものの、キール市側は連邦の上級財政管理局からこの件に関する同意を取り付けるなど、契約延長を確実なものとすべく対応していたようである。

そのようななか、キールではある懸念が人びとの間に広まりつつあった。海軍が南北両埠頭のうち南埠頭の接収を目論んでいるらしいとのうわさが徐々に流布し始めたのである。それを払拭するためであろう、一九六五年一二月に市の港湾局長は、（二つの埠頭で）一つの複合体をなしているシェールハーフェンが軍港と商港に分割されてしまうことなどはありえないとのコメントを表明している。しかし、うわさはほんとうであった。海軍は、一九六八年一二月三一日付で南埠頭を接収したいとの意向を持っていることが明らかとなった。米国より購入される三隻の大型駆逐艦の停泊地として連邦海軍が希望したのがシェールハーフェンだったのである。キール市側は、あらためて国防大臣に向けてシェールハーフェンが担う経済的な重要性を訴え、港湾局長は、この措置は法的には無効であり、我々はそこに居続けるであろうとの声明を発表した。国防省との事態打開の交渉のためにキールの使節団が首都ボンに乗り込んだのは、接収予定日を超えた一九六九年六月のことである。交渉の結果、キール市側が同意した内容は、シェールハーフェンの南埠頭の利用を断念する代わりに内港（Binnenhafen）整備のために資金援助を受けるというものであったが、なおも財務省との調整が必要であり、まだ未確定の部分が残されていた。ボンからは、一九七〇年四月二〇日に最終的な回答が寄せられた。南埠頭接収の対価として一〇〇〇万マルクがキール側に支払われるという内容であった[39]。

国際情勢の変化を受けて戦後ドイツは東西に分裂し、西ドイツ（ドイツ連邦共和国）はNATO加盟と再軍備が認められた（一九五四年、パリ諸条約調印）。キールには連邦海軍の司令部が置かれることとなり（一九五六年）、キールは軍港としての復活を果たした。高度経済成長の時代、キール港は貿易港として躍進していくものの、このシェールハーフェンをめぐる動きから理解されるように、軍港でもあるがゆえに課せられた制約はなおも残る。近代国家ドイツの誕生とともに施された軍港という刻印は、現在に至るまで都市キールの歩みを規定し続けているのである。

（1）三宅立『ドイツ海軍の熱い夏—水兵たちと海軍将校団1917年』（山川出版社、二〇〇一年）。

（2）拙著『佐世保とキール　海軍の記憶—日独軍港都市小史』（塙書房、二〇一三年）。本章も、この拙著のⅠ「キール編」に多くを依拠している。

（3）三宅正樹・石津朋之・新谷卓・中島浩貴編『ドイツ史と戦争—「軍事史」と「戦争史」』（彩流社、二〇一一年）。ラルフ・プレーヴェ著、阪口修平監訳、丸畠宏太・鈴木直志訳『19世紀ドイツの軍隊・国家・社会』（創元社、二〇一〇年）。

（4）広田厚司『ドイツ海軍入門』（光人社NF文庫、二〇〇七年）。

（5）Helmut Willert, Anfänge und frühe Entwicklung der Städte Kiel, Oldesloe und Plön, Neumünster, 1990, S.42, 84, 103, 116.

（6）Helmut G. Walther, Von der Holstenstadt der Schauenburger zur Landesstadt des holsteinischen Adels（1242 bis

1544), in: Geschichte der Stadt Kiel, hg. v. Jürgen Jensen und Peter Wulf, Neumünster, 1991.

（7）Helmut Willert, a. a. O., S.125.中世キールの海上商業が未発達であったことについては以下も参照。Henning Landgraf, Bevölkerung und Wirtschaft Kiels im 15. Jahrhundert, Neumünster, 1959, S.126-129.

（8）Uwe Jenisch, Maritime Wirtschaft. Forschung, Technik und Marine als Schrittmacher, in: Kiel, die Deutschen und die See, hrsg. von Jürgen Elvert, Stuttgart, 1992, S.184.

（9）この国王令が発せられた一八六五年三月二四日の時点で、プロイセンとオーストリアの間でのシュレスヴィヒ・ホルシュタインの支配に関する交渉はまだ継続中であった。それゆえ、この国王令は対外的にも、また国内では陸軍大臣（Kriegsminister）に対しても秘密裏に実施されたという。Peter Max Gutzwiller, Die deutschen Kriegsmarinen im 19. Jahrhundert. Fakten-Daten-Zusammenhänge, Berlin, 2014, S.73.

（10）艦隊法制定ののちも、兵員数の面では海軍は陸軍に大きく水をあけられていた。例えば、第二次艦隊法制定ののちの一九一〇年の時点でも、平時兵力は陸軍が六三万五六六五人であったのに対して海軍は五万七三七四人にすぎなかった。成瀬治・山田欣吾・木村靖二編『世界歴史大系　ドイツ史3』（山川出版社、一九九七年）、五四頁、表―三、表―四。

（11）Jan Rüger, The Great Naval Game, Britain and Germany in the Age of Empire, Cambridge, 2007, pp.154-159. 成瀬治ほか前掲書、一六～一九頁。

（12）Rüdiger Wenzel, Bevölkerung, Wirtschaft und Politik in kaiserlichen Kiel zwischen 1870 und 1914, Kiel, 1914, S. 230-234.

（13）Julian Freche, Die Eingemeindungen in die Stadt Kiel（1869-1970）. Gründe, Probleme und Kontroversen. Kieler Werkstücke Reihe A: 38, Frankfurt am Main, 2014, S.23.

（14）Tiefbauamt der Landeshauptstadt Kiel（Hg.）, 150 Jahre Mobilität, Stadtentwicklung und Nahverkehr, Bearb. v. G. v. Rohr, Kiel, 2002, S.18. 本章第四節（一）も参照。

（15）Peter Wurf, Die Stadt auf der Suche nach ihrer neuen Bestimmung（1918 bis 1933）, in: Geschichte der Stadt Kiel, S. 304.

（16）Rüdiger Wenzel, a. a. O., S.173.

（17）Peter Wurf, a. a. O.,S.330-332.

(18) Ebenda, S.330.

(19) 成瀬治ほか前掲書、二三一頁。

(20) Peter Wurf, Die Stadt in der nationalsozialistischen Zeit (1933 bis 1945), in: Geschichte der Stadt Kiel, S.359-360. Anton Zottmann, Kiel. Die wirtschaftliche Entwicklung der Stadt von der Mitte des 19. Jahrhundert bis zur Gegenwart und die Grundlagen ihres ökonomischen Neuaufbaus, Kiel, 1947, S.20.

(21) ナチス体制の成立は、市民生活にもその影響が及んだ。詳細は省くが、ナチス党が市政に介入し、ドイツ労働戦線やヒトラー・ユーゲントなどにより市民の統制が進んだこと、反体制的な要人が弾圧・虐殺され、「水晶の夜」をはじめとするユダヤ人に対する弾圧・攻撃も実施されたことなど、当時ドイツ各地で見られた動きがキールにもあったことを付け加えておきたい。Peter Wurf, Die Stadt in der nationalsozialistischen Zeit, S.367-375, 385-397. 前掲拙著、七八～八一頁も参照。

(22) Helmut Grieser, Wiederaufstieg aus Trümmern (1945 bis in die Gegenwart), in: Geschichte der Stadt Kiel, S.426.

(23) Doris Tillmann, Timo Erlenbusch, Arbeiten für's Wirtschaftswunder. Branchen, Betriebe & Beschäftigte in Kiel in den 1950er und 60er Jahren, Heide, 2009, S.11-13.

(24) Helmut Grieser, a. a. O., S.430.

(25) Doris Tillmann, Timo Erlenbusch, a. a. O., S.23, 33.

(26) ガイクが漁業の重要性を訴えたのは、一九四六年五月一五日のキール市議会での演説。Oberbürgermeister Andreas Gayk, Eine Stadt kämpft um ihre Zukunft ! Mit einem Vorwort von Oberbürgermeister a. D. J. Koch, Stadtverwaltung Kiel, 1946, S.16. Doris Tillmann, Timo Erlenbusch, a. a. O., S.16.

(27) Statistische Monatsberichten der Stadt Kiel vom Dezember 1954. Hans R. Kreplin, Wirtschaftsaufbau — ein Hauptthema, in:Andreas Gayk und seine Zeit. Erinnerungen an den Kieler Oberbürgermeister, hg. v. J. Jensen und K. Rickers, Mitteilungen der Gesellschaft für Kieler Stadtgeschichte, 61, Neumünster, 1974, S.127.

(28) 例えば、一九九一年の就業者数を見れば、製造業が二万五二一〇人、商業が一万六三四二人、「その他サービス業」が三万一〇八七人となる。「その他サービス業」の就業者だけで造船業を含む製造業（加工業）のそれを大きく上回っている。前掲拙著、一〇一～一〇二頁。

(29) Die Geschichte des Kieler Handelshafens. 50 Jahre Hafen- und Verkehrsbetriebe, hg. v. Hafen- und Verkehrsbetriebe

der Landeshauptstadt Kiel, Neumünster, 1991, S.38. 以下第四節（一）は、おもにこの文献に依拠する。

（30）Anton Zottmann, a. a. O., S.16–17, 20. Die Geschichte des Kieler Handelshafens, S.46–59.

（31）Die Geschichte des Kieler Handelshafens, S.70–75.

（32）Ebebda, S.83–85, 90–96, 131–132.

（33）運河開通前の一八九四年、キール港の貨物取扱量は約五五万ｔであった。しかし開通後の九六年には四七万ｔに減少してしまった。また、運河開通前のハンブルクのバルト海方面との取引はキール港を窓口とすることが多く、キール・ハンブルク間は鉄道が利用された。ところが、運河開通後の一八九五／九六年（営業年）のキール・ハンブルク間の鉄道輸送量は前年比の六六％にまで落ち込んだという。ただし、第二次世界大戦後までの時代を含めて全体的に見れば、この運河はキール及びその周辺地域の経済にプラスの効果をもたらしたとヘークトは評価している。Hugo Heeckt, Alte und neue Aspekte der wirtschaftlichen Bedeutung des Nord-Ostsee-Kanals, Kieler Studien 98, Tübingen, 1969, S. 33-37.

（34）Anton Zottmann, a. a. O., S.40–41, 43.

（35）ここでの「輸出」と「輸入」は、ドイツ国内の他港との交易を含む。以下も同様。

（36）Anton Zottmann, a. a. O., S.18, 23, 43, 45.

（37）Ebenda, S.42. ただし、依拠している史料が異なるので、ここに掲げている一九三七年のキール港の輸出入規模は表6－3に掲げている数値と違っているが、ゾトマンに従いそのままとしている。ちなみに、ゾトマンはここでは Statistisches Jahrbuch für Deutsche Reich, 1932, 1935, 1938 からの数値を、また表6－3では、Verwaltungsbericht der Stadt Kiel, 1. 1. 1933 bis 31. 3. 1938 からの数値をそれぞれ利用している。

（38）Die Geschichte des Kieler Handelshafens, S.103, 141–142, 169.

（39）Ebenda, S.131–136.

コラム

ホヴァルト造船所とホヴァルト家

谷澤　毅

本論にも登場したホヴァルト造船所は、現在も「ホヴァルツヴェルケ・ドイツ造船所」(Howaldtswerke-Deutsche Werft：HWD) の社名で操業を続けているキールを代表する造船所である。社名に含まれるホヴァルトは、一族を挙げてその創業と発展に携わったホヴァルト家に由来する。このコラムでは、ゲオルク・ホヴァルトを中心とする同家の人々の活躍を視野に入れながら、二〇世紀初頭までのこの造船所の創業・発展期に光を当ててみることにしたい。

一六世紀末にまでさかのぼるというホヴァルト家歴代の人物のなかで、現存する造船業の礎を築いたのは、ブラウンシュヴァイク生まれのアウグスト・フェルディナント・ホヴァルト（一八〇九～一八八三年）である。早くから機械工として修業を積んだアウグストは、一八三五年頃キールに移り住み、まずは外輪駆動の蒸気船に乗り込むことになった。恐らくは、有能な機械工だったのだろう、アウグストはすぐにこの船の持ち主で商業も営むJ・シュヴェッフェルの注目するところとなった。

一八三八年、意気投合したアウグストとシュヴェッフェルは共同で機械・鋳物製造会社を立ち上げる。シュヴェッフェル・ホヴァルト社（Schweffel & Howaldt）と名乗ったこの会社で、アウグストは技術部門の責任者を務めた。同社は蒸気機関をはじめ、脱穀機や刈入機、藁切機などの農業、家庭用機械を製造し、やがては消火ポンプ、鉄道車両とその付属品、船舶のボイラーにまで手を広げ、船舶の修理も受け入れるようになった。ちなみに、ドイツ初の潜水艦として有名な「ブラントタウヒャー」（Brandtaucher）は、一八五〇年にここで建造されている。この頃の従業員は一二〇人、ドイツ統一（一八七一年）の頃は二五〇～三〇〇人にまで拡大する。

アウグストが一八七六年に引退すると、彼の役割はゲオルク・フェルディナント・ホヴァルト（一八四一～一九〇九年：以下ゲオルクと略）とベルンハルト・ホヴァルト（一八五〇～一九〇八年）、ヘルマン・ホヴァルト（一八五二～一九〇〇年）の三人の息子に託された。ところが同年、先代の社主の息子であるH・シュヴェッフェルも会社を退くことになり、シュヴェッフェル・ホヴァルト社の経営自体がホヴァルト家の兄弟にゆだねられることになった。一八八〇年には、社名をホヴァルト兄弟社に改めている。

しかし、三人の兄弟のうち、ベルンハルトは一八八九年に退社してしまう。少し前から兄弟の間で経営方針に食い違いが見られるようになっていたらしい。さらに健康上の理由も重なり、ベルンハルトが経営から手を引くことになった。その後彼は、中国の青島で同郷の商人と新会社を立ち上げ、海運会社として有名なブレーメンの北ドイツ・ロイド社の代理店を営むなど、ゲオルクたちとは別の道を歩んでいくことになる。ただし、監査役としてホヴァルト社との関係は続いた。

さて、ベルンハルトの退社後、ホヴァルト兄弟社を牽引したのはゲオルクとヘルマンであるが、

ゲオルク・ホヴァルト
出典：Kieler Lebensläufe aus sechs Jahrhunderten, hg. v. Hans-F. Rothert, Neumünster, 2006, S. 151.

主導権を握ったのは長命のゲオルクのほうである（ヘルマンは一九〇〇年に没）。

ゲオルクは、若いときから父親の会社で働きながら機械製造を学んだ。高等工業学校にも通い、そのための専門知識を習得するとともに実際に船に乗り込んで見聞を深めるなど、技術系の専門家として豊富な経験を積み重ねていった。やがて彼は機械製造から造船へと関心を移し、父の会社（シュヴェッフェル・ホヴァルト社）で働くとともに、一八六五年には、自分の造船所をキール湾のエラーベク地区で立ち上げることも試みている。しかし、ここは二年後に北ドイツ連邦に買収され、後の海軍工廠の一部をなすことになる。

一八六七年、ゲオルクは地元キールの金融業者の誘いもあり、北ドイツ造船会社の設立に参加。ゲオルクは造船所の所長（Direktor）を任されることになった。彼の強力なリーダシップのもと、この造船所では大小さまざまな船が次々に建造されていった。ちなみに、同社には父親のアウグストも出資しており、建造される船舶の蒸気機関など駆動装置は、シュヴェッフェル・ホヴァルト社から納入された。しかし、北ドイツ造船会社はすぐに経営危機を迎えてしまう。ゲオルクが経営から手を引いて（一八七五年末）間もない一八七九年に、同社は一度倒産してしまう。しかし、幸い再建はうまくいき、名称をゲルマニア造船所に改め、やがてはクルップ傘下の造船会社として第二次世界大戦後のデモンタージュまで、キールの造船業界を牽引する大造船所の一つに成長していく。

一方、ゲオルクのほうは一八七六年に、今度はディートリヒスドルフであらためて自らの造船所を設立し、造船業にかける夢の実現に向けて、またもや新たな一歩を踏み出した。造船業と機械製造業の双方で、ゲオルクの経営者としての能力が発揮されていった。

一八八九年、弟のベルンハルト退社の後、ホヴァルト兄弟社はゲオルクが経営する造船所と合併。かくして、株式会社ホヴァルト造船所（Howaldtswerke）が誕生した。その後、同社は船舶の修理や改造、機械の製造も受け付けるものの、造船業を本業に位置づけていくことになる。合併当時の従業員数は約一〇〇〇人、その後、ドイツの造船業界は拡大期に入り、ホヴァルト造船所も一九〇五年には二五〇〇名の従業員を擁するまでに操業規模を拡大した。

おもに長さ一〇〇m以下の中規模の貨物船や客船を中心に、ホヴァルト社はタグボートや近距離用フェリー、浮きドッグ、砕氷船など、様々な種類の船舶を受注したが、一九〇五年を過ぎる頃から業績は急速に悪化していった。ティルピッツの艦隊増強計画にもとづく国からの艦船建造の割当ては、やはり同社にとって大きな負担であった。ロシア海軍に納入した艦船の支払いの遅れや、フィウメ（ダルマティア）における工場プラントの出資の失敗などの要因も重なった。一九〇六年には、家父長的な性格が強いゲオルクが嫌うストライキも鋳物工の間で実施されてしまい、これも業績悪化の一因となったと考えられる。配当金の支払いが不可能となり、巨額の赤字を抱え込んでしまったホヴァルト社は、なんとかして強力な支援者を見つけ出す必要に迫られてしまった。

新たな資金提供者となったのは、マンハイムのタービン製造会社であるブラウン・ボヴェリ社（Brown & Boveri）である。ホヴァルト社は、一九〇八年に国から蒸気タービンを原動機とする起重機船を受注しており、増資を必要としていた。そこで、ブラウン・ボヴェリ社がそれに応じるとともに、イギリスのタービン製造会社パーソンズ社（Parsons）の在独子会社とともに株引き受けのシンジケートを結成し、そこがホヴァルト社の株の半分ほどを掌握していく。こうして、ホヴァルト家からは自社の経営権が失われていくことになった。

しかも、このホヴァルト家にとっての危機のさなか、不幸にもゲオルクが命を失ってしまう（一九〇九年五月一〇日）。後を引き継いだのは、ゲオルクの息子アウグスト・ヤーコプ・ゲオルク・ホヴァルト（一八七〇―一九三七年：以下小ゲオルクと略）である。小ゲオルクは、一九〇〇年に亡くなった叔父ヘルマンの後任として役員に名を連ねるとともに、父ゲオルクより後継者となるべく教育を授けられてきたが、結局、小ゲオルクが経営者として采配を振るうことができたのは、わずか一年ほどに過ぎなかった。一九一〇年を迎えてまもなく小ゲオルクは、ほかのホヴァルト家の三名の有力社員とともに会社を後にした。かくして、創業者の一族は、自らの名を帯びた造船所の経営から完全に手を引くことになったのである。

幸いにも、ホヴァルトの名は残された。その後も、造船所は一九二〇年代に再び危機に陥るものの、第二次世界大戦終了時にはデモンタージュを免れることができた。戦後、別会社の施設を買収して操業規模を拡大し、一九六七年にはハンブルク・ドイツ造船所（Hamburger Deutsche Werft）と合併して社名を「ホヴァルツヴェルケ・ドイツ造船所」（HWD）へと改称、ホヴァルトの名は、なおも残されたのである。一族の手を離れて百年以上が経過した現在、同社はキール最大の造船会社に成長し、その造船所の巨大クレーンは、港町キールの景観を形づくるうえで不可欠のランドマークとなっている（本章扉の写真を参照）。

参考文献

・Kieler Lebensläufe aus sechs Jahrhunderten, hg.v.Hans-F. Rothert, Neumünster, 2006.

・Wolfgang Zorn, Howaldt,Georg, in: Deutsche Biographie,（http://www.deutsche-biographie.de/sfz33984.html） 二〇一六年四月二八日閲覧。

第七章

軍港セヴァストポリ

黒海・クリミア半島要図

http://www.d-maps.com/pays.php?num_pay=297&lang=en より引用及び加工。2016 年 3 月 30 日閲覧。

松村岳志

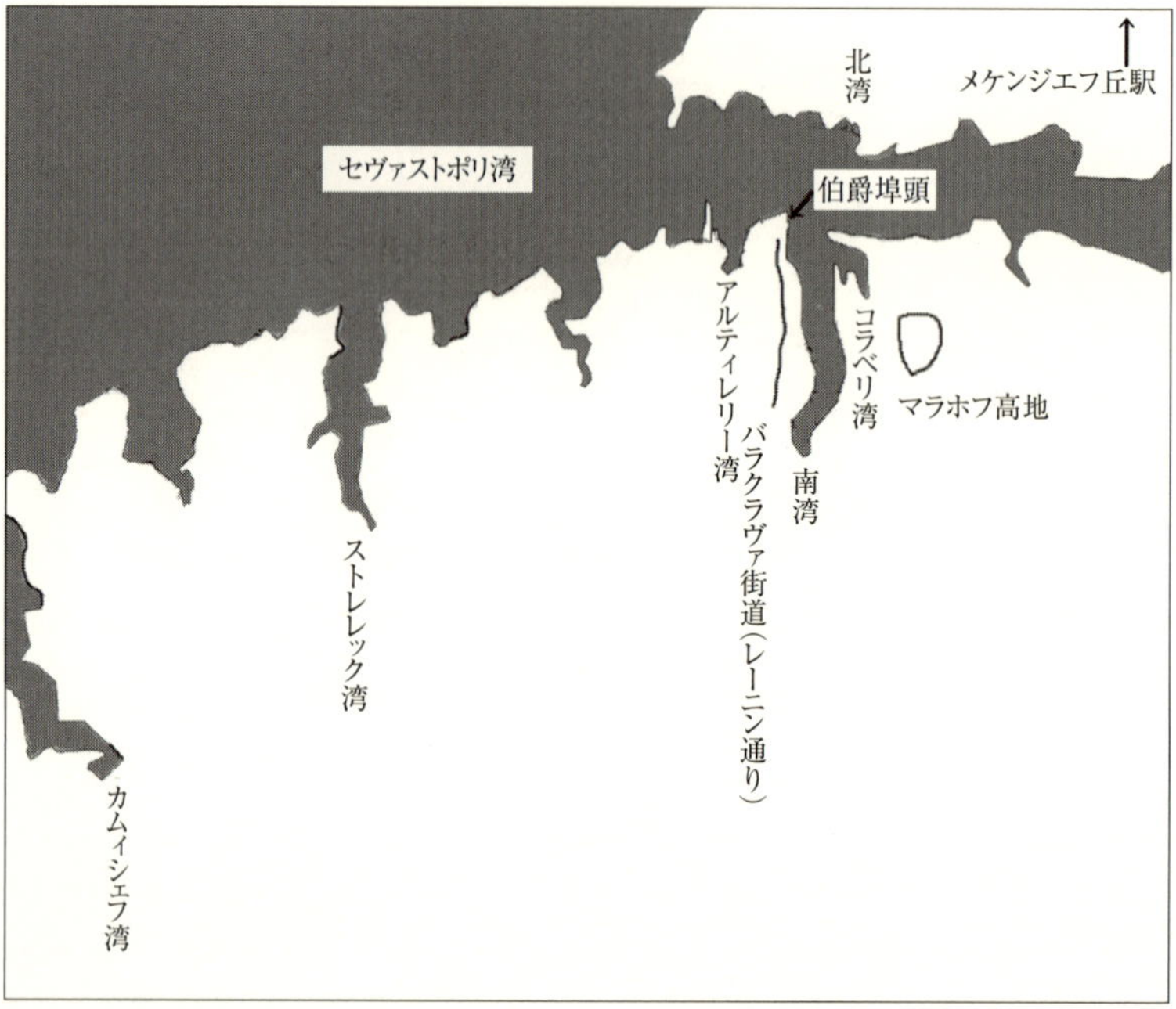

セヴァストポリ市要図
http://www.moikrim.ru/sevastopol/sevastopol-karta.htmlより引用及び加工　2016年3月30日閲覧。

はじめに

セヴァストポリ（Севастополь）市の歴史はロシア史と密接に結びついている。一九世紀後半のロシアの輸出入をアジア方面とヨーロッパ方面とにわけると、アジア方面の比重は常に一割程度である。[1] また、表7-1が示すように、主な輸出品目は一次産品たる食料品であって工業製品や手工業製品のような完成品ではない。表7-2によればその大部分は穀物である。

表7－1　19世紀ロシアの輸出構造（価格比）　（%）

	食料	原料・中間製品	完成品	その他・不明
1861-1865	34.3	54	5.8	5.9
1866-1870	40.6	48.6	4.7	6.2
1871-1875	49.7	43	1.8	5.5
1876-1880	56.9	35.9	1.2	6
1881-1885	56.9	35.8	1.5	5.9
1886-1890	57.7	35.2	1.6	5.5
1891-1895	55.6	36.1	2.1	6.2
1896-1900	54.4	35.9	2.7	6.9

出典：有馬達郎「19世紀末ロシアの貿易構造の特質」15頁、第1表。

表7－2　19世紀ロシアの主要輸出品目の比重（価格比）　（%）

	穀物	油用種子	亜麻・大麻	羊毛	木材	皮革・剛毛	家畜	砂糖
1861-1865	33.2	8.8	14.8	9.3	3.8	2.8	1.3	0.3
1866-1870	39.7	9.9	15.7	4.3	4.4	3.4	2.5	0.1
1871-1875	48.0	8.3	15.1	3.2	6.8	2.4	2.9	0.0
1876-1880	54.4	7.3	13.3	3.0	5.7	1.4	3.1	0.9
1881-1885	53.5	5.5	13.1	2.8	5.7	1.8	2.6	0.8
1886-1890	51.5	5.3	10.4	2.9	5.9	2.2	1.7	2.7
1891-1895	48.8	4.6	11.0	2.1	6.7	2.1	2.2	2.9
1896-1900	46.2	4.9	8.7	1.8	7.7	1.8	2.2	3.0

出典：有馬達郎前掲論文、23頁、第6表。

表7－3　19世紀ロシア、ヨーロッパ部分の主要穀物輸出（価格比）　（%）

	小麦	ライ麦	大麦	えん麦
1871-1875	54.4	31.5	—	14.1
1876-1880	46.7	35.2	—	18.1
1884-1888	42.3	23.9	15.7	18.2
1889-1893	48.5	18.8	18.2	14.6
1894-1898	46.0	16.8	23.2	13.9

出典：有馬達郎前掲論文、53頁、第46表。

表7－4　19世紀ロシアの小麦生産地域別比重　(%)

	北部・北西部・沿バルト・西部	中央黒土帯・同非黒土帯	中部ヴォルガ・プリウラル	ウクライナ・南東ステップ
1870-1876	3.9	14	5.7	75.5
1883-1887	2.5	8.7	5.1	83.6
1893-1897	2.3	6.2	4.4	87.1

出典：有馬達郎前掲論文、74頁、第67表。

つまり、ロシアは、社会主義体制採用の結果、民生用工業製品の輸出ができなくなったわけではない。少なくとも一九世紀初頭以降ロシアは手工業製品も工業製品もほとんど輸出していないのである。

ロシアは一八世紀後半にはすでに大量の穀物をバルト海沿岸諸港からヨーロッパに輸出していたが、そこで問題となったのは、ロシア北部からの穀物の大量輸出が、この地域での穀物価格の高騰を招くことであった。これに対して、より南の、今でいうウクライナでは穀物ははるかに安かったが、南北の交通の便は極めて悪かった。このため、ロシアとしては、ウクライナの安価な穀物をヨーロッパに、黒海経由で輸出することが望ましかった[2]。表7－3によれば、ウクライナ穀物の中で圧倒的に重要なのは小麦であった。また、一九世紀前半には、ロシアのヨーロッパ部分からの小麦輸出全体の中で、黒海・アゾフ海沿岸諸港からの輸出が占める比重は常に八割から九割を占めていた[3]。表7－4が示すように、一九世紀後半のロシアでも小麦の主要生産地はウクライナ等の黒海沿岸地域である。

以上の理由から、一九世紀初頭以降、シベリア産出の原油及び天然ガスの輸出が外貨の相当な部分を稼ぎ出すようになる二〇世紀半ばまでは、ウクライナを中心とする黒海沿岸地域は、ロシア政府にとって死活的に重要であった。重要なのは生産拠点としてのウクライナだけではない。生産された穀物を、市場化できなければ、ウクライナ穀物生産の意義はゼロである。ところで、ウクライナ穀物をヨーロッパ市場に送り出すためには、黒海を縦断し、ダーダネルスとボスポラスの両海峡を経て、地中海に至る必要がある。ところが両海峡は一五世紀以来今日に至るまで、トルコの支配下にある。両海峡は極めて狭隘で、敵対勢力がこの海峡に陣取っていれば、海峡の通過は戦闘なしには不可能である。したがって、シベリアの原油と天然ガスの輸出が軌道に乗るまでは、ロシアが生き残るためには、トルコの勢力を十分に押さえつけておく必要があった。ここに黒海艦隊の意義が生じる。その母港として発展したのがセヴァストポリである。

なお、本章で用いる暦日は、一九一八年一月三一日まで、現行のグレゴリウス暦ではなく、ユリウス暦である。ユリウス暦をグレゴリウス暦に換算するには、ユリウス暦一七〇〇年二月一七日までは一一日、同一八〇〇年二月一八日から一九〇〇年二月二八日までは一二日、同一九〇〇年三月一日から一九一八年一月三一日までは一三日を加える。一九一八年一月三一日を最後にロシアのユリウス暦は廃止された。したがってロシアでは一九一八年一月三一日の翌日は同年二月一四日である。

第一節　開港

当初この湾はアフティアル（Ахтиар）と呼ばれていた。ロシア軍の父スヴォーロフ(4)は、ロシアによるクリミア汗国併合以前に、すでにその戦略的価値を見抜いていた。彼は次のように書いている。「当該半島のみならず、黒海全域にわたっても、このような港湾は見出せない。ここなら艦隊の維持も兵員の収容も一番うまくいく」。一七八三年五月二日、クロカチェフ副提督指揮のアゾフ戦隊の艦艇がセヴァストポリ湾に入った。彼は海軍大臣チェルヌィシェフへの報告書の中で、「ヨーロッパ中にこれほど広く深い港はない。戦列艦一〇〇隻までが収容可能である」と述べた。ただし、この湾は西風に直接さらされており、停泊地としては不適切であった。クロカチェフはセヴァストポリ湾内部の、さらに南側に開いた南湾（Южная бухта）と呼ばれる、より小さな湾に艦船を収容した。当時この付近はほとんど無人であり、アク・ヤル（Ак-Яр、白い絶壁）と呼ばれるタタール人の寒村があるばかりであった。(5) このアク・ヤルがアフティアルの語源である。

一七八三年にはすでに南湾西岸に砲台や艦隊司令部の宿舎が築かれた。トルコとの戦争が予想されたので、作業は急がれた。建設作業にあたったのは、陸海の兵士と外来労働者、そして近隣の住民であった。建設資材の不足を補うために、ヘルソンの廃墟からとった石材まで使われた。都市の建設があまりにも急速に行われたために、飲料水不足が問題となり、近隣の山林から陶製の管を使って水道が引かれた。(6)

一七八六年の記録によれば、都市は南湾西岸に面する丘陵に広がり、その下には一七八五年竣工の石造りの埠頭が設けられていた。この埠頭は一七八六年にセヴァストポリ分遣艦隊司令となったヴォイノヴィッチ伯爵にちなんで、伯爵埠頭（Графская пристань）と呼ばれた。埠頭の近くにはセヴァストポリ分遣艦隊司令や、各艦の艦長たちの邸宅、そして士官たちのアパートメントが設けられていた。そこから南に向かって、メイン・ストリートのバラクラヴァ街道（Балаклавская дорога、現在のレーニン通り）が伸び、その左側には教会があり、右側には軍需商人や高級士官の邸宅が並んでいた。バラクラヴァ街道沿いには街路樹が植えられた。伯爵埠頭から教会までの間には木製の柵が作られ、海軍工廠の領域と都市の残りの部分とを隔てていた。南湾の反対側、セヴァストポリ湾全体の入口の北側及び南側には砲台が設けられ、湾に侵入する敵艦は十字砲火を受けることになった。(7)

一七八四年二月一〇日の法令で、アフティアル湾には正式に軍港が設置された。同年三月にはセヴァストポリ港を諸国に開放する旨の法令も発せられた。一七八七年にはエカチェリーナ二世がセヴァストポリに御幸したが、これは大規模なデモンストレーションであり、ヨーロッパ諸国の使節を前にして、陸海軍の大規模な演習も行われた。一七八四年九月には戦列艦「スラヴァー・イェカチェリーヌィ」がセヴァストポリに入港した。一年後には艦隊に戦列艦「スヴャータイ・パーヴェル」が加わった。後者を指揮していたのはロシア海軍史上に名高い一等海佐エフ・エフ・ウシャコフであった[8]。

一七八七年にはセヴァストポリ湾にはすでに四五隻の各種艦艇が停泊しており、その中には三隻の戦列艦、爆弾ケッチ、一二隻のフリゲート艦が含まれており、乗組員はほぼ五〇〇〇であった。これらの兵員のうち水兵はアゾフ海分遣艦隊からの転属兵と新兵であり、士官はバルト海艦隊からの転属者と海軍兵学校（Морской корпус）の卒業生であった。ただし、ロシア内地から遠く、疫病の恐れもあるこの地での勤務は士官たちに忌避され、多くの士官はバルト海艦隊への転属や退役を心待ちにしていた[9]。

セヴァストポリの建設はロシアが黒海に強力な足がかりを築いたことを意味し、近東の国際情勢にさえ大きな影響を与えた。一七八三年にはグルジアが事実上ロシアに編入されたが、これとてセヴァストポリ建設と無関係とは言えない。というのは、黒海艦隊の艦船はしばしばカフカス（コーカサス）地峡近くまで哨戒に出ているからである。一七八七年、トルコはクリミア奪還を目指してロシアに宣戦を布告した。この年の八月半ばにはロシアとトルコの勢力圏の境界線付近のトルコ側港湾都市ハジベイ（のちのオデッサ）にトルコ艦隊が現れた。一七八七年八月二一日にはヘルソンからさほど遠くないキンブルン半島近くで露土両艦隊が交戦した。ロシアは直ちにセヴァストポリの兵力増強に取り掛かったが、一七八八年五月から六月にかけてセヴァストポリに到着した援軍は、途中悪路と食糧事情の悪さとにより、多数の兵員を失っていた。開戦時のロシア黒海艦隊は戦列艦五隻、フリゲート艦一九隻、爆弾ケッチ一隻、小艦艇一〇隻で、その大部分はヘルソンかタガンローグに停泊していた[10]。一七八七年九月八日、敵を求めて出撃したヴォイノヴィッチ提督の艦隊は嵐に遭遇し、戦列艦一隻をトルコ側に拿捕されるなどの大損害を受けた。このため艦隊は一七八七年から翌年にかけての冬いっぱいを艦船の整備にあてた。ロシア艦隊の出撃準備が整ったのは一七八八年の春であった。今や艦隊は戦列艦二隻、フリゲート艦一四隻、爆弾ケッチ一隻、警戒艦一〇隻にまで減少していた。これに対してトルコ艦隊の兵力は戦列艦二〇隻、フリゲート艦二〇隻をはじめとして総兵力一二〇隻に及んでいた(11)。

ところが、一七八八年七月三日、フィドニシ島沖の戦いで、創設間もない黒海分遣艦隊は、艦艇数でも砲門数でも優勢なトルコ艦隊に甚大な損害を与えた。ウシャコフはこの戦いでは前衛戦隊を指揮して、その類稀な軍事的才能を発揮した。彼は優勢な敵軍に近接戦闘を仕掛け、これを退避させたのである。しかし、ロシア艦隊の総指揮をとったヴォイノヴィッチはこの時以降会敵を避けた。業を煮やしたクリミア総督ポチョムキンは自らの副官セニャーヴィンに戦場諜報を命じた。セニャーヴィンは大胆にも小艦艇隊を率いて黒海南岸のトルコ領にまで赴き、敵艦に放火し、沿岸砲台に砲火を浴びせて、無事セヴァストポリに帰還した。この間ロシア陸軍は陸路オチャコフまで進撃し、これを支援すべきヴォイノヴィッチの艦隊が到着する前にこの要塞を占領していた。この時以降分遣艦隊は会敵するごとに勝利を重ねた。一七八九年一月にはウシャコフはセヴァストポリ分遣艦隊司令官、セヴァストポリ軍港司令官となり、さらに一七九〇年三月には全黒海艦隊司令長官に任じられた。艦隊は彼の指揮下で黒海及び地中海における数々の戦いで勝利を得ることになる。同時にウシャコフは軍港の整備にも留意し、要塞の補強にも乗り出した。ロシアの艦艇が喫水線下に銅板を張るようになったのは彼の時代からである(12)。

第二節　発展期

ウシャコフの統治下でセヴァストポリは計画的に整備された都市に変貌した。水兵の兵舎が増設され、道路が作られ、井戸が掘られた。バラクラヴァ通りから西に向けての丘陵地帯で、特に開発が進んだ。ここには家族持ちの水兵の家屋が建てられた。中年以上の水兵、工廠の労働者、軍人、町人（メシチャーニン）も街はずれに居住することを許された。水兵たちは、主に、南湾のすぐ西のアルティレリー湾（Артиллерийская бухта）や南湾のすぐ東のコラベリ湾（Корабельная бухта）に住み着き、やがてこれは街になった。乗組員の家屋には庭地が割り当てられ、これは彼らの食生活の改善に貢献した。功績のあった士官たちも土地を与えられ、これらの土地には野菜畑、果樹園、葡萄園が作られた。政府はセヴァストポリ周辺の果樹栽培には気を使い、一八二八年と一八三〇年にもこれを奨励する法令を発布している。一八三一年には海軍工廠の敷地のうち不必要な部分が、果樹園ないし野菜畑となすべく売却されている。南湾の東隣りのコラベリ湾近くの低地にも都市の庭園が造られた。この低地はウシャコフ窪地と呼ばれた。コラベリ湾と南湾との間の高地には病院と宿舎とが設けられた。

こうして、セヴァストポリはロシア黒海艦隊の第一級の基地となった。一九世紀の最初の四半期には、黒海艦隊の中心地は、ドニエプル川の河口深くのニコラエフだったが、この港は水深が浅く、しかも冬季には出口が氷結し、艦船は出港できなかった。このため、大艦隊を収容し得る不凍港を持つセヴァストポリの軍事的な意義は大きかった。一八〇四年以降セヴァストポリは黒海艦隊の最も重要な港となった。[13]

一八〇二年にセヴァストポリにやってきたペ・スマロコフは次のように述べている。

こんな僻地のイスラム教徒の国のど真ん中にヨーロッパ風の都市があり、住んでいるのはロシア人ばかり、道はまっすぐ、家は素敵、というのは、不思議だし、また、心を慰められる光景でもある。いたるところで兵士や町人の大群に出くわし、同胞の歌声を聞き、まるで内地に戻ったかのような錯覚にとらわれる。住民は、わずかばかりの退役士官、商人、メシチャーニンを除けば、勤務者ばかりで、その数は二万に上る。セヴァストポリは、クロンシュタット[14]同様の真の軍事都市であって、ただその規模において、クロンシュタットに劣るだけである。[15]

一八〇八年には造船所も建設された。その人口は水兵まで含めると三万に及んだ。公式の資料によれば、一九世紀最初の四半期の半ばのセヴァストポリには、一〇〇〇ばかりの家屋があり、皮革工場、蝋燭工場、脂肪工場がそれぞれ三つあり、二つの鍛冶場、ビール工場、水車、風車、そして約二〇〇の店舗もあった。一八二〇年代には、新しい兵営二棟が建設された。これらはいずれも二階建てで、あわせて二五〇〇人の兵員を収容できた。一八二〇年代半ばには黒海北岸に航路標識や灯台が設置され、砲台の胸壁も石材で補強された。こうした砲台のうち最大のものは、ニコラエフ砲台で、伯爵埠頭からアルティレリー湾入り口までの海岸大通り（Приморский бульвар）に沿って伸びていた。海軍工廠の区画は南湾西岸にそって拡張され、「帽子倉庫」、海図室、三つの船台が設けられた。ここではクリミア半島の樫材で各種艦艇が作られた。海軍工廠の北側には船材倉庫と乾パン工場が設けられた。ここは現在乾パン窪地（Сухарная балка）と呼ばれている。一八〇八年から一八二五年までの間に工廠では多数の艦艇が建造された。一八二〇年には黒海艦隊に最初の蒸気船「ベスビオス」が就役した。[16]

この間、セヴァストポリは商業都市としての性格を併せ持つようになった。一八〇四年二月二三日の法令はセヴァストポリへの商船の入港を禁止したが、これはセヴァストポリ市の発展にも、同市の食糧事情にも大きな悪影響を及ぼした。というのは、セヴァストポリとクリミア半島の残りの部分とを結ぶ陸路は秋から冬にかけて通行が困難になったからである。結局商船入港禁止令は撤回され、一八二〇年半ばにはセヴァストポリ港での国内交易が可能になった。セヴァストポリ港湾当局はアルティレリー湾を商船の接岸地点とした。ただ

し、一九世紀前半を通じて、セヴァストポリは外国貿易にはかかわっていない。(17)

当時もセヴァストポリ市の中心は伯爵埠頭とこれに隣接する街区であった。そこには陸海軍の官有家屋や各級指揮官たちの邸宅と並んで、商人や請負人の邸宅が立っていた。庶民の住む都市周辺部はみすぼらしかった。この地域には古ぼけたあばらやが立ち並び、その合間に大きくもない商店があった。特に汚いあたりはフレベト（丘陵）無法地帯（Хребет беззакония）と呼ばれていた。この名称は偶然ではない。というのは、ここには多数の居酒屋や魔窟（притон）があったからである。この地域には手工業者、小商人、沖仲仕、日雇い労働者が住んでいた。最も貧しい人たちは、そのほか、コラベリ、アルティレリー、カトールガ（懲役、Каторга）といった街区に住んでいた。コラベリ街はコラベリ湾の沿岸から始まっていた。アルティレリー街はアルティレリー湾の背後の窪地と丘陵の斜面に位置していた。カトールガ街は南湾の奥の深い窪地の斜面にあった。街中のごみは、アルティレリー湾の沿岸部に集められたが、そこから湧き出す悪臭は市全体に広がった。(18)

一八二六年にはこの年の名はアフティアルから正式にセヴァストポリに変更された。これはギリシア語で「栄光の港」という意味である。一八二六年一一月の法令でセヴァストポリ市は第一級の要塞になった。一八三〇年代までにセヴァストポリはクリミア半島最大の都市となった。ウクライナ産穀物の国内外での取引の増大により、クリミア半島諸港は活況を呈した。これら諸港のうちで、輸出において第一位を占めたのはエフパトリヤ港だった。セヴァストポリは軍港という性格上、一九世紀前半には直接外国貿易に携わることがなかったが、この港を通じての国内貿易は大幅に成長した。このため、黒海諸港を結ぶ定期航路の設置が必要となった。一八二八年には黒海を蒸気船が運航するようになった。商用蒸気船の第一号「オデッサ」はオデッサからセヴァストポリを経由してヤルタまでを運航した。まもなく、セヴァストポリと黒海沿岸のその他の港との間の定期航路でも蒸気船が使われるようになった。一八三八年にセヴァストポリ港に入った船舶は一七一隻で、これらは主に、オデッサ、ヘルソン、ロストフ、タガンローグ、ケルチ、ニコラエフから商品を持ち込んだ。フェオドシヤ、エフパトリヤ、ヤルタ、マリウポリ、イズマイルの船も来航した。この年商品を積んでセヴァストポリから出た船舶は三五隻に過ぎなかったが、その仕向け地はやはり、ヘルソン、タガンローグ、ロストフ・ナ・ドヌー、ヤルタ、ケルチ、エフパトリヤが中心であった。セヴァストポリ港の商品流通においては、輸入が輸出を大幅に上回っていた(19)。

下士官兵や下層労働者の生活条件は劣悪で、支給食糧の品質も極めて低かった。水兵たちを犠牲にして儲けたのは、商人と主計官とであった。彼等は腐った麦粉や引き割り、蛆の湧いた肉、カビの生えた乾パンを売りつけた。病院に納品された一ケースのウォッカ瓶の中身が水だったという事例もある。この状況は政府にも伝わり、一八二九年一一月に政府から派遣された調査団は、セヴァストポリにおける権力濫用を告発した。しかし、処罰されたものはだれもいなかった。このことは、セヴァストポリ市での陸海軍兵士と職工の反乱の遠因となる。さらに、一八二八〜一八二九年の対トルコ戦争後に、セヴァストポリで疫病が猖獗を極めたことが、住民の怒りに油を注いだ。というのは、防疫措置のために市は封鎖され、食糧価格が暴騰し、官吏と結託した食料商人が暴利をむさぼったからである。一八三〇年五月二七日にはセヴァストポリ市の封鎖は解除されたが、コラベリ街のみはさらに三週間封鎖が続いた。住民と陸海軍兵士の中には、封鎖の延長に抗議するものが現れた。コラベリ街のみならず、アルティレリー街、フレベト無法地帯でも状勢は不穏となった(20)。

一八三〇年六月三日夕刻には教会の鐘の音を合図に市民と武装した水兵の一隊が蜂起した。怒った人々は防疫措置の解除と、特に嫌われていた官吏の罷免とを要求して、知事ストルィピン邸、海軍工廠、聖堂に集まった。知事邸の前に集まった人々は暴徒化し、知事ストルィピンは殺害された。プリモ将軍とスカロフスキー提督とは肩章をはぎ取られただけで済んだ。市内のいくつかの地域では暴徒と鎮圧部隊とが対峙したが、ほとんどの場合、部隊と武装した暴徒との戦闘は生じなかった。コラベリ街の暴徒を射撃で制圧しようとしたヴォロビヨフ大佐は部下の命令不服従に直面し、自らは暴徒に殺され、その部下の一部は暴徒に合流し、さらに砲も暴徒の手にわたった。その他にも多くの人々が政府側とみなされて殺害され、警察は署長以下全員が市から退去してしまった。叛徒は市街の一角を四日にわたって占拠した。しかも、下級士官の一部は積極的に反乱に参加した。この反乱とのかかわりで裁判にかけられた士官は四六人にも及んだ。反乱は軍事力によって鎮定された。自由主義的傾向で知られる新ロシア総督ヴォロンツォフ伯爵には全権が委任され、彼の指導の下で、反乱参加者の詮議が始まった。市の総人口の二〇%にあたる六〇〇〇人が告発され、首謀者六人が死刑となった。被告のうち、四七〇人は工廠の職工で、三八〇人は水兵、二七人は陸上勤務の水兵（матросы ластовых экипажей）、陸軍兵士が一二八人であった。なお、裁判にかけられた文民四九七人のうち、四二三人が下士官兵、水兵、職工の妻ないし寡婦であった[21]。

政府は黒海及びアゾフ海の商船隊の拡大にあわせて、農奴身分ではない自由な海員を作り出そうとした。一八三〇年の法令は、黒海、アゾフ海諸港で自由身分の海員たちに組合結成の権利を認めた。一八三四年には、セヴァストポリを含めて、タウリーダ、エカチェリノスラフの両県の諸港で、自由身分海員協会（Общества вольных матросов）が設立された。自由身分海員協会は、自由な農民、市民、雑階級身分からなるものであって、「海員身分に入るものにあらゆる人格的、金銭的隷属から自由になる権利を与え」ることになっていた。一八四〇年以降海員志望者は激増した。商船隊に掌帆長（шкиперы）、航海士（штурманы）、造船工を供給したのは、一八三四年にヘルソンに作られた航海学校であった[22]。

政府は同時に、都市でのブルジョア階級の興隆を支えた。例えば、一八三八年一月一日から一〇年にわたって、「セヴァストポリで三つのギルドのいずれかに登録し、そこに恒久的な住居を持つ商人からは、所定のギルド分担金の半額のみ」しか徴収されないことが定められた。他の県の商人が、セヴァストポリ市で商人として新たに登録を済ませ、自分の家を建てた場合も、家屋竣工以降三年間にわたってギルドに対する支払を免除された。その後の七年間も、税金の支払は半額とされた。セヴァストポリに工場を建設した商人も工場竣工後一〇年にわたり、ギルドへの支払を免除された。セヴァストポリ市に移住した手工業者は一八三八年から一〇年の特恵期間中は、市に対する負担を軽減された。手工業者も商人同様に、持ち家を建てれば、その竣工後一〇年にわたって特恵が付与された。こうしてセヴァストポリ市の商人は一八三一年の二〇人から一八三三年の七三人、一八四八年の八三人と増加した。とはいえ、軍港という性格上、セヴァストポリ市では、クリミア半島一帯のその他の都市に比べて商工業の発展は微弱であった。商人たちの間では、たとえば乾物を扱う小売商人等よりは、軍に麦粉、肉、引き割り、薪等を供給する主計関係の商人のほうが多かった。工業面では、軍の工廠と乾パン工場はあったが、それ以外には、皮革、蝋燭、石鹸、ビール、煉瓦等の工場がいくらかあるだけだった。一九世紀最初の四半期のロシア南部、特に黒海沿岸とクリミア半島は人口密度が希薄で、政府は領主に人格的に隷属しない国有地農民等を内地から移住させる政策もとった。それでも労働力は不足し、一九世紀の第二の四半期には、しばしば囚人の労働力が利用された(23)。

一八三〇年代にはセヴァストポリの市域はさらに拡張した。市は南湾、アルティレリー湾、コラベリ湾の海岸と三つの台地とにそって広がっていた。

都市の中心部は南の台地の周辺の、現在ではレーニン通り、そしてバリシャヤ・モルスカヤ通りとなっている部分であった。メイン・ストリートは、現在ではレーニン広場となっているエカチェリーナ広場から伸びるエカチェリーナ通りであった。その周辺には総督邸、市長邸、女学校、大聖堂、兵員および工廠労働者の宿舎、三等水兵学校があった。バリシャヤ・モルスカヤ通りには陸海軍主計官、海軍将兵の住宅が広がっていた。都市全体が、セヴァストポリ湾の一番奥のインケルマンの石切り場で得られた白い石材で作られていた。家々は庭付きで、柵で街路と隔てられていた。貧民区画は目抜き通りの先のみならず、市中心部の南側の台地にもあり、こぎれいな都市中心部との違いは目立った。水兵の大部分はまだ、ウシャコフ時代の古い、壊れかかった宿舎に住んでおり、石造りの二階建て宿舎に住んでいるのは二五〇〇人程度であった。提督、艦長、各級指揮官は古い官有宿舎に住んでおり、海軍士官と官吏の大部分はアパートメントに住んでいた。南湾の両岸には艤装を解除された船舶が収容されていた。アルティレリー湾には兵糧を運んできた商船が停泊していた。南湾とコラベリ湾はセヴァストポリの軍港となっていた。南湾の南西側には海軍工廠が入っていた。ここでは艦船の修復工事が行われ、また、クリミアの樫材でブリッグ、コルベットその他の小型艦船が建造された。廃船の解体もここで行われた。またセヴァストポリでの労役に使われる囚人たちの宿舎である廃船もここに係留されていた。

以上述べた以外の湾、例えば、より西のストレレック湾（Стрелецкая бухта）、カムィシェフ湾（Камышевая бухта）、さらに西のカザーク湾（Казачья бухта）には、わずかな砲台と税関を除けば、まだ何の建物もなかった。学校も不足しており、一九世紀第二の四半期の初頭、セヴァストポリにあった公的な学校はただの二つであった。それ以外には市のブルジョア階級が私立学校をいくつか作っているだけであった。一八三三年には貴族女性のための学校が作られた。一八四〇年代には郡学校と教区学校が作られ、さらに三等水兵学校（Школа юнгов）と呼ばれる海員の子弟たちの海事学校が作られた(24)。

セヴァストポリをさらなる発展に導いたのは探検家として有名なエム・ペ・ラザレフ（М. П. Лазарев）であった。彼は一八三二年には黒海艦隊参謀長に、一八三四年には黒海艦隊司令長官兼ニコラエフ、セヴァストポリ両市軍事知事に任命された。ラザレフ統治下のニコラエフ、ヘルソン、セヴァストポリでは、戦列艦三〇隻を含めて合計一五二隻の大小の軍艦が建造された。彼はまた戦列艦およびフリゲート艦の艦砲用砲弾として炸裂弾を採用し、鋼鉄製軍艦も建造した。一八三八年には鋼鉄製軍艦の第一号「インケルマン」が黒海艦隊に就役し、一八四〇年代には四隻の鋼鉄製軍艦が建造された。(25)

セヴァストポリ統治におけるラザレフ最大の業績は、新しい海軍工廠と五つの乾ドックとの建設であった。ドックに水を満たすために、総延長一八kmに及ぶ石造りの水道橋も作られた。ただしこれでもドックに水を満たすには不十分で、結局ドックは蒸気機関で海水を注入された。コラベリ湾東岸には七つの倉庫が作られ、ここにはセヴァストポリ駐屯部隊の供給を六か月間まかない、さらに、艦隊の四か月の作戦行動に十分な資材と糧秣が貯蔵された。ドックと南湾との間の丘陵には六〇〇〇人を収容する石造りの宿舎が作られた。(26)

ラザレフはセヴァストポリの美化にも気を使い、一八三二年には海事図書館の建設を開始した。その建設資金の一部は海事総局（Главный морской штаб）が負担したが、残りは士官たちの醵金によった。さらにラザレフは、伯爵埠頭が、「艦隊のガレー船全てを接岸させうる唯一の場所である」として、埠頭に石のテラスを設置し、また埠頭に向かう石の階段にドーリア式の列柱を設置することを一八三八年に上申した。伯爵埠頭の工事は一八四六年に終わった。そこには屋根付きの柱列と小さな広場が作られた。この広場はセヴァストポリ市民の憩いの場となり、夕刻には楽が奏された。(27)

ラザレフの施策の一つは市の中心部のフレベト無法地帯の解消であった。彼は海事総局への報告書の中に次のように書いた。「セヴァストポリ市の一番いい部分はフレベトと呼ばれており、錨地の湾に面している。昔からそこにはあばらやがごちゃごちゃ無造作に立ち並び、街路には規則性がなく、家屋のどの面が正面なのかはっきりしない。これらの家々は斜面に広がっており、見た目にも汚らしく、貧しそうで、見るに堪えない」。ラザレフは、撤去すべきフレベト無法地帯の家々の評価額を算定させ、その計算書を作った。彼は家屋の登記書類を持っている家主には計算書通りの金額を支払わねばならないと考えたが、書類を持たないものには家屋の価値の価値の四分の一しか支払う必要がないと考えた。皇帝は一八三八年にセヴァストポリ再開発計画を承認し、無法地帯は撤去された[28]。

一九世紀の半ばには、セヴァストポリ市の街路は四三、広場は四つとなっていた。井戸は市内に四三、市外に二一であった。セヴァストポリ市の主な産業は、艦隊の工廠、乾パン工場であり、そのほかには若干の皮革工場、蝋燭工場、石鹸工場、ビール工場、煉瓦工場がある程度であった。市内の各種店舗は一八八で、このなかには、ウォッカの地下貯蔵所が四〇、居酒屋が三一含まれていた。当時のセヴァストポリ市には約四万五〇〇〇人が住んでいた。一八四六年の統計によれば、セヴァストポリ市の学校全部で教育を受けている生徒たちは四〇四人であった。郡の学校は一つしかなく、そこでは二人の教師が二九人の商人、士官、上層官僚の子供たちを教えていた。海員の子女が通う学校には教師二人と生徒七四人がいた[29]。

ラザレフはセヴァストポリの要塞化に心血を注いだ。彼は、一八三〇年代はじめに、市周辺に七つの堡塁を築き、これらを防壁で連結するという野心的な計画を立案した。しかし、この計画は部分的にしか実現されなかった。クリミア戦争が始まった時には、第五、第六、第七、そして当初の計画にはなかった沿岸部の第八堡塁は石造りの防壁で結ばれていたが、それ以外の防壁の建設は手つかずであった。一八四九年に出版された『ロシア帝国軍事統計概観』には、この時期のセヴァストポリについて次のように述べている。「セヴァストポリ要塞は第一級の要塞とされているが、現状においては、要塞ではなく、軍港に過ぎない。海側に対しては極めて強固な防備がなされているが、陸路に対しては何の備えもない[30]」。

第三節　クリミア戦争

クリミア戦争に際してセヴァストポリの築城は不十分であることが暴露された。この時には、ロシア黒海艦隊の根拠地であるセヴァストポリが遅かれ早かれ敵軍の攻撃目標となるというのが大方の予想であった。イギリス陸軍大臣ニューカッスル公は、セヴァストポリの奪取とロシア艦隊の撃滅こそがロシアに与えうる最大の打撃になると述べていた[31]。

一八五四年九月一日（グレゴリウス暦九月一三日）早朝、セヴァストポリ防衛最高指揮官ア・エス・メンシコフは、大規模な艦隊がセヴァストポリに向けて航行中であるとの報告を受けた。敵軍の数は、軍艦、輸送船そのほかを含めて三八九隻に及んだ。仏軍サンタルノ元帥は、九月中に同盟軍の兵員六万を上陸させた。ロシア側の兵力はメンシコフの直接の指揮下に置かれた三万七〇〇〇とクリミア東岸の一万三〇〇〇のみであった。このほかに水兵二万があったが、そのうちクリミア沿岸部にいたのは五〇〇〇のみであった。九月六日（グレゴリウス暦一八日）にエフパトリヤに上陸した同盟軍は一路セヴァストポリに向かった。九月八日（グレゴリウス暦二〇日）、アリム川沿いでロシア軍と同盟軍との戦端が開かれた。この時、ロシア軍の兵力は三万前後だったのに対して、同盟軍の兵力は五万五〇〇〇に上っており、敵軍の侵攻を阻むことはできなかった[32]。

アリム川の戦いの後、敵軍の半分のロシア軍は、セヴァストポリへ退却した。この時のロシア側の事実上の指揮官は一八五三年のシノペ沖の戦いでトルコ艦隊を撃滅した分遣艦隊司令官、副提督のペ・エス・ナヒモフと艦隊参謀長の副提督ヴェ・ア・コルニーロフであった。ナヒモフのほうが先任であったが、ナヒモフはコルニーロフの行政手腕を高く評価しており、彼に指揮権を譲渡した。コルニーロフは開戦とほぼ同時の一八五四年三月に、陸路に対する備えをメンシコフに具申したが、無視された。そこでコルニーロフはポケットマネーで、海側に防衛用の塔を増設させた。この塔は同盟軍の上陸の二日前に完成し、実際この塔からの砲撃が、接岸しようとした同盟軍艦隊の撃退に活躍することになった[33]。

九月一二日にはメンシコフは自分の部隊を引き連れてセヴァストポリを出て、バフチサライに向かった。そのあとになってコルニーロフらは自分たちが見捨てられたことを知らされた。市の運命はコルニーロフとナヒモフが握ることになった。彼等は市の無防備な北面に敵の来寇があると予想した。敵軍の上陸前に錨地にあった艦隊は優秀な兵員を抱えており、海からの攻撃に対しては相当の抵抗を示すものと予想された。艦隊を別にするとセヴァストポリには一三の砲台があり、そこには合計六〇〇ほどの砲が配置されていた。だが、市の北側は全くの無防備であった。この窮状を救ったのは同盟軍側の戦術ミスであった。どういうわけか、同盟軍は市を北側から攻撃しなかったのである。一八五四年九月に艦隊根拠地の防衛にあたったのは工兵と予備歩兵部隊とであった。

敵軍がセヴァストポリに進撃してきた時に、防衛側は昼夜兼行で防衛設備の補強にあたっていた。市には土木工事用の鉄製シャベルやつるはしすら十分にはなかった。これらはオデッサから荷車で運ばれたが、到着したのは一〇月であった。それまでは土木作業員たちは木製シャベルで要塞の補強工事にあたっていた。コルニーロフは艦隊をどうするつもりかメンシコフに問い合わせたが、返ってきたのは、「艦隊は艦砲を撤去して自沈せしめ、湾を封鎖し、乗組員をもってセヴァストポリの防衛にあたるべし」との命令であった。コルニーロフは九月九日に市内で協議を催し、その席上、艦隊を動員して同盟軍艦隊に自殺的な攻撃を試みることを提案したが、大勢はこれに従わなかった。かくして、海上からの敵艦隊の侵入をふせぐために、セヴァストポリ湾の入口には旧式の帆走戦列艦五隻と帆走フリゲート艦二隻が自沈した。残余の艦艇の自沈は、敵が北側に攻撃をかけたことが明らかになるまで延期された。これらの艦艇は南湾から出航し、それぞれ適切と思われる位置に配置された[34]。

このあと、コルニーロフは北側の防備を受け持ち、南側の防備はナヒモフにゆだねられた。ナヒモフは九月の一二日に艦艇から陸上砲台への艦砲の移動を開始し、陸戦隊を編成した。九月一八日（グレゴリウス暦三〇日）にはメンシコフが送り込んだ三個連隊の増援部隊がセヴァストポリ市に入り、このほかに黒海カザーク歩兵（пластуны）二個大隊等の増援もあり、九月二八日にはセヴァストポリ防衛部隊は三万五〇〇〇にまで増員されていた[35]。

英仏軍は固い防備を見て、総攻撃の準備に着手した。この機会を利用して防衛側は築城工事を完成させた。新たに堡塁七か所と砲台二〇か所が築かれたが、これらには自沈した軍艦から取り外した砲が設置された。一〇月五日には同盟軍は陸海からの激しい砲撃を開始し、コルニーロフをマラホフ高地で戦死させた。ただし、ロシア側の反撃もすさまじく、同盟軍は総攻撃を一〇月二五日まで延期した。ところが一〇月二四日にロシア軍が同盟軍に逆襲をかけたため、同盟軍の総攻撃はさらに延期され、戦線は膠着状態となった。まもなくやってきた冬の間も戦闘は衰えなかった。一八五五年五月までに同盟軍は一七万三〇〇〇に増強されていた。六月六日、二日間にわたる激しい準備砲撃の後、セヴァストポリ市に対する総攻撃が開始された。最も激しい戦いが行われたのは、マラホフ高地であった。ところがこの総攻撃も失敗に終わった。六月二八日には、またしてもマラホフ高地でナヒモフが負傷し、翌日戦死した。八月二七日にはついにマラホフ高地がフランス軍の手に落ちた。マラホフ高地は市防衛上の最重要拠点であり、戦い利あらずと見たロシア軍は市の南部を敵に明け渡して、北部に移った。同盟軍は激烈な抵抗を必至とみて、これ以上の戦闘行動を控え、市の完全な占領も考えなかった[36]。

パリ講和条約により、ロシアは黒海に艦隊と要塞を持つことを禁止された。その後セヴァストポリは長いこと廃墟のままであった。市の復興には、ほぼ五〇年がかかった。実際に復興が開始されたのは、市をロシア本土と結ぶ鉄道が敷設された一八七五年であった。この時黒海艦隊も復活し、一八八〇年代以降セヴァストポリは再び重大な造船拠点となった。一八八三年にはここで戦艦も建造された。一八九〇年代末には、セヴァストポリはペテルブルグとモスクワについで、第三番目に電力と市電とを有する都市となった。セヴァストポリは電報や電話もクリミア半島の都市で最初に備えた。二〇世紀初頭までにセヴァストポリは黒海艦隊の最も重要な母港となり、タヴリーダ県で最も大きな工業センターとなった。これとともに多数の労働者がロシア本土から家族とともにセヴァストポリに流入した(37)。

第四節　革命

一九世紀末のロシアには、社会主義者のグループがいくつかあらわれている。その中では、農民中心の革命を考えていた社会革命党(38)と工場労働者中心の革命を考えていた社会民主労働党とがよく知られている。当時の諸国の社会主義政党の例にもれず、どちらの政党も非常に雑多な分子からなっていた。社会革命党は右派と左派に分裂し、社会民主労働党は、より過激なボリシェヴィキとより穏健なメンシェヴィキに分裂した。ボリシェヴィキは後にロシア共産党となる。

一九〇一年には社会民主労働党の機関紙『イスクラ（火花）』がセヴァストポリに現れた。このときには、在セヴァストポリの社会民主党労働系サークルが、セヴァストポリ港の工廠の労働者と黒海艦隊水兵の間で形成されていた。これらのサークルは一九〇二年には合同して、セヴァストポリの労働者組織を作った。この組織の中では非合法文献が読まれ、煽動ビラが配布された。特に彼等が勢力を伸ばしたのは、練習巡洋艦「ベレザニ」、戦艦「エカチェリーナ二世」、「ポチョムキン」、練習艦「プルート」、巡洋艦「オチャコフ」であった。一九〇三年にはロシア社会民主労働党の艦隊中央委員会が結成された。これは後にツェントラルカ（Центра-лка）と呼ばれる。ツェントラルカとロシア社会民主労働党セヴァストポリ委員会ではボリシェヴィキが優勢であった。彼等は水兵や守備隊兵員の間で活発な煽動を繰り返した。一九〇三年七月には、練習航海にでた練習艦「ベレザニ」で、水兵の反乱が生じた。翌年一一月には、ラザレフ兵営に収容されていた海兵団の水兵たちが大規模な反乱を起こした。これらの事件は戦艦「ポチョムキン」と一一月のセヴァストポリ反乱の先触れとなった。日露戦争で大衆の生活状態が悪化すると、セヴァストポリの反政府運動はますます激しくなった。とうとう一九〇五年には戦艦「ポチョムキン」で反乱が生じた。そのあと練習艦「プルート」にも反乱が飛び火した。セヴァストポリでは住民六〇〇〇が示威行進を行って、水兵の叛乱への連帯を示した。戦艦ポチョムキンは赤旗を掲げて革命の側にたった最初の軍艦となった。セヴァストポリでの一一月蜂起は黒海艦隊の一九〇五年革命のなかでも最大規模であった[39]。

一九〇六年三月には非合法のボリシェヴィキ新聞『兵士』の発行が始まった。同年六月にはセヴァストポリ要塞砲兵隊の兵士が反乱を起こした。一九一〇年末から一九一一年初めにかけても、守備隊の兵士たちの反乱が生じた。第一次世界大戦近くの一九一二年には、社会民主労働党の組織は徐々に都市と艦隊に広がった。一九一七年三月にはセヴァストポリには、陸海軍兵士、および労働者の評議会（ソヴィエト）が作られた。一九一七年一〇月二六日（一一月八日）にはペトログラードでの十月革命の報がセヴァストポリに届くと、多くの艦船が赤旗を掲げた。このときに成立した全黒海艦隊大会はレーニン率いる人民委員会を承認した。一九一七年一二月二九日（以下全て新暦）都市の権力は軍事革命委員会に引き渡された。黒海艦隊の水兵たちはクリミア、ウクライナ、カフカス、クバン、ドンの各地域でのソヴィエト権力の確立にも参加した(40)。

内戦と革命干渉戦争の時代にはセヴァストポリは様々な勢力の手に渡ることになった。一九一八年五月には独軍がセヴァストポリを占領したが、同年一一月には三国協商側がこれに代わった。この間セヴァストポリの共産主義者は地下活動を続け、その影響を受けて、一九一八年一二月にはブルガリアの巡洋艦「ナジェージダ」で反乱が生じた。ブルガリアの水兵たちはセヴァストポリでの戦争を拒否し、帰国を望んだ。一九一九年四月にはフランスの水兵が反乱を起こした。一九一九年四月には赤軍がセヴァストポリを解放したが、同年六月にはデニキン率いる白軍がこれを追い出した。一九二〇年一一月になってようやく赤軍南方戦線の部隊がセヴァストポリを解放した(41)。

その後復興が進んだ。セヴァストポリ造船所も再建された。一九二三年には廃船同然になっていた巡洋艦「コミンテルン」の補修が完了し、同艦は復活した黒海艦隊の旗艦となった。缶詰工場、シャンパン工場も作られた。一九三七年には、発電所グレスIが作られた。これは革命前にクリミア半島に存在していた全ての発電所の五倍の電力を、セヴァストポリのみならず、半島の全ての都市に供給した。一九三四年には自動式電話とラジオが普及した。交通網も発展し、セヴァストポリからバラクラヴァまで市電も引かれた。大モルスカヤ通り、ピロゴフ通り沿い、ウシャコフ・バルカの背後、そして北岸その他には巨大な団地が建てられた(42)。

一九四〇年にはセヴァストポリの人口は一一万二〇〇〇人に達した。セヴァストポリでは文化も発展した。一九二一年には有名なオペラ歌手で都市の文化部の指導者であったエリ・ベ・ソビノフのイニシアティヴでモルスカエ・ソブラーニエ近くの劇場と人民音楽院の仕事が再開された。一九三五年までにセヴァストポリには非識字者がいなくなった。一九四〇年のセヴァストポリには一般教育学校が二八あり、そのほかに勤労青年のための夜間学校一つ、二つの技術中学校（一つは造船学校でもう一つは鉄道学校）があった。劇場は二つあった。一つは都市の劇場でもう一つは黒海艦隊の劇場であった。さらに海軍博物館、画廊、複数の労働者クラブ、図書館、ピオネール（少年団）宮殿、音楽学校まであった。セヴァストポリでは勤労者の健康にも気が使われていた。医療労働者の数も増え、外来用診療所、病院、サナトリウムも作られた。スタジアム、スポーツ用トラックもあった。黒海艦隊はセヴァストポリに集められた。新しい軍艦はセヴァストポリ港に錨をおろした。かくして、セヴァストポリは第二次世界大戦までには、黒海艦隊の主要な港となり、連邦南部の巨大な工業都市、文化都市の一つとなった。(43)

第五節　セヴァストポリの戦い

しかし、セヴァストポリの発展は第二次世界大戦によって停止する。

一九四一年六月二二日、午前一時一五分、長期にわたる演習から帰ったばかりの水兵たちは集合を命じられた。黒海艦隊は第一種警戒態勢に入った。同時に艦隊の艦船は全て補給を受けた。午前三時ごろ、エフパトリヤなどの哨所から、国籍不明の航空機がセヴァストポリに接近中であるとの報がもたらされた。高射砲部隊は砲門を開くよう命じられた。三時一五分照空灯が航空機をとらえ、軍艦と陸上砲台は射撃を開始した。夜空が光り、爆発音がして、最初の死者がでた。(44)

独軍の航空機は、まず艦隊を港内に足止めしようとして、まだソ連軍（以下連邦軍）が知らなかった磁気機雷や音響機雷を投下した。ただし、連邦軍の対空砲火があまりにも激しかったため、爆撃機のうち二機は撃墜され、機雷は適切な場所に投下されなかった。(45)

黒海艦隊は反撃まで行った。当時セヴァストポリにあった最新型の嚮導艦「モスクワ」と「ハリコフ」は、六月二六日夜半に、枢軸側の一翼であるルーマニアのコンスタンツァ港に艦砲射撃を行って、鉄道や石油タンクを破壊したのである。これは当時この地域を経て補給を行っていた枢軸側にとっては大きな痛手となった。潜水艦部隊も敵方の通商破壊に活躍した。セヴァストポリ港内ではレニングラード工科大学の学者たちが船体の非磁性化の研究に取り組み、独軍が投下した磁気機雷の脅威はなくなった。巡洋艦「クラースヌィ・クリム」や一五〇〇t級駆逐艦「ニェザモジュニク」はいずれも第一次大戦時代の設計だったが、いまや修理は突貫工事で行われ、これらの艦艇は続々と戦列に復帰した。[46]

枢軸軍はセヴァストポリを組織的に空襲した。だが黒海艦隊は健在で、その艦砲射撃は枢軸側に大きな損害をもたらした。セヴァストポリは、海空からの攻撃に対して守られていたが、もともと陸路からは攻撃されないと考えられており、これを守るための軍隊が特に設けられているわけではなかった。しかし今や空挺部隊の攻撃の脅威があった。そこで、黒海艦隊軍事委員会は防衛システムの整備を変更し、クリミア戦争時と同じく、艦隊の兵員の一部を陸戦隊とした。[47]

一九四一年七月三日から軍人と市民を動員して陣地構築作業が開始され、対戦車壕、永久築城堡塁、簡易堡塁、掩蔽壕、指揮所からなる三重の防衛線が作られた。三〇センチ砲、二〇センチ砲といった大型の砲も配備されていた。特に敵戦車部隊の攻撃が予想される四方面には強力な抵抗拠点が作られた。都市そのものも地下要塞化された。市内のあちこちに退避壕が作られた。クリミア戦争時の坑道や洞窟まで陣地に再利用された。[48]

ヒトラーはこの年の冬までにクリミア半島を支配下に置くことを命じていた。クリミアはルーマニアからの石油の運搬を円滑に行う上での重要な戦略拠点だったのである。一九四一年八月三一日には枢軸軍はドニエプル川下流の強行渡河に成功した。同年九月九日には独軍第一一軍主力がクリミアへの進撃を開始し、三日後には機械化師団がペレコープ地峡を突破した。[49]

この戦いで実に奇妙なことは、枢軸側が、少なくとも一九四一年のうちは、セヴァストポリを海上から封鎖する準備を欠いていたことである。これは、ヒトラーがセヴァストポリを、油田地帯ルーマニアを脅かし得る海軍根拠地とみなしていたことを頭に置くと大変不思議なことである。というのは、枢軸側は、セヴァストポリを、軍艦や補給艦艇が出入りし得る港だとみなしていたのにもかかわらず、セヴァストポリへの艦艇の入出港の妨害にぜんぜん手をつけずに、この港を攻略しうると考えていたことになるからである。一〇〇年前のクリミア戦争の際と同じく、セヴァストポリの防御は、海上からの攻撃に対しては十分であるいっぽう、陸上からの攻撃に対しては不十分だったが、この点を考慮に入れても、ドイツ側の戦争準備には、ある種の自信過剰が感じられる。このために、枢軸側はセヴァストポリ攻略で、大きな損害を受けることになる。他方で、海軍力の優位を活用して、枢軸側に艦砲射撃を加え、また陸路孤立したセヴァストポリへの支援物資搬入を度々実現した連邦海軍の作戦遂行能力は極めて高く評価されるべきである。

一九四一年九月三〇日、大本営は独立沿海軍をオデッサからセヴァストポリに海路移動させることを決意した。この時までにクリミア北部での状況は悪化していた。一〇月二九日にはセヴァストポリは包囲状態に入った。数日のうちに、それまで一万一〇〇〇ほどしかいなかった兵力は二万二〇〇〇にまで増えた。一〇月三〇日にはついにセヴァストポリ防衛部隊と独軍との直接的な戦闘が生じた。独軍は、まず空爆を行い、そのあとで機械化部隊を送り込んだ。防衛側には十分な対戦車砲がなく、戦車に対しては収束手榴弾や火炎瓶が使われた。一一月九日には、独立沿海軍が海路ようやくセヴァストポリに到着し、この時点で街を守る兵力は約五万五〇〇〇に増員された。激しい抵抗により、一一月二一日、さしあたり独軍の侵攻は撃退された(50)。

しかし、独軍中央はセヴァストポリを包囲する独軍第一一軍の総司令官マンシュタイン大将にセヴァストポリの早期攻略を命じていた。ドイツ側としては、ここで戦闘中の部隊をさらに困難な状況にある味方の支援にまわしたかったのである。一九四一年一二月八日には、マンシュタインは、麾下の第一一軍に総攻撃を命じた。同年一二月一七日セヴァストポリをめぐる戦闘は激しさを増した。戦闘機を伴なった急降下爆撃機が連邦軍陣地を急襲し、短いが苛烈な準備砲撃の後、戦車と歩兵との協同攻撃が始まった。枢軸側は勝利を確信していた。兵力の点でも枢軸側が有利であったが、航空機は三〇〇対九〇、戦車では一五〇対二六というように、近代的な兵器の装備という点でも枢軸側が強力であった。しかし、セヴァストポリの官民はもとからあった防衛設備を補強し、新しいものを建設し、地雷原を作って戦った。撃沈された艦船から取り外された砲は沿岸砲台に転用され、砲や機関銃を装備した堡塁が次々と作られた。迫撃砲、手榴弾、対戦車手榴弾は市内で続々と生産された。(51)

この時期になっても、黒海艦隊は独自の活動を続けていた。第一次世界大戦時代の旧式戦艦「パリ・コミューン」、旧式駆逐艦「ジェレズニャコフ」、最新型駆逐艦「スムィシュリョンヌィ」、巡洋艦「クラースヌィ・カフカス」、「クラースヌィ・クリム」といった黒海艦隊の戦闘艦艇が一九四一年一一月末から一二月初めにかけて、攻撃側陣地に艦砲射撃を行った。一二月二一日には敵軍はメケンジエフ丘駅まで近づいた。これは北湾に至る重要な拠点であった。だが、この日は、たまたま、ノヴォロシイスクを出撃した黒海艦隊の一部がセヴァストポリ攻撃軍に海上から打撃を加えることが予定されていた。このため、北湾近くまでやってきた枢軸軍は、激しい艦砲射撃を浴びることになった。しかもこの艦隊は増援の歩兵一個旅団と二個大隊を上陸させ、これで独軍の攻撃はまたもや撃退された。海上からの増援部隊はさらに二日にわたって揚陸作業を行った。一二月二六日にはロシア側は反撃に出た。ケルチ＝フェオドシヤ方面に海路陸兵を上陸させたのである。これでケルチ半島にあった枢軸軍部隊は窮地に追い込まれた。一二月の末には黒海艦隊はまたしてもドイツ側に艦砲射撃を加え、セヴァストポリに増援部隊を送り込んだ。(52)

一九四二年春、枢軸側は増援を得て、攻勢を開始した。五月一九日には再びケルチがドイツ側の手に落ちた。枢軸側はようやく、セヴァストポリを海側でも封じ込めようとして、雷撃機（торпедоносцы）、爆撃機合計一五〇機からなる、艦船攻撃に特化した航空部隊を編成したほか、魚雷艇一九隻、哨戒艇三〇隻、潜水艦六隻、駆潜艇八隻を増派した。さらに枢軸側は海岸砲台も増強したため、黒海艦隊はこれまでのような大胆な支援活動が展開できなくなった。春になって日が出ている時間が長くなったことも、制空権を有する枢軸側にとって有利であった(53)。

春の攻勢にあたり、枢軸側の第一一軍は約二〇万の兵力をそろえた。戦車は四五〇輛に膨れ上がり、火砲と迫撃砲は二〇〇〇門を数えた。ドイツ側は火力の増強に努め、三〇センチ、三五センチ、四二センチの榴弾砲のほかに、六〇センチ自走榴弾砲「カール」、八〇センチ列車砲「ドーラ」といったほとんど最終的な兵器を持ちだした。航空機は六〇〇機から七〇〇機にも及んだ。セヴァストポリ防衛軍の兵力は兵力一〇万六〇〇〇、火砲と迫撃砲約六〇〇門、戦車三八輛、可動航空機五三機に過ぎなかった。枢軸側の優位は、兵員数で二倍、火砲で三倍強、戦車で一二倍、航空機で一五倍にもなった。五月二〇日から六月七日まで独軍は準備砲爆撃を行った。六月一日と二日だけでも、延べ六九八機のドイツ機がセヴァストポリを襲い、約五〇〇〇発の爆弾と数千発の焼夷弾を投下した。六月の四日、五日、六日にはそれぞれ延べ一〇〇〇機以上がセヴァストポリを攻撃した。これによって都市の機能はほとんど麻痺した。防衛側の補給は最後には潜水艦と航空機のみで行われた(54)。

六月二〇日、とうとう独軍は北湾に到達した。少数の防衛部隊は地下壕で交戦していたが、六月二七日にはここにも独軍が侵入し、残存部隊は自爆した。七月一日には残存部隊はストレレック湾、カムィシュフ湾、カザーク湾、ヘルソネスク岬等に残るのみとなった。生き残った部隊の一部は艦艇ないし潜水艦で脱出した。組織的な抵抗は七月四日まで続いた。その後も七月一二日までは一部の兵員が抵抗していたことはわかっている。こうしてセヴァストポリの八か月にわたる抵抗はおわった。枢軸側の死傷者は三〇万に達した[55]。

しかし、独軍占領後も抵抗運動は続いた。一九四三年初めには独軍への抵抗を呼びかけるビラが市内に現れた。こうしたビラは三六種類が確認されている。連邦軍が反撃に移り、戦線がクリミア半島に近づくにつれて、抵抗グループの活動は活発になった。一〇月革命記念日には南湾に停泊中の独軍艦が放火されるという事件まで起きた。一九四三年秋に独軍がスターリングラードで撃退されると、連邦軍はクリミア半島に向かって南下を開始した。今やカフカス（コーカサス）戦線の独軍は放逐され、ノヴォロシイスクで孤立していた連邦軍守備隊は友軍に救出された。タマン半島の独軍も一掃され、連邦軍はケルチ海峡に進撃した。独軍はクリミア半島の重要性を考慮し、クリミアの部隊を増強した。その結果一九四四年二月から三月にかけて、クリミアを防衛する枢軸軍の兵力は兵員二〇万、火砲と迫撃砲三六〇〇門、戦車と突撃砲二一五輌、さらに航空機一五〇機となった。クリミア北方とケルチ半島には堅固な陣地が築かれた。連邦側は一九四四年春にはレニングラードから黒海に至る全線戦での反撃を計画しており、クリミア奪還にあたっても、綿密な準備を積み重ねた[56]。

一九四四年四月八日、激しい準備砲撃の後、クリミア半島とウクライナ本土との「腐海」（Сиваш）と呼ばれる干潟及びペレコープ地峡を経て、連邦軍がクリミア半島になだれ込んだ。またしても黒海艦隊は枢軸側に艦砲射撃を浴びせたが、このたびは、制空権は連邦側が握っており、さらに枢軸軍の背後ではパルチザン部隊が活動していた。独軍のクリミア防衛戦線は突破され、彼らはセヴァストポリ市に撤退した。セヴァストポリ防衛を不可能と見て防衛放棄を主張した独軍第一七軍司令官上級大将イェネッケは更迭され、アルメンディンガー大将があとを襲った。それでも市内の独軍は七万の将兵、火砲と迫撃砲一八三〇門、戦車と突撃砲五〇輌、航空機一五〇機を持っていた。五月七日全線戦で総攻撃が開始され、五月一二日、戦闘は終結した。この戦いの始まる前に枢軸側は二〇万の兵力を有していたが、そのうち一一万一五八七人が死傷した。そのほかに四万人ほどが海に追い詰められて溺死している(57)。

こうしてセヴァストポリの戦いは終わった。すぐに街の再建が始まった。一九四四年一一月にはもう黒海艦隊がセヴァストポリに戻ってきた。街の再建にあたり、人々は地雷や不発弾の処理から取り掛からなくてはならなかった。ソ連全国から支援の手が寄せられた。前線から呼び戻された建設部隊が街の復興を支援した。キエフとウラジオストック(ヴラディヴォストーク)からは電車が提供された。しかし、復興作業はほとんど手作業で行われた。パワーショベルやダンプカーはなく、クレーンが現れたのもようやく一九四九年のことであった。一九五〇年一一月にはトロリーバスが街を走るようになった。街が戦前よりも大きくなったのは数年もたってからだった。戦前に存在した景観も復興された。黒海艦隊博物館、士官のアパート、海員クラブ、市図書館も次々と復興された(58)。

結論

こうしてセヴァストポリの復興は進んだが、二〇世紀後半には、セヴァストポリは、もはや帝政時代ほどの戦略的な意義を持たなくなっていた。その原因はロシアが、黒海沿岸からの穀物輸出で外貨を捻出する国家ではなくなり、シベリアからの石油や天然ガスを輸出品の中核とする国家となったことである。表7-5は一九六五年から一九七六年までのソ連の商品別輸出構成を示すものだが、この表から読み取れるのは、二〇世紀後半のソ連が、今や小麦のような食品ではなくて、燃料の輸出によって外貨を稼ぐ国に転じたということであ

表7－5　ソ連の商品別輸出構成

（％）

	機械、設備、輸送手段	燃料・電力	鉱物、金属製品	化学製品	木材	繊維原料・半製品	毛皮・毛材料	食品	消費物資	その他
1965	20.0	17.2	21.6	3.6	7.2	5.2	0.7	8.4	2.4	13.7
1970	21.5	15.6	19.6	3.5	6.5	3.4	0.4	8.4	2.7	18.4
1971	21.8	18.0	18.7	3.4	6.3	3.3	0.4	9.2	2.9	16.0
1972	23.6	17.7	19.0	3.3	6.1	3.8	0.4	5.9	3.1	17.1
1973	21.8	19.2	17.1	3.0	5.4	3.3	0.3	5.6	3.0	20.3
1974	19.2	25.4	14.7	3.6	6.9	3.3	0.3	7.1	2.9	16.6
1975	18.7	31.4	14.3	3.5	5.7	2.9	0.2	4.8	3.1	15.4
1976	19.4	34.3	13.2	3.0	5.3	2.9	0.3	3.0	3.0	15.6

出典：岡本三郎・仲弘編著『ソ連経済図説』（日中出版、1981年）、297頁、表§Ⅷ-1-2。

表7－6　ソ連の地域別産油高構成（ガスコンデンセートを含む）

（単位：100万トン）

	ザカフカス	カフカス	ボルガ・ウラル	中央アジア・カザフスタン	ウクライナ	西シベリア	その他
1920	2.9	0.9	0.0	0.0	0.0	0.0	0.0
1940	22.3	4.6	1.8	1.5	0.0	0.0	0.9
1960	17.9	12.0	104.3	9.0	2.2	0.0	2.5
1970	20.2	34.2	208.4	29.1	13.5	31.4	15.7
1973	18.3	29.7	219.8	38.5	14.1	87.7	20.8
1975	17.1	27.0	224.1	41.0	12.8	150.0	19.0

出典：岡本三郎・仲弘前掲書、80頁、表§Ⅲ-4-2。

る。ソ連崩壊後の二〇〇七年ともなると、ロシアの輸出総額の六九・七％は石油と天然ガスの輸出である。[59]その燃料の生産地は、石油についてみれば表7－6が示すように、[60]シベリアの比重が極めて大きい。天然ガスについてはなおさらシベリアの比重が大きい。一九七一年一月一日現在の地域別天然ガス埋蔵量を見れば、全ソ連の天然ガス埋蔵量の七九％までがシベリアに集中しているのである。[61]

したがって、もはや今日においては、黒海経由の輸出貿易は、一九世紀のような国家的意義を有さない。これに応じてセヴァストポリの相対的な意義は著しく減じている。ソ連崩壊に際してウクライナの独立があっさり認められたことの前提は、この貿易構造の変化である。

他方、クリミア戦争、そしてセヴァストポリの戦いという二度の激戦が示す教訓は興味深い。いずれの戦いにおいても、セヴァストポリは陸側からの攻撃に弱いことを指摘されておりながら、防衛側はこの弱点を克服することができず、常にセヴァストポリは、事前の予想通り陸路で攻略された。しかし、クリミア戦争では、ロシア軍が早期に制海権を失った結果、セヴァストポリを防衛するロシア軍が補給物資の不足に苦しんだのに対して、セヴァストポリの戦いでは、健在だった黒海艦隊が、ほとんど最後の瞬間に至るまで、セヴァストポリに物資どころか増援部隊さえ送ることができた。セヴァストポリの二度にわたる包囲戦が示すのは、陸上戦支援兵力としての海軍の重要性であろう。この点、ロシアの海軍力は極めて大きな価値を持つことを自ら示したのである。

（1）有馬達郎「19世紀末ロシアの貿易構造の特質」（『新潟大学教養部研究紀要』第一二号、一九八一年）、一三～八二頁、一五頁の第一表ならびに一七頁の第四表参照。

（2）Jones Robert E. Ukrainian Grain and the Russian Market, Koropeckyj I. S. (sd.), *Ukrainian Economic History*, Cambridge MA. 1991, pp. 212-214.

（3）Гуржій І. О, *Розклад феодально-кріпосницької системи в сільському господарстві України першої половини 19 ст.* стор. 150-151.

（4）日露戦争時の日本海海戦の際のロシア・バルト海艦隊旗艦は、この人物の名をとって命名されたものである。

（5）Гермаш П. Е., *Севастополь: Город-герой*, Москва, 1983, стр. 3; Семен Г. И., *Севастополь: истори-ческий очерк*, Москва, 1955, стр. 16-17; Тихонов Б. В. (ред.), *История города-героя Севастополя 1783-1917*, Киев, 1960, стр. 27, 28, 29.

（6）Гермаш, *Севастополь: Город-герой*, стр. 4; Семен, *Севастополь*, стр. 21-22; Тихонов, *История города-героя*, стр. 30, 31, 33, 35.

（7）Тихонов, *История города-героя*, стр. 33, 33-34, 39.

（8） Гермаш, *Севастополь: Город-герой*, стр. 4; Семен, *Севастополь*, стр. 19, 21; Тихонов, *История города-героя*, стр. 32, 33, 34, 36-38.

（9） Гермаш, *Севастополь: Город-герой*, Москва, 1983. стр. 4-5: Семен, *Севастополь*, стр. 25; Тихонов, *История города-героя*, стр. 34-35.

（10） アレクサンドル一世が一八二五年に崩御したのはこの地である。

（11） Гермаш, *Севастополь: Город-герой*, Москва, 1983. стр. 5; Семен, *Севастополь*, стр. 25-26; Тихонов, *История города-героя*, стр. 36, 39, 40, 89.

（12） Гермаш, *Севастополь: Город-герой*, стр. 5; Семен, *Севастополь*, стр. 26, 42; Тихонов, *История города-героя*, стр. 41-42.

（13） Гермаш, *Севастополь: Город-герой*, стр. 5; Семен, *Севастополь*, стр. 37; Тихонов, *История города-героя*, стр. 48-49, 53, 66.

（14） ピョートル一世（大帝）が創設したバルト海艦隊の基地である。

（15） Семен, *Севастополь*, стр. 37; Тихонов, *История города-героя*, стр. 54-55.

（16） Гермаш, *Севастополь: Город-герой*, стр. 5; Семен, *Севастополь*, стр. 41, 83; Тихонов, *История города-героя*, стр. 55, 59, 60, 67, 68.

（17） Тихонов, *История города-героя*, стр. 54, 60, 63.

（18） Гермаш, *Севастополь: Город-герой*, стр. 5; Семен, *Севастополь*, стр. 51; Тихонов, *История города-героя*, стр. 61, 76.

（19） Гермаш, *Севастополь: Город-герой*, стр. 5; Семен, *Севастополь*, стр. 41; Тихонов, *История города-героя*, стр. 33, 63, 65, 67, 70.

（20） Гермаш, *Севастополь: Город-герой*, стр. 5, 6; Семен, *Севастополь*, стр. 51-52, 53; Тихонов, *История города-героя*, стр. 35, 71, 76, 77, 78-79.

（21） Гермаш, *Севастополь: Город-герой*, стр. 6; Тихонов, *История города-героя*, стр. 80-81, 82, 83, 84, 85.

（22） Тихонов, *История города-героя*, стр. 63, 64.

（23） Семен, *Севастополь*, стр. 82; Тихонов, *История города-героя*, стр. 64-65, 66.

（24） Тихонов, *История города-героя*, стр. 67, 68.

(25) Гермаш, *Севастополь: Город-герой*, стр. 7; Тихонов, *История города-героя*, стр. 87, 88.

(26) Тихонов, *История города-героя*, стр. 90, 91, 92.

(27) Семен, *Севастополь*, стр. 77; Тихонов, *История города-героя*, стр. 94, 95-96.

(28) Семен, *Севастополь*, стр. 80-81; Тихонов, *История города-героя*, стр. 92, 93, 94.

(29) Семен, *Севастополь*, стр. 83; Тихонов, *История города-героя*, стр. 96.

(30) Гермаш, *Севастополь: Город-герой*, стр. 7; Семен, *Севастополь*, стр. 73-74, 83; Тихонов, *История города-героя*, стр. 90-91, 92.

(31) Тихонов, *История города-героя*, стр. 100–101.

(32) Семен, *Севастополь*, стр. 101; Тихонов, *История города-героя*, стр. 106, 107.

(33) Гермаш, *Севастополь: Город-герой*, стр. 7-8; Тихонов, *История города-героя*, стр. 108, 109.

(34) Гермаш, *Севастополь: Город-герой*, стр. 7, 8: Семен, *Севастополь*, стр. 101-102; Тихонов, *История города-героя*, стр. 108, 109-110, 111.

(35) Тихонов, *История города-героя*, стр. 110, 112.

(36) Гермаш, *Севастополь: Город-герой*, стр. 8, 9; Семен, *Севастополь*, стр. 110, 132-133.

(37) Гермаш, *Севастополь: Город-герой*, стр. 9, 10; Семен, *Севастополь*, стр. 193, 200, 215.

(38) 二月革命（グレゴリウス暦では三月革命）で成立した短命のロシア臨時政府で首相を務めたケレンスキーはこの政党の出身者である。

(39) Гермаш, *Севастополь: Город-герой*, стр. 11, 12; Семен, *Севастополь*, стр. 221, 224.

(40) Гермаш, *Севастополь: Город-герой*, стр. 12-13, 14.

(41) Гермаш, *Севастополь: Город-герой*, стр. 14.

(42) Гермаш, *Севастополь: Город-герой*, стр. 15.

(43) Гермаш, *Севастополь: Город-герой*, стр. 16.

(44) Гермаш, *Севастополь: Город-герой*, стр. 16, 17.

(45) Гермаш, *Севастополь: Город-герой*, стр. 17.

(46) Гермаш, *Севастополь: Город-герой*, стр. 18.

(47) Гермаш, *Севастополь: Город-герой*, стр. 19.
(48) Гермаш, *Севастополь: Город-герой*, стр. 20, 26.
(49) Гермаш, *Севастополь: Город-герой*, стр. 21.
(50) Гермаш, *Севастополь: Город-герой*, стр. 21-22, 24, 29, 31, 34.
(51) Гермаш, *Севастополь: Город-герой*, стр. 34, 35.
(52) Гермаш, *Севастополь: Город-герой*, стр. 35-36, 42, 43, 45.
(53) Гермаш, *Севастополь: Город-герой*, стр. 63, 66.
(54) Гермаш, *Севастополь: Город-герой*, стр. 67, 68, 71, 88-89.
(55) Гермаш, *Севастополь: Город-герой*, стр. 89, 94, 95, 98.
(56) Гермаш, *Севастополь: Город-герой*, стр. 98, 100, 102, 103.
(57) Гермаш, *Севастополь: Город-герой*, стр. 103, 104, 108, 116.
(58) Гермаш, *Севастополь: Город-герой*, стр. 120.
(59) 木村汎『現代ロシア国家論』中央公論新社、二〇〇九年、一二一頁
(60) 本表からは、「機械、設備、輸送手段」の項目も極めて大きいような印象を受けるが、その多くは東欧など軍事的な影響下に置いていた地域への輸出であって、これをもってソ連が「機械、設備、輸送手段」を主要な輸出品としていたということはできない。
(61) 岡本三郎・仲弘編著『ソ連経済図説』(日中出版、一九八一年)、九三頁、表§Ⅲ―7―2

〔付記〕

本稿は二〇一四年に大東文化大学専任教育職員海外研究員としてモスクワに赴任した際の研究成果の一部である。

コラム

ロシア兵とアルバイト

松村岳志

ロシア海軍は、帝政時代、ソ連時代、新生ロシア連邦時代を通じて、通商破壊兵力や海上決戦兵力というよりも、むしろ陸上戦闘の支援兵力として機能している。このことはクリミア戦争やセヴァストポリの戦いにおいても明らかである。近世以降のロシアの国家戦略上、海軍よりは陸軍のほうが重要性が大きいのである。したがって、クリミア戦争においても、ロシア軍の主力をなしたのはロシア海軍ではなく、ロシア陸軍であった。一八五四年九月のロシア側のクリミア防衛兵力七万のうち、五万までが陸軍である。

ところで、帝政ロシアは、一八六〇年代から七〇年代にかけて、農奴解放や地方自治会（ゼムストヴォ）導入など一連の変化を経験する。これらをひっくるめて大改革と称する帝政時代のロシア陸軍の兵士は、この時代に一般兵役義務（いわゆる徴兵制）が導入されるまでは、軍に勤務しながら何等かの日銭稼ぎに携わるのが普通であった。

一八世紀なかばのヨーロッパ諸国の軍隊は傭兵常備軍と呼ばれる。この軍隊を構成する兵士たちは、一九世紀以降の軍隊のように強固なナショナリズムに突き動かされているわけではない、多数の外国人をも含んだ職業的な兵士であった。兵士に払われる賃金は極めて低額で、彼らは多くの場合、勤務のない日には、職人、行商人、単純労働者等として日銭を稼いでいた。そもそも傭兵常備軍は、平時には毎週三日ほどしか兵士を勤務させておらず、兵士は非番の日をそっくりそのまま日銭稼ぎにあてることができたのである。

これに対してピョートル大帝以来のロシア常備軍の勤務期間は、当初は終身、一七九〇年代になっても二五年間ときわめて長期にわたっていた。しかもこの軍隊は、大ロシア諸県出身者を中心に、強固なナショナリズムを紐帯として編成されていた。したがって、ロシア常備軍は、かなり特殊な性格を持つ軍隊であった。しかし、十分な給料が支払われない一方で、平時は、秋の総合演習の時期以外には、毎週数日の訓練以外に勤務がなく、そのため兵士の日銭稼ぎが常態化していたという点は、ロシア軍も一八世紀のヨーロッパ傭兵常備軍と全く同じであった。ロシア兵の日銭稼ぎは、少なくとも一九世紀半ばのクリミア戦争でも見られた。このような傾向が完全に払拭されるのは、一八七〇年代に一般兵役義務が導入されてからである。

兵士がどのような形で日銭を稼ぐのかは、部隊がどこに駐留するかで異なっていた。一八世紀のプロイセンの兵士は、通常はベルリンをはじめとする大都市に住んでおり、彼らのなかには、様々な手工業に従事するものがいた。ロシア軍でも、首都ペテルブルグで勤務する近衛軍諸連隊には、仕立て屋、靴工、羽飾り職人などがおり、さらに、こうした連隊は農場まで共同経営して、ここで作られた蔬菜類を首都で売りさばき、多額の収入を得ていた。

しかし、ロシア軍の大部分は、大都市ではなくて国境の農村地帯に展開しており、このため、兵士の勤務先としては、各種の熟練労働よりも、単なる肉体労働のほうが多かった。

　こうした日銭稼ぎが特に大規模に行われるのは、秋の大演習が終わってから、春になるまでの間であった。この時期には部隊は三分の一ほどの兵員を残して事実上解散となり、そのまま駐留地にいようが、国許にかえろうが自由だった。ただし、普段なら行われる食糧支給や賃金支払いは帰省した兵士には行われなかった。この時期に故郷まで帰る兵士は、身だしなみに十分気を付けることを要求された。

　一八二〇年にトルコとの国境地帯に駐留していた第二軍クリミア連隊の例を見ると、兵士の日銭稼ぎの最もありふれた方法は都市周辺の溝の掘削作業や干草刈といった肉体労働であった。掘削作業のほうは、都市の整備作業なので、軍人の労働力が動員されるのは当たり前といえば当たり前である。しかし、興味深いのは、干草刈に際して、連隊長や大隊長が兵士に賃金を払っていたことである。ただし、これは、指揮官の私的所有地の草刈作業ではないし、連隊が必要とする草を刈っているわけでもなかった。指揮官が、兵士に給料を与えるために、干草刈をどこかの領主から請け負い、賃金もまとめてその領主から受け取って、仕事をこなした兵士たちに支払っていたのである。

　このように、指揮官が兵士の日銭稼ぎを仲介する事例は、干草刈以外にも、軍病院付属の納屋建設の場合でも見られる。指揮官が兵士に仕事を紹介しても、兵士自身の責任ではない理由で賃金が得られず、勤め先に代わって指揮官が兵士に賃金を支払うこともあった。このような指揮官による勤め先紹介は、賃金の不足分を補うものとして軍当局から奨励されていた。つまり、指揮官は人材派遣会社のような役割を果たすことを期待されており、部下の兵士に十分な勤め先を紹介できない指揮官は失脚の危険にさらされたのである。

こうした日銭稼ぎで兵士が得た金額の一部は、働いた兵士自身のものになったが、残りは兵士たちの共同金庫、アルテリ（артель）に払い込まれた。アルテリは中隊ごと、連隊ごとに重層的に作られており、ここで集められた金は主に兵士たちの共同食事用の肉や酒を購入するのに使われた。というのは、兵士は通常は民家に宿泊して、その主人一家と寝食をともにしていたものの、滋養ある食事など期待できなかったからである。アルテリの金は大きな櫃に収められ、部隊が移動する際には、専用の荷馬車で運ばれた。戦時にもこのアルテリは機能しており、戦闘行動中の連隊長が、部隊維持費に窮してアルテリから借入を行った事例も知られている。

参考文献

Bushnell, John, The Russian Soldiers' Artel', 1700–1900: A History and Interpretation, Barlette, Roger (ed.), *Land Commne and Peasant Community in Russia: Communal Forms in Imperial and Early Soviet Society*, Macmillan, 1990, pp. 376-394.

Keep, John L. H., *Soldiers of the Tsar: Army and Society in Russia 1462–1874*, Oxford, 1985.

Wirtschafter, Elise Kimerling, The Lower Ranks in the Peacetime Regimental Economy of the Russian Army, 1796–1855, *Slavonic and East European Review*, 64, no. 1 (Jan. 1986), pp. 40–65.

Киянская, О. И., *Южный бунт: Восстание Черниговского пехотного полка*, Москва, 1997

Федоров, В. А., *Солдатское движение в годы декабристов: 1816-1825*, Москва, 1963.

あとがき

軍港都市史研究の最終巻となる本巻の計画は、軍港別の各巻とは別に、課題別の巻が構想されたときにはじまる。本シリーズのⅠ「舞鶴編」、Ⅲ「呉編」、Ⅳ「横須賀編」、Ⅴ「要港部編」、Ⅵ「佐世保編」、など各軍港を対象とする巻とは別に、「景観編」、「政治編」、「経済編」などテーマ別の巻が検討されたのである。それらのうち、「景観編」は本シリーズの第二巻として刊行されたが、「政治編」、「経済編」などについては、それぞれ独立の巻とするほど執筆者が集まらない場合には、「政治・経済編」などとして、合わせて一巻とすることになった。しかし、Ⅰ「舞鶴編」（二〇一〇年）、Ⅱ「景観編」（二〇一二年）が刊行されたのちは、各軍港を対象とする各巻の執筆・編集をスケジュール通りすすめることが重要な課題となり、軍港都市を通じるような政治的・経済的な問題については、多くは、各軍港を取り扱うそれぞれの巻で、軍港ごとに検討されることになった。

ところで、本シリーズの刊行開始に前後して、二〇一一年八月二四～二五日に、大韓民国昌原市の慶南発展研究院において、軍港都市についてのシンポジウム、「2011 International Symposium on the Naval Port — Its History and Significance Today —」が開催され、軍港都市史研究会のメンバーもこれに参加した。このシンポジウムにおいて、韓国とロシアの研究者により、軍港都市鎮海とウラジオストックの報告があったが、参加した研究会メンバーは海外の軍港都市との比較の必要性を認識するようになった。

また、同年九月二三〜二六日に大分大学で開催された日本地理学会秋季学術大会では、本シリーズⅡ「景観編」の編者である上杉和央氏（京都府立大学）、および山神達也氏（和歌山大学）をオーガナイザーとするシンポジウム「『軍港都市』の近現代―社会・文化・経済の連続と非連続―」が企画され、本シリーズⅠ・Ⅳの編者である坂根嘉弘氏もコメンテーターとして参加した。このシンポジウムのディスカッションでは、フロアから海外の軍港都市との比較が必要ではないかとの意見があった。研究会もその必要性を認めることとなり、同年秋頃からは、海外軍港都市についての章も含めて、最終巻となるⅦを構想するようになった。当初、対象とした海外軍港には、執筆に当たる研究者の顔ぶれも考慮し、本巻に収めたフランス各軍港、キール、セヴァストポリのほか、東アジアの軍港なども含まれていた。

ところで、Ⅰ「舞鶴編」、Ⅱ「景観編」の刊行後は、刊行スケジュールに沿って呉（Ⅲ）、横須賀（Ⅳ）、佐世保（Ⅴ）、要港部（Ⅵ）と、各軍港都市を対象とした各巻の刊行準備に全力が投入されることになり、横断的テーマの研究は立ち遅れた。このため、序章に記したように、本巻の国内軍港を対象とする各章の多くは、それぞれの軍港都市（実際には横須賀）を対象とした諸問題をテーマとするようになり、「補遺」のような位置づけになった。ただし、第一章・第二章・第四章が主として横須賀を対象としているのに対し、各軍港に共通した志願兵募集の問題をテーマとする第三章は、軍港都市に通底する課題が設定されており、本来の構想に近いものといえる。

本巻の構成は、他巻編集の進行状況にしたがって変化したが、二〇一三年頃には、海外軍港を含めてほぼ固まった。当初、国内軍港については、本書所収のほか数章の執筆が予定されていたが、刊行スケジュールから最終的に本書のような構成になった。また、海外軍港についても、執筆者の事情により若干変更はあったが、それぞれ準備がすすめられて、フランス・ドイツ・ロシアの軍港を取り上げた三つの章の原稿が集まった。コラムも、遅速はあったが、予定通りのものが集まり、二〇一六年半ばには刊行の準備がほぼ整った。
本巻に掲載を予定する各章の執筆者が、全体研究会で本格的に報告をはじめたのは、二〇一五年末からであった。同年一二月に横浜市の横浜開港資料館で開催された第六回研究会、および翌二〇一六年七月に横須賀市のヴェルクよこすか（横須賀市勤労福祉会館）で開催された第七回研究会では、本書所収の各章に関して、次のような報告があった（報告順）。

第六回研究会（二〇一五年一二月）　横浜開港資料館（横浜市）
吉田律人「軍港都市の警備体制」……第二章
伊藤久志「横須賀海軍工廠における工場長の役割」……第一章
「府県税営業税から見た工廠職工（コラム）」
第七回研究会（二〇一六年七月）　ヴェルクよこすか（横須賀市）
君塚弘恭「フランスの軍港（一七世紀～二〇世紀後半まで）」……第五章
ジェラール・ル・ブエデク氏の原稿の紹介・解説
大豆生田稔「戦時の軍港都市財政―横須賀市財政の展開」……第四章
中村崇高「郡役所廃止と海軍志願兵制度の転換」……第三章
谷澤毅「ドイツの軍港都市キールの近現代―ハンザ同盟・軍港都市・港湾都市―」……第六章

このように、二〇一五年から一六年にかけて二度の研究会が開催され、本書に掲載予定の各章の執筆者が報告し討論が繰り返された。第五章については、著者のジェラール・ル・ブエデク氏に代わり、同氏の原稿を翻訳された君塚弘恭氏から内容の報告・説明があった。また、第七章の松村岳志氏は参加できなかったが、予め提出していただいた原稿の内容が紹介された。

ところで、二〇一六年七月の第七回研究会（横須賀）は、軍港都市史研究会だけでなく、地方史研究協議会、首都圏形成史研究会、および開催地横須賀で活動を続ける横須賀開国史研究会にも後援をお願いし、報告や討論を公開する形で開催された。本シリーズⅣの「あとがき」にも記されているように、横須賀市史の刊行（通史編・資料編など）が一段落したあと、市史編さん室の後継組織が設置され、収集した諸資料の一元的な管理・保存、公開・活用が円滑にすすむよう、ご協力を仰いだ三つの協議会・研究会とともにアピールするための企画であった。当日は、研究会メンバーが全国各地から集まったが、フロアにも遠方からの参加者が多く見受けられた。さらに地元横須賀から開国史研究会の会員や市民の方々も多数参加していただいて、座席が足りなくなるほどの盛会となった。編さん室が閉鎖され多様な収集資料が分割収蔵されようとしているなかで、国内や海外の軍港都市との比較により横須賀の歴史的特色を明らかにすることの重要性は、参加者からも活発な意見をいただいて、あらためて確認された。

軍港都市の歴史を多面的にとらえる研究は、漸くはじまったところである。豊富な歴史資料が集まった横須賀がその拠点のひとつとなり、新たな次のステップに発展できるよう、適切な措置がなされることを期待している。

本書は軍港都市史研究のシリーズ最終巻となる。大部の刊行をお引き受けいただいた清文堂出版の前田博雄社長、この間、長く編集を担当され、適切な指摘を数多く頂戴した松田良弘氏に、執筆者一同深く感謝の意を表したい。

二〇一六年一二月

大豆生田　稔

ら・わ行

や行

ま行

は行

な行

た行

さ行

か行

事項索引

あ行

人名索引

〈編　者〉

大豆生田《おおまめうだ》 稔《みのる》

1954年東京都生まれ　東洋大学文学部教授　日本近現代史

主要編著書に『防長米改良と米穀検査―米穀市場の形成と産地（1890年代～1910年代）』（日本経済評論社、2016年）、『近江商人の酒造経営と北関東の地域社会―真岡市辻善兵衛家文書からみた近世・近代』（編著、岩田書院、2016年）、『お米と食の近代史』（吉川弘文館、2007年）、『近代日本の食糧政策―対外依存米穀供給構造の変容』（ミネルヴァ書房、1993年）など。

〈執筆者〉

伊《い》 藤《とう》 久《ひさ》 志《し》　1978年生まれ　國學院大學兼任講師　日本近現代史

吉《よし》 田《だ》 律《りつ》 人《と》　1980年生まれ　横浜開港資料館調査研究員　日本近現代史

中《なか》 村《むら》 崇《むね》 高《たか》　1975年生まれ　株式会社出版文化社シニア・アーキビスト　日本近現代軍事史

Gérard Le Bouëdec（ジェラール・ル・ブエデク）　1949年生まれ　南ブルターニュ大学名誉教授　フランス海事史

君《きみ》 塚《づか》 弘《ひろ》 恭《やす》　1979年生まれ　早稲田大学社会科学総合学術院准教授　近世フランス史

高《たか》 村《むら》 聰《さと》 史《し》　1966年生まれ　横須賀市史資料室・國學院大學兼任講師　軍事史・占領史・南洋史

谷《たに》 澤《ざわ》　毅《たけし》　1962年生まれ　長崎県立大学経営学部教授　ドイツ・ヨーロッパ商業・流通史

松《まつ》 村《むら》 岳《たけ》 志《し》　1962年生まれ　大東文化大学経済学部教授　ロシア軍事史

（各章・コラム掲載順）

軍港都市史研究Ⅶ　国内・海外軍港編

2017年5月26日　初版発行

編　者　大豆生田 稔

発行者　前 田 博 雄

発行所　清文堂出版株式会社

〒542-0082　大阪市中央区島之内2―8―5

電話06-6211-6265　　FAX06-6211-6492

http://www.seibundo-pb.co.jp

メール：seibundo@triton.ocn.ne.jp

印刷　亜細亜印刷株式会社

製本　株式会社渋谷文泉閣

ISBN978-4-7924-1058-2　C3321

軍港都市史研究Ⅱ　景観編　上杉和央編

新進気鋭の地理学者が、最新地理学の視座から「景観」を軸に、横須賀、呉、佐世保、舞鶴、大湊といった軍港都市の過去・現在・未来を展望する。　八八〇〇円

軍港都市史研究Ⅲ　呉編　河西英通編

近世の呉、資産家、和鉄、地域医療、住宅、米騒動鎮圧時の武器使用基準、漁業や海面利用、戦後復興等、多彩な観点から大和を生んだ軍港呉を照射する。　七八〇〇円

軍港都市史研究Ⅳ　横須賀編　上山和雄編

日中戦争前までの横須賀市財政、選挙、海軍助成金、人的構成、飛行機と航空廠、米海軍艦船修理廠、戦後の変遷等、横須賀を通じた海軍・社会史を語る。　八五〇〇円

軍港都市史研究Ⅵ　要港部編　坂根嘉弘編

大湊、竹敷、旅順、鎮海、馬公…。帝国日本の各地に展開し、鎮守府都市以上に海軍に命運を支配された要港部都市の紡ぎ出すもう一つの軍港都市史。　七八〇〇円

帝国日本と地政学
—アジア・太平洋戦争期における地理学者の思想と実践—　柴田　陽一

現実政治には不可欠の地政学。地政学史に始まり、京都帝国大学の小牧実繁、満洲国、南満洲鉄道の三系統の地政学を比較したもう一つの太平洋戦史。　九六〇〇円

価格は税別

清　文　堂
URL=http://seibundo-pb.co.jp E-MAIL=seibundo@triton.ocn.ne.jp